高压下离子液体结构与物性研究

Structure and Physical Properties of
Ionic Liquids Under High Pressure

李海宁　朱　祥　张焕君　著

WUHAN UNIVERSITY PRESS
武汉大学出版社

图书在版编目(CIP)数据

高压下离子液体结构与物性研究/李海宁,朱祥,张焕君著.—武汉:武汉大学出版社,2020.8(2022.4重印)

ISBN 978-7-307-21571-9

Ⅰ.高…　Ⅱ.①李…　②朱…　③张…　Ⅲ.离子—液体—研究　Ⅳ.O646.1

中国版本图书馆 CIP 数据核字(2020)第 096683 号

责任编辑:王　荣　　　责任校对:汪欣怡　　　版式设计:马　佳

出版发行:**武汉大学出版社**　　(430072　武昌　珞珈山)

(电子邮箱:cbs22@ whu.edu.cn 网址:www.wdp.com.cn)

印刷:武汉邮科印务有限公司

开本:787×1092　1/16　印张:15.5　字数:374 千字　插页:1

版次:2020 年 8 月第 1 版　　2022 年 4 月第 2 次印刷

ISBN 978-7-307-21571-9　　定价:48.00 元

前　言

　　离子液体(Ionic Liquids)是指在室温或室温附近的条件下呈液态、全部由离子组成的物质，由于其优异的物理化学性质被广泛应用于绿色溶剂、含能材料、药物载体、电解质溶液等领域。但研究表明，一些离子液体存在毒性，其工业化的应用可能对环境造成危害，因此有必要对其进行深入研究，探索其可能的回收及提纯方法。近年来，我国科研工作者在离子液体的合成、改性及应用等方面进行了深入研究，并取得丰硕成果。

　　研究分析压强和温度在热力学上的等效关系，压强可能对离子液体的结晶固化具有与温度相似的效果。郑州轻工业大学物理与电子工程学院高压科学技术实验室以目前应用广泛的咪唑类离子液体为主要研究对象，在综合以往研究的基础上拓展了研究对象和研究手段，利用原位光谱技术、同步辐射 X 射线衍射技术等，系统研究了高压条件对离子液体从熔融态或从溶液中结晶固化的作用，深入分析了高度压缩情况下其凝聚态结构和相转变行为。此外，该研究拓展了高压下离子液体性质的研究手段，提出了更高的压强范围内的黏度、密度、折射率和物态方程的测量技术。基于该实验室长期的工作积累，写作《高压下离子液体结构与物性研究》，丰富了离子液体的物性数据，能够更好地理解离子液体的热力学性质和相行为，有助于促进高压下离子液体的基础研究和应用，为实现离子液体回收提纯提供新的思路。

　　本书分为 8 章，第 1 章、第 2 章分别介绍了离子液体和高压实验技术，及其相关研究进展，并提出离子液体在高压研究中存在的问题；第 3 章研究了高压下离子液体 $[C_2mim][CF_3SO_3]$、$[C_2mim][PF_6]$、$[C_4mim][PF_6]$、$[C_4mim][BF_4]$ 和 $[Emim][PF_6]$ 的结晶学过程；第 4 章研究了高压下离子液体 $[C_2mim][EtOSO_3]$、$[C_4mim][BF_4]$、$[C_6mim][BF_4]$ 的玻璃化过程，对比低温下的玻璃态；第 5 章研究了高压下离子液体 $[C_2mim][NTf_2]$、$[C_6mim][NTf_2]$、$[C_2mim][PF_6]$、$[C_{12}mim][BF_4]$ 的结构和构象变化；第 6 章介绍了高压下离子液体的黏度测量技术，并对 $[C_4mim][BF_4]$、$[C_6mim][BF_4]$、$[C_2mim][BF_4]$、丙三醇进行了高压黏度测量研究；第 7 章研究了高压条件下离子液体 $[C_2mim][PF_6]$ 在甲醇溶液中的溶解度，$[C_4mim][BF_4]$、$[C_4mim][PF_6]$ 的溶解度、密度和折射率；第 8 章介绍了高压下物态方程的测量方法，并对 $[C_4mim][BF_4]$、$[C_4mim][PF_6]$ 的物态方程进行了测量和研究。

　　本书与其他同类书籍相比，具有鲜明的特征和独特的优势。

　　第一，重点突出，特色鲜明。市面上关于离子液体的书籍很多，主要集中在离子液体的合成、应用方面，并且都是常压条件下，而未见介绍高压条件下离子液体的图书。本书主要围绕高压条件下离子液体进行研究，介绍了其在高压条件下的特征和性能，弥补了这方面的缺失。

第二，学术思想先进，突出体现原创性科研成果。作者总结多年科研工作经验成果，书中大部分研究内容是原创性科研成果。

本书内容翔实、学术思想先进，语言简练、章节分明，在写作过程中，作者努力钻研，查阅了大量的资料。本书是李海宁、朱祥、张焕君三位作者多年科研成果的积累，也是郑州轻工业大学高压科学技术实验室多年来关于离子液体研究工作的总结。本书在撰写过程中得到了郑州轻工业大学物理与电子工程学院领导的大力支持和鼓励，感谢高压科学技术实验室的杨坤、王永强、程学瑞、袁朝圣、王征、任宇芬等多位老师的帮助和指导。同时，本书所述内容的研究得到了北京高压科学研究中心苏磊研究员、武汉理工大学黄海军教授、吉林大学朱品文教授等诸多专家的大力支持，在此表示诚挚的感谢！

虽然我们尽了最大的努力，但由于学术水平有限，书中疏漏之处在所难免，敬请读者朋友批评指正。最后，我们怀着一颗感恩之心，对给予本书帮助的亲朋好友致以最诚挚的感谢！

李海宁

2020 年 4 月于郑州

目　　录

第1章　离子液体概述

离子液体(又称为低温熔融盐)，是指在室温或室温附近温度条件下呈现液态，完全由离子组成的物质。离子液体具有低挥发性、低熔点、宽液程、强静电场和宽电化学窗口等众多优点，具有广阔的应用前景。虽然离子液体被认为是"绿色溶剂"，但离子液体自身可能具有不同程度的毒性，且极易溶于水，很容易在应用过程中以工业废水的形式进入自然水系中，对环境和生物造成危害。因此，离子液体研究是一项具有十分重要意义的工作。

1.1　离子液体的定义

室温离子液体(Room Temperature Ionic Liquids，RTILs)，是指在室温或室温附近温度下呈液态(熔点低于100℃)的完全由离子构成的物质，也称为室温熔融盐，简称离子液体。离子液体，顾名思义为离子性液体，是完全由离子组成的呈现液态的物质。例如，加热至1000℃的食盐(熔点约为801℃)将会变成熔融状态的液体，此时的食盐就是完全由钠离子和氯离子组成的离子液体。自然界类似食盐的物质数量非常多，而且普遍需要加热至较高温度才能变成熔融状液体，有时人们称之为高温离子液体。随着科学技术的进步，科学家成功地制备出在较低温度条件下就能熔化的低温离子液体。由于绝大多数低温离子液体的熔点在室温附近，所以低温离子液体也常被称为室温离子液体。最常用"离子液体"这个简称特指低温离子液体。目前，"在室温或室温附近呈液态，完全由阴阳离子组成的低温熔融盐"是被人们最为广泛接受的关于离子液体的定义。

普遍认为离子液体低熔点的主要原因与离子液体中离子半径较大和离子的空间对称性差有关。库仑力作为阴阳离子之间的相互作用力，大小与阴阳离子半径及所带电荷的数量有关，离子液体中阴阳离子半径较大而所带电量较少，因此它们之间的作用力较小，晶格能较低，导致熔点较低。同时大而不对称的离子容易出现多种构象，使得离子难以规则地堆积形成晶体，这也可能是离子液体熔点较低的原因。

与传统的有机溶剂相比，离子液体由离子组成。因而与常规固体或液体材料相比，离子液体具有很多优异而特殊的性质，如非挥发性、低熔点、宽液程、强的静电场、良好的导电与导热性、宽的电化学窗口、良好的透光性与高折光率、高热容、高稳定性、选择性溶解力、物化性质可调等。离子液体具有很多传统有机溶剂所不具备的独特性质，已经在化学工程、生物技术和电化学等诸多领域展现出广阔的应用前景，特别是在绿色化学设计中的应用，因此离子液体被认为是一种新的绿色溶剂。

1.2　离子液体的发展历史

离子液体的出现可追溯至 1914 年，Walden 合成出硝酸乙基铵[EtNH$_3$][NO$_3$]，熔点为 12℃。[EtNH$_3$][NO$_3$]的结构和性质非常不稳定，将其暴露在空气中非常容易发生爆炸，由于没有发现其合适的用途，当时并没有引起人们的关注，阻碍了相关研究工作的开展。直至 1948 年，美国的 Hurley 等报道了第一个氯铝酸盐型离子液体 AlCl$_3$-Ethylpyridium Bromide([EPy]Br)。在此基础上，进一步扩充了氯铝酸盐离子液体体系，包括各种基团修饰，如 N-烷基吡啶，1,3-二烷基咪唑等，发现此类离子液体系可应用于电化学、有机合成以及催化等领域，并取得了良好的效果。但是这类离子液体的缺点是遇水不稳定，会生成腐蚀性的氯化氢，对水和空气的敏感和较差的热稳定性限制了它们的发展。1992 年，Wilkes 等合成了首个能在水和空气中保持稳定的离子液体 1-乙基-3-甲基咪唑四氟硼酸盐([C$_2$mim][BF$_4$])，其具有低熔点、抗水解、热稳定性好等特点，可以在潮湿环境或空气中保持稳定。随后阴离子为[PF$_6$]$^-$、[NO$_3$]$^-$ 等的离子液体也相继合成，如[C$_2$mim][PF$_6$]、[C$_4$mim][BF$_4$]和[C$_4$mim][PF$_6$]等。这些离子液体都被称为"第二代离子液体"。基于该类离子液体较好的稳定性，第二代离子液体引起了很多研究人员的关注和研究兴趣，到目前为止，关于这类离子液体的研究仍然很活跃，获得的研究成果也最为丰富。这类离子液体在空气稳定性和热稳定性方面有了很大的提高。

此后，在全世界范围内掀起了研究离子液体的热潮，其种类和数量急剧增加，越来越多相似性质的离子液体被成功合成，并在有机合成、电化学、材料和分离领域得到了广泛应用。Davis(1998)成功合成了阳离子结构中含有特殊官能团的低温离子液体，该离子液体因结构中含有特定的官能团而具有了特殊的功能，因此被称为功能化离子液体。与之相类似的功能化离子液体被归到"第三代离子液体"范畴。随着技术的进步和发展，人们将离子液体和超临界 CO$_2$ 相结合，扩展了离子液体技术的发展空间。进入 21 世纪，"任务特定"(task-specific)或"功能型"(functionalized)离子液体的开发和研究成为离子液体研究的新方向。

1.3　离子液体的分类

离子液体物理化学性质的调控可以通过选择不同的阴阳离子组合或微调阳离子烷基链的长度实现，这体现了离子液体的一个重要特点——可设计性。离子液体的种类和数量庞大，由于离子液体是由阴离子和阳离子组合而成，因此通过对不同结构、种类的阴离子与阳离子组合，可以制备出不同的离子液体。从理论上讲，按照不同的阴阳离子组合，离子液体的数量可能有 1 万亿种。截至目前，已经报道出来的离子液体就有成千上万种。目前，离子液体最常用的分类方法是按照离子种类进行分类。例如：依据阳离子类型，主要有咪唑类、季铵类、吡啶类等离子液体，其中以咪唑类离子液体为主要研究对象，尤其以二烷基咪唑类离子液体的研究最多；按照阴离子种类划分，主要有四氟硼酸盐($[BF_4]^-$)、六氟磷酸盐($[PF_6]^-$)、双(三氟甲烷磺酰)亚胺盐($[NTf_2]^-$)等离子液体，其中以四氟硼酸盐和六氟磷酸盐离子液体为主要研究对象。构成离子液体常见的阴阳离子的结构示意如图1-1所示。

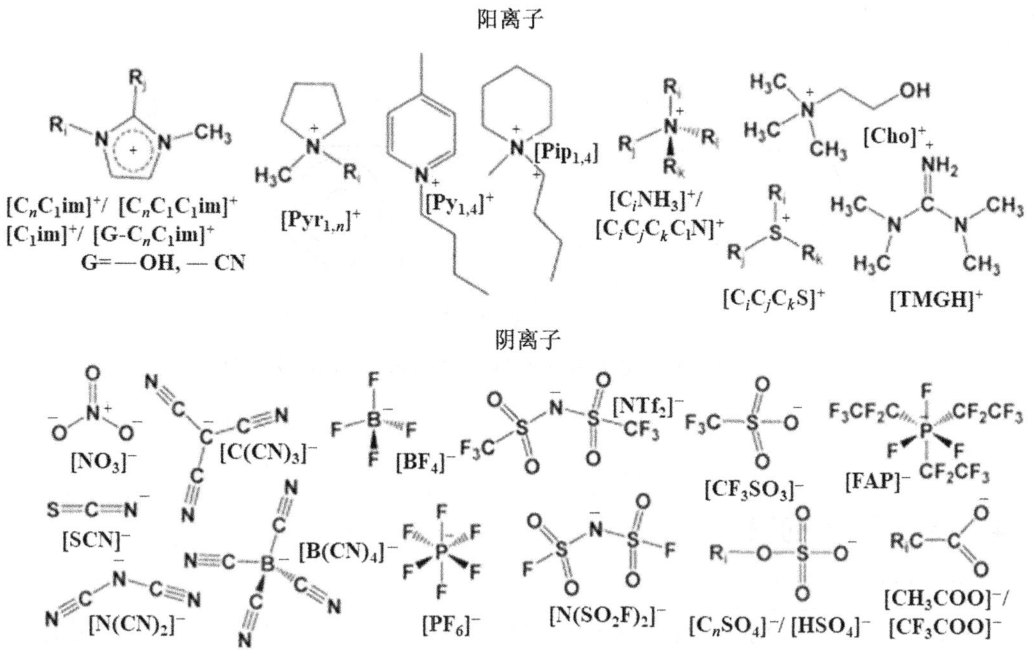

图1-1　离子液体常见阴阳离子的结构示意图

咪唑类离子液体作为最常见的一种离子液体，在科学研究和工业生产等领域都具有广阔的应用前景。研究高压下咪唑类离子液体的凝聚态结构、性质和物态方程作为基础研究，具有非常重要的意义，同时也有助于促进咪唑类离子液体的应用研究。其中，由1-烷基-3-甲基咪唑阳离子(简写为$[C_n mim]$，n为烷基链的长度，其结构示意如图1-2所示)与阴离子组成的二代咪唑类离子液体，具有容易制备的优点，并且通过调整烷基链的长度就可方便调整其结构，是目前最为常见且研究最多的离子液体之一。其主要特点：大部分在室温条件下为液态，极性分布宽，热稳定性良好，广泛应用于溶媒、催化、电化学、分离、添加剂、功能材料等领域。近年来，国际上咪唑类离子液体的研究和开发十分活跃，已发展到化学反应、分离分析、燃料电池、功能材料以及生命科学等诸多领域。例如，英国的Seddon(2009)在咪唑类离子液体的性质研究方面进行了很多开创性的工作：$[C_n mim][BF_4]$($n=0\sim18$)系列离子液体被成功合成，并对其熔点进行了表征，当$n=2\sim10$时，$[C_n mim][BF_4]$系列离子液体在室温下呈液态并具有较宽的液程；当$n \geqslant 12$时，该系列离子液体在一定的温度范围内呈现液晶相；此外，对$[C_n mim][PF_6]$系列离子液体的熔点进行了预测，并与测量值进行了比较。咪唑类离子液体的性质及其由学术研究走向应用研究方面取得了令人瞩目的进展，如离子液体在萃取分离技术中的应用，一些典型污

3

染物(如苯的衍生物)可以利用 1-丁基-3-甲基咪唑六氟磷酸盐($[C_4mim][PF_6]$)和 1-辛基-3-甲基咪唑六氟磷酸盐($[C_8mim][PF_6]$)得到有效的萃取。Swatloski 等(2002)发现 1-丁基-3-甲基咪唑氯盐($[C_4mim]Cl$)可以溶解纤维素。此外,咪唑类离子液体润滑剂应用方面也取得了重大突破,这种润滑剂可应用于空间、信息、精密机械等领域,例如,在常见的咪唑类离子液体中添加凝胶因子可通过自组装形成离子液体凝胶,具有良好的润滑性能、防腐性和导电性。

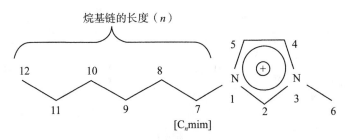

图 1-2　阳离子 1-烷基-3-甲基咪唑($[C_nmim]$)的结构示意图

1.4　离子液体的特性

与水或超临界二氧化碳一样,离子液体也被称为绿色溶剂,并被认为是取代传统有机溶剂地位的理想替代品,主要是因为离子液体所具有的独特性质:

(1)低蒸气压,不易燃易爆,回收后可以反复使用;

(2)稳定性好,与传统溶剂相比分解温度高;

(3)呈现液体状态的温度范围较宽,方便作为溶剂或萃取剂;

(4)电导率高,电化学窗口大,可作为电解液;

(5)溶解性能强,且可以选择性地溶解有机物或无机物;

(6)密度比一般液体大,容易与其他物质分离;

(7)结构设计性强,改变阴离子种类或调节阳离子烷基链长度,可以调节离子液体的性质,进而满足不同应用领域的要求。

1.4.1　熔点

作为决定离子液体能够呈现液体状态的最低温度要求,熔点是离子液体的重要参数之一,是评价离子液体实用性的重要指标。相比于传统离子化合物,离子液体具有较低的熔点,最初也正是因为离子液体的这一特性而受到人们的关注。由于离子液体结构的特殊性(通常由半径较大、对称性较差的有机阳离子与半径较小、对称性相对较好的阴离子组成)和组成离子液体的阴阳离子种类繁多等特点,使得不同类型离子液体的熔点存在较大差异。虽然离子液体的熔点与其结构的定量关系尚未明确，但是两者存在密切关系的认识已经被广泛接受。

一般情况下，离子液体的熔点与其结构存在如下关系。①阴阳离子体积越大，熔点越低：对于具有相同阳离子、不同阴离子的离子液体而言，其熔点通常随着阴离子体积增大而逐渐降低；对于具有相同阴离子、不同阳离子的离子液体而言，其熔点通常随着阳离子体积增大而逐渐降低。②对称性越差，熔点越低：离子液体的熔点一般比具有相同碳原子数量季铵类离子液体的熔点略低；离子液体中取代基的碳链越长或相同碳链长度情况下支链数量越多，则对称性越差，相应的离子液体熔点也越低。此外，离子液体熔点还与库仑力、氢键、电子离域作用、电荷分布等因素有关。

1.4.2 密度

常温常压条件下，室温离子液体的密度通常比水大，一般在 $1.1 \sim 1.6 \ g/cm^3$ 范围内。离子液体的密度主要与其结构相关。同时，温度、压强等外部因素也会影响离子液体的密度。通常遵循以下规律：①阳离子上烷基链长度越长，体积越大，则密度越低；②阴离子体积越大，则密度越大；③温度越低，压强越高，则密度越大。

1.4.3 黏度

黏度是离子液体的一个非常重要的性质。大多数室温离子液体的黏度都比较大，通常比传统有机溶剂的黏度高出 $1 \sim 3$ 个数量级。但由于离子液体具有较高的黏性，使其在工业应用上受到了很大的限制，尤其在化工操作过程中导致工作效率降低。

离子液体的黏度主要与其内部的范德华力大小和形成氢键的能力有关，还与阴阳离子间库仑力、阴阳离子体积、结构对称性、酸碱性等多方面因素有关。此外，离子液体黏度还受温度、压强等外部条件影响。一般遵循以下规律：①阳离子上烷基链长度越长，支化程度越低，体积越大，则黏度越大；②阴离子的体积越大，碱性程度越低，则黏度越大；③温度越低，压强越高，则黏度越大。

1.4.4 表面张力

关于离子液体的表面张力，与有机溶剂相比，略高；与水相比，略低。该性质有助于相分离，可以加快其分离速度。

离子液体的表面张力与阴阳离子的结构密切相关，通常遵循以下规律：①阳离子的烷基链长度越长，则表面张力越小；②阴离子的体积越大，则表面张力越大。

1.4.5 热稳定性

热稳定性是评价离子液体实用性的又一个重要指标，决定了离子液体呈现液体状态的最高温度。与传统有机物相比，离子液体的热稳定性更优，普遍需要达到 300℃ 才可能分解。这就决定了离子液体在较高温度条件下依然可以用作反应介质。

阳离子或阴离子结构会影响离子液体的热稳定性。通常存在以下规律：①阳离子中烷基取代基的碳链长度越长，则热稳定性越低；②阴离子的体积越大，则热稳定性越高。

1.4.6　溶解性

离子液体拥有比普通溶剂更优的溶解性，对很多有机物质、无机物质和金属化合物，以及类似于 CO_2 等气体物质都有较强的溶解能力。因此，离子液体可以作为一类很好的萃取剂。此外，对于某些离子液体而言，当其介电常数超过一定阈值时可以与有机溶剂完全互溶。

离子液体的溶解性主要由阴阳离子间的库仑力和被溶解物质与离子液体之间的溶剂化作用决定。通常遵循以下规律：①阳离子的烷基链长度越长，离子液体的非极性越强，则对非极性物质的溶解度越高，而对水的溶解度越低；②阴离子的种类也对离子液体的溶解性产生影响。例如：以 $[PF_6]^-$ 和 $[NTf_2]^-$ 为阴离子的离子液体具有较低的水溶性，以 $[BF_4]^-$ 和 $[RCOO]^-$ 为阴离子的离子液体具有较高的水溶性或醇溶性。

1.5　离子液体的应用

离子液体因具有低蒸气压、不易燃易爆、导电性强、电化学窗口大、较好的热稳定性和化学稳定性、对许多物质具有良好的溶解性能等优点，在化学反应、分离萃取、电化学和生物催化等众多领域有广泛的应用。

1.5.1　在化学反应中的应用

目前，有机溶剂普遍在化学反应中被使用，已经对环境造成了危害。这是因为绝大多数有机溶剂具有易燃、易爆、易挥发、毒性大等缺点。然而，离子液体具有传统有机溶剂无法比拟的优点，基本上克服了有机溶剂大部分的缺点。因此，越来越多的离子液体作为有机溶剂的替代品。采用 $[C_4mim][PF_6]$ 作为反应介质，发现该离子液体大大提高了反应的选择性。$[C_4mim][PF_6]$ 阻止了甲基丙稀酸甲酯的聚合过程，对化学反应效率和目标产物收率具有极大的提高作用。以 $[C_2mim][BF_4]$ 或 $[C_4mim][BF_4]$ 为反应介质，以二苯酮为主要反应物的光化学反应过程中，由于离子液体的参与，反应途径发生了改变，自由基和离子之间形成的平衡被打破，逐渐向粒子对偏移。直接结果使得物质之间的转化率提高，同时也间接降低了副产物的产量。

1.5.2　在萃取分离中的应用

萃取分离方法在工业生产中被广泛使用，被认为是一种非常有效的分离方法。传统的萃取分离过程经常会使用易挥发、毒性大的有机溶剂,极易对环境造成危害。离子液体对很多类型的物质都表现出良好的溶解性能,用离子液体替代传统有机溶剂,可以有效消除传统萃取工艺的缺点。

目前,离子液体在萃取有机物、萃取金属离子、分离气体混合物和萃取脱硫等领域都有广泛应用。通过测定室温条件下正庚烷/乙醇/[Bmim][MeSO$_4$]三元体系的液液平衡数据,发现萃取余液的纯度高于98%。利用NRTL方程对分配律和选择性进行了关联,确定了[Bmim][MeSO$_4$]从正庚烷/乙醇共沸体系中萃取乙醇的分离因子。此外,如果对[Bmim][MeSO$_4$]进行在线回收,最终获得了非常理想的回收效率,证明了离子液体可以作为萃取分离的化工原料。通过利用[C$_4$mim][PF$_6$]从溶液中萃取分离纳米CuO,经两分钟充分混合后,萃取效率可以达到80%~95%。相关的EXAFS、XANES和HNMR等光谱数据表明:离子液体体系有助于纳米CuO形成Cu^{2+},形成的[Cu(mim)$_4$(H$_2$O)$_2$]$^{2+}$起到载体的作用,能够使Cu^{2+}进入离子液体。我们研究了离子液体膜对SO$_2$的渗透性和选择性,结果表明离子液体膜能够为SO$_2$提供很好的渗透性,对SO$_2$/CH$_4$体系和SO$_2$/N$_2$体系中的SO$_2$具有很高的选择性。利用[BPy][NO$_3$]、[EPy][NO$_3$]、[BPy][BF$_4$]、[EPy][BF$_4$]、[EPy][Ac]和[BPy][Ac]六种离子液体对汽油进行了萃取脱硫实验,结果发现[BPy][BF$_4$]的萃取效率最高。

1.5.3 在电化学中的应用

离子液体作为一种绿色环保溶剂,在电化学领域备受关注。目前,将离子液体应用于电化学领域主要涉及电化学合成、电池、电容器和电沉积这几个领域。以三氯乙醛和邻乙氧基苯酚为原料,采用电化学合成方法制备得到了乙基香兰素,其产率达到了85%~98%。以[DEME][BF$_4$]为电解液制备得到的双层电容器(EDLC)具有更高的电容量和更好的耐用性,发现[DMFP][BF$_4$]和锂可以在较宽的温度范围内共存。以[DMFP][BF$_4$]为电解质装配得到的LiMnO$_4$/Li电池有高达96%的充放电循环效率。利用电化学沉积法在[C$_4$mim][PF$_6$]和[C$_2$mim]Cl-AlCl$_3$中能够分别制备出Ge纳米簇和Fe微粒。

1.5.4 在生物催化中的应用

生物催化反应具有很多优点,如不会对环境造成污染,反应过程一般在较短时间内就能完成,发生反应需要的条件较为温和等。然而,生物催化反应与其他化学反应一样,也需要常见的具有挥发性的有机溶剂参与。由于催化剂酶的作用会受到这些有机溶剂的影响,导致其活性和稳定性明显降低。研究表明,离子液体作为生物催化反应中酶的溶剂,具有良好的效果。[Bmim][BF$_4$]和[Bmim][PF$_6$]中的酯酶比己烷和甲基叔丁基醚中的酯酶具有更高的稳定性。Schofer等(2001)对十种不同离子液体中1-苯基乙醇和脂肪酯发生的酯基转换反应进行了研究,并与在传统有机溶剂中进行的相同反应作了对比研究,结果表明酶在离子液体中比在甲基异丁基中具有更高的活性,对映体的选择性也更强。

1.6　离子液体的研究现状

目前为止，离子液体的研究主要集中于离子液体的合成和应用等方面。离子液体常规的合成方法有直接合成法和两步合成法，其他合成方法有超声波辅助合成法、微波辅助合成法等，这些新型的合成方法有助于缩短反应时间，提高产物纯度。

离子液体的合成研究引起了众多科研院所的重视。中国科学院化学研究所韩布兴课题组在超临界流体、超临界流体/离子液体体系相行为与分子间相互作用等方面取得了系统的研究成果，例如，在超临界二氧化碳中加入表面活性剂，一定条件下与其中的离子液体形成反向胶束，可用于纳米颗粒的制备 (Xie et al, 2007)。中国科学院兰州化学物理研究所邓友全课题组在多种离子液体的合成和表征方面做了大量工作，通过化学或物理方法制备了功能化的离子液体或含离子液体的复合材料，该课题组还深入研究了离子液体在绿色催化、分离分析等领域的应用，例如，离子液体的酸性对其参与的催化反应的影响(Zhang et al, 2016)。

离子液体的应用主要有化学反应尤其是生物催化、电化学、基础研究、功能化研究、纳米材料制备、新能源电池、二氧化碳固定和转化等。近年来，关于离子液体的研究主要集中在应用方面。实际上，最初为了降低离子化合物的熔点，研究的中心工作主要集中在离子液体的凝聚态结构和相变等基本性质方面。例如，单晶衍射和差示扫描量热法(DSC)等实验技术证实了$[C_4mim]Cl$存在两种晶体结构，分别为正交结构(熔点为66℃)和单斜结构(熔点为41℃)，并对其形成机理进行了深入研究。DSC、拉曼光谱、小角和广角 X 射线衍射、准中子散射和单晶 X 射线衍射等多项实验技术共同研究了离子液晶$[C_{16}mim][PF_6]$的相行为，发现$[C_{16}mim][PF_6]$在高温和低温条件下分别存在两种层状结构的晶体，且高温晶体中阳离子长烷基链和阴离子都具有较高的自由度。笔者还根据小角 X 射线衍射结果证明了该离子液晶属于近晶型液晶材料。

此外，学者对离子液体的功能化设计、规模化制备离子液体以降低离子液体的成本以及离子液体在清洁工艺中的应用等方面进行了深入的研究。北京大学、清华大学、浙江大学、北京化工研究所、华东师范大学、长春应用化学所、上海交通大学、厦门大学、中国科技大学、南开大学、山东大学、天津大学、河南师范大学等单位在离子液体研究方面也做了大量的工作。

1.7　高压下离子液体的研究进展

随着金刚石对顶砧实验技术的发展和进步，基于金刚石对顶砧而发展起来的多种高压原位测试技术(如高压拉曼、高压红外、高压同步辐射、高压荧光等)也逐渐成熟，使得高压条件下离子液体凝聚态结构和相变的研究逐渐增多。以往对常见的咪唑类离子液体的结构的研究多数集中于常压条件下，而对其高压条件下结构的研究相对较少。2010 年以来，对咪唑类离子液体在高压下凝聚态结构的研究日益增多。

1.7.1 高压下离子液体的结构研究

日本的 Imai 和 Takekiyo 等（2011）首先利用拉曼光谱技术研究了不同温压条件下的
1-丁基-3-甲基咪唑四氟化硼盐（$[C_4mim][BF_4]$）。研究结果表明 $[C_4mim][BF_4]$ 在压强增
加到 1.4 GPa 的过程中没有发生结晶，同时在常压下降温到 113 K 的过程中也没有发生结
晶，且拉曼光谱的变化较小，如图 1-3 所示。随后，他们还进一步对 $[C_4mim][BF_4]$ 在更
大压强范围内（常压至 7.5 GPa）的相行为进行了研究。Takekiyo 等（2012）还研究了从常压
到 1 GPa 范围内 $[C_4mim][PF_6]$ 的拉曼光谱变化。该样品在约 0.2 GPa 发生压致结晶，随
着相变的发生，代表丁基链 NCCC 中的邻位交叉式-反式（Gauche-Trans，GT）构象的拉曼
峰强度增加，代表反式-反式（Trans-Trans，TT）构象的拉曼峰强度减弱。因此，高压下
$[C_4mim][PF_6]$ 结晶后，丁基链的 GT 构象数量增加。他们还进一步研究了更高压强下的
构象变化，发现 4 GPa 范围内都是 GT 构象占多数；同时，利用同步辐射 X 射线衍射技
术研究了 8 GPa 压强范围内 $[C_4mim][PF_6]$ 的相态变化，从液态到多晶相到最终形成玻
璃态。

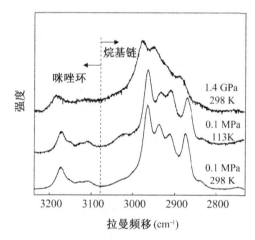

图 1-3　不同温度压力下的 $[C_4mim][BF_4]$ 的拉曼光谱图（Yoshimura et al，2011）

$[C_2mim][BF_4]$ 和 $[C_4mim][BF_4]$ 高压下的构象平衡研究结果表明：对于反映 CNCC
角度的构象，高压下阳离子 $[C_2mim]^+$ 的平面构象（planar）占优，而阳离子 $[C_4mim]^+$ 的构
象比例在高压下几乎保持不变，不受压强的影响；对于反映丁基链 NCCC 角度的构
象，$[C_4mim]^+$ 在高压下 GT 构象增加。Yoshimura 等（2013）还研究了 $[C_2mim][BF_4]$ 高压
下的相行为。在加压至 7 GPa 的过程中，$[C_2mim][BF_4]$ 没有发生结晶，在 2.8 GPa 左右
固化为过压玻璃态。如图 1-4 所示，$[C_2mim][BF_4]$ 在加压过程中拉曼光谱基本保持不变，
但在卸压过程中当压强降至 2.0GPa 拉曼光谱发生变化，出现新峰。不同于其他离子液
体，$[C_2mim][BF_4]$ 在卸压过程中发生结晶，在压强降至约 2 GPa 和 1 GPa 时出现不同的
晶态。而后，Yoshimura 等（2015）对 $[C_nmim][BF_4]$ 系列离子液体（$2 \leqslant n \leqslant 8$）在 7 GPa 以内

的相行为进行了总结(图 1-5)。基本上分为 3 种情况:①高压诱导结晶;②高压下固化为玻璃态;③从过压玻璃态卸压时结晶。此外,Yoshimura 等(2015)还研究了高压下 1-乙基-3-甲基咪唑硝酸盐($[C_2mim][NO_3]$)的相行为,该样品在 0.4 GPa 时结晶。

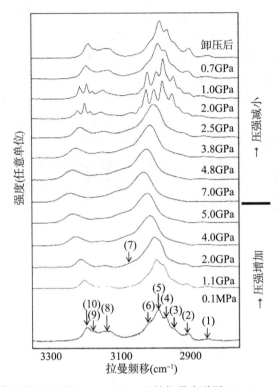

图 1-4　不同温度压力下的$[C_2mim][BF_4]$的拉曼光谱图(Yoshimura et al, 2013)

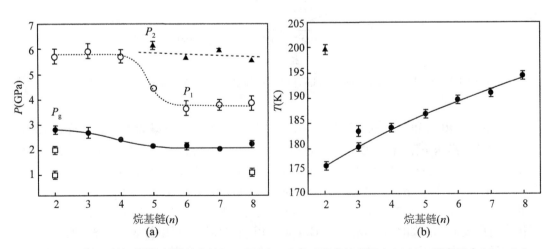

图 1-5　(a)常温下的不同烷基链长度的$[C_nmim][BF_4]$的玻璃化转变压力(P_g),相变压力(P_1,P_2);
　　　　(b)常压下的不同烷基链长度的$[C_nmim][BF_4]$的玻璃化转变温度(Yoshimura et al, 2015)

意大利的 Russina 等（2011）也对 $[C_4mim][PF_6]$ 在温度范围 20～100℃、压强范围 0.1～1000 MPa 内的高压相图进行了详细的研究，并在实验上首次证明了高压下存在两种晶相，这两种晶相分别与常压低温条件下的晶相对应，并具有不同的构象。如图 1-6 所示，不同压强下 $[C_4mim][PF_6]$ 的两种晶型 S_1 和 S_2，拉曼光谱不同，并且对应不同的构象。该课题组还利用分子动力学对 1-辛基-3-甲基咪唑四氟硼酸盐（$[C_8mim][BF_4]$）高压下微观的聚集行为进行了研究。

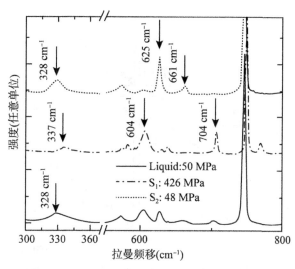

图 1-6　不同压力下的 $[C_4mim][PF_6]$ 的拉曼光谱图（Russina et al, 2011）

德国的 Saouane 等（2013）也对 $[C_4mim][PF_6]$ 高压和低温条件下的多晶相及其构象进行了详细的研究。图 1-7 为 $[C_4mim][PF_6]$ 多晶相的三种结构示意图，分别对应不同的构象。

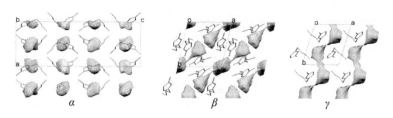

图 1-7　$[C_4mim][PF_6]$ 的三种结构示意图（Saouane et al, 2013）

巴西的 Ribeiro（2010、2011）对几种离子液体在高压和低温条件下拉曼光谱的低波数区进行了详细的研究。此外，Faria 等（2013）还考察了阴离子为 $[NTf_2]^-$ 的离子液体在 2.5 GPa 压强范围内可同时作为传压介质和压标。图 1-8 为四种阴离子为 $[NTf_2]^-$ 的离子液体在 740cm^{-1} 附近的拉曼峰随压强的偏移量，由图可知，拉曼偏移与压强呈线性关系，因此可以用该阴离子的拉曼峰进一步标定压强。随后，他们还研究了 $[C_nmim][PF_6]$ 和

[$C_n$mim][BF_4]系列中多个离子液体高压下的玻璃化，并利用基团贡献模型（GCM）等对高压下离子液体的密度进行了预测。此外，他们还研究了集中阴离子为[CF_3SO_3]$^-$的离子液体在高压下的相变。

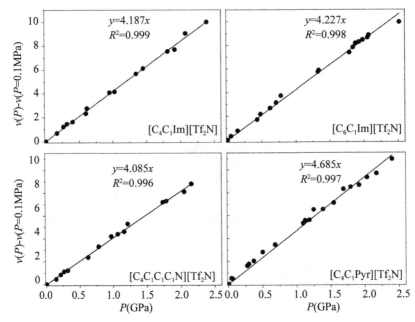

图 1-8　不同离子液体的阴离子[NTf_2]$^-$在 740cm^{-1}附近的拉曼峰随压强的偏移量变化（Faria et al，2013）

　　Chang 等（2006、2007）利用原位红外光谱对高压下离子液体中氢键进行了深入研究。他们研究了高压下 1-丁基-3-甲基咪唑卤素盐（[C_4mim]X（X = Cl 或 Br））的相变，特别是[C_4mim]Cl 从常压下不同的相态开始加压时所发生的相态及构象变化。[C_4mim]Br 晶体常压下处于 GT 构象，而[C_4mim]Cl 晶体常压下存在两种晶态，分别对应 GT 和 TT 构象，其中常压下具有 TT 构象的晶体热稳定性更好。图 1-9 和图 1-10 分别为不同压强下[C_4mim]Br 和[C_4mim]Cl 的红外光谱图。如图 1-9 所示，当压强大于 0.3 GPa 时，[C_4mim]Br 的红外光谱并没有发生明显变化，但此时峰位随压强的变化关系出现拐点，这说明样品出现了新的高压相，其构象可能为扭曲的 GT 构象。如果[C_4mim]Cl 从常压下处于过冷的液态开始加压，当其处于过冷态时 GT 和 TT 构象共存；如图 1-10 所示，当压强增加至 0.9 GPa，代表 GT 构象的拉曼峰特征峰强度减弱；当压强进一步增加至 1.5 GPa 时，出现新的晶相，其构象可能为扭曲的 GT 构象。如果[C_4mim]Cl 从常压下具有 TT 构象的晶态开始加压，当压强大于 0.3 GPa 时，样品从 TT 构象转变为扭曲的 GT 构象。此外，Chang 等（2006、2007）还用原位红外光谱研究了高压下含离子液体体系（如离子液体与水、离子液体与有机溶剂、离子液体与纳米颗粒等）中的相互作用。

　　Chen、You、Yuan 等（2017）对 1-乙基-3-甲基咪唑氯盐（[C_2mim]Cl）高压下的结构和相变进行了研究。图 1-11 为高压下[C_2mim]Cl 的拉曼频移随压强的变化关系，分别在

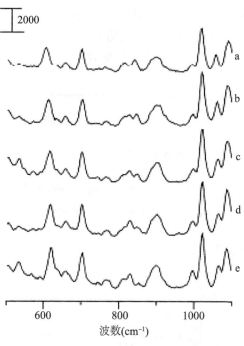

图 1-9　不同压强下 [C_4mim] Br 的红外光谱（Chang et al, 2007）

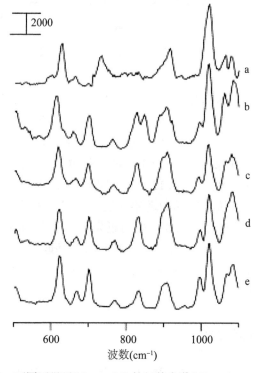

图 1-10　不同压强下 [C_4mim] Cl 的红外光谱（Chang et al, 2007）

5.8GPa、9.3GPa、15.8GPa 和 19.1GPa 处出现拐点。研究结果表明,样品在 5.8GPa、9.3GPa、15.8GPa 和 19.1 GPa 发生 4 个连续相变,并且当压强大于 19.3 GPa 时,样品突然出现光致发光,这可能是由于阳离子发生了聚合作用。

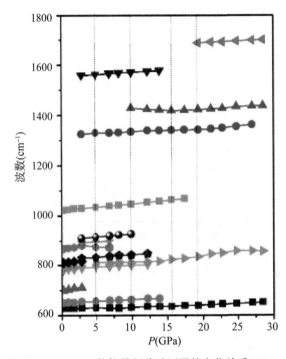

图 1-11　高压下[C_2mim][Cl]的拉曼频移随压强的变化关系(Chen et al,2017)

北京高压科学研究中心苏磊课题组(Su et al,2009、2010、2012)研究了 1-乙基-3-甲基咪唑六氟磷酸盐([C_2mim][PF_6])和[C_4mim][PF_6]在 1 GPa 下的高压相图(图 1-12),随后利用原位拉曼光谱技术研究了[C_4mim][PF_6]在高压下的结构和相变,并研究了[C_4mim][BF_4]从常压到 30 GPa 的拉曼光谱变化。同时,苏磊等(2009、2010、2012)发现[C_8mim][PF_6]在 4.12 GPa 附近由液态变为过压的玻璃态,同时该样品出现从过压的玻璃态卸压诱导结晶的现象;他还发现 1-丁基-3-甲基咪唑双(三氟甲烷磺酰)亚胺盐([C_4mim][NTf_2])在 1.8 GPa 附近发生由液态到玻璃态的相转变,1-己基-3-甲基咪唑六氟磷酸盐([C_6mim][PF_6])在 3.4 GPa 附近发生由液态到玻璃态的相转变,同时还对高压下阴阳离子的构象进行了分析。此外,他们对超高压条件下室温离子液体结构和性质的研究进展进行了综述性研究。

1.7.2　高压下离子液体的性能研究

目前对于咪唑类离子液体的性质的研究主要集中在常压条件下,对其高压下的性质研究仅有少量文献报道,研究手段多利用现有的仪器设备或自制的仪器设备。受产生高压的

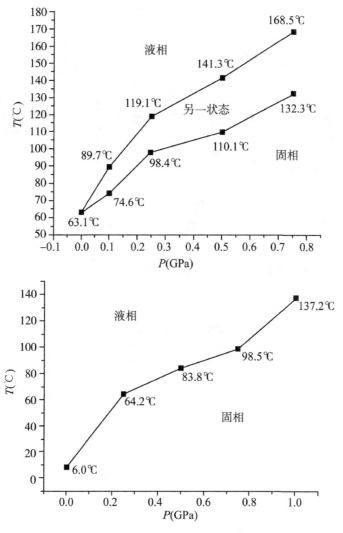

图 1-12　(a)[C$_2$mim][PF$_6$]和(b)[C$_4$mim][PF$_6$]的高压相图(Su et al, 2009)

设备限制，以往的文献报道实验数据局限在有限的压强范围内。

　　日本的 Minamikawa 和 Kometani(2010)利用多窗口高压腔和时间分辨荧光光谱仪结合相应的荧光探针测定了 0.1~300 MPa 压强范围内[C$_4$mim][PF$_6$]、[C$_4$mim][BF$_4$]等多种离子液体在高压下的微黏度等，如图 1-13 所示。此外，该课题组还对高压下离子液体的溶剂性质进行了研究。

　　澳大利亚的 Harris 等(2005、2006、2007)利用自制的高压黏度测量装置，并基于落球法(Falling-Ball)原理获得了[C$_n$mim][PF$_6$](n = 4，6，8)、[C$_n$mim][BF$_4$](n = 4，8)和[C$_4$mim][NTf$_2$]等离子液体在压强最高 300 MPa、温度 0~80℃范围内的黏度。

　　日本的 Tomida 等(2006)利用基于滚球法(Rolling-Ball)的黏度计获取了压强 0.1~20.0

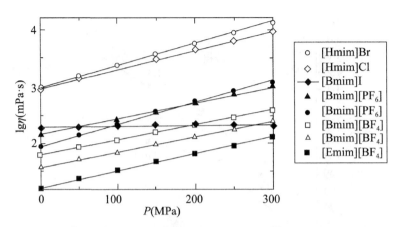

图 1-13 高压下不同离子液体的微粘度(Minamikawa，Kometani，2010)

MPa、温度 293. 15～353. 15 K 范围内[C₄mim][PF₆]和[C₄mim][BF₄]的黏度，如表 1-1 和表 1-2 所示。

表 1-1   不同温度压强下[C₄mim][PF₆]的密度和黏度

$T(\mathrm{K})$	$P(\mathrm{MPa})$	$\rho(\mathrm{kg/m^3})$	$\eta(\mathrm{mPa \cdot s})$
293. 15	0. 1	1370	382
	5. 0	1372	409
	10. 0	1374	442
	15. 0	1377	468
	20. 0	1379	504
313. 15	0. 1	1354	119
	5. 0	1357	126
	10. 0	1359	133
	15. 0	1362	140
	20. 0	1364	151
333. 15	0. 1	1337	52. 5
	5. 0	1340	55. 3
	10. 0	1343	58. 2
	15. 0	1346	61. 0
	20. 0	1349	63. 2

续表

$T(\mathrm{K})$	$P(\mathrm{MPa})$	$\rho(\mathrm{kg/m^3})$	$\eta(\mathrm{mPa \cdot s})$
	0.1	1321	25.7
	5.0	1324	26.9
353.15	10.0	1327	28.1
	15.0	1330	29.3
	20.0	1332	30.5

表 1-2　　　　　　　　不同温度压强下[$\mathrm{C_4 mim}$][$\mathrm{BF_4}$]的密度和黏度

$T(\mathrm{K})$	$P(\mathrm{MPa})$	$\rho(\mathrm{kg/m^3})$	$\eta(\mathrm{mPa \cdot s})$
	0.1	1211	132
	5.0	1213	139
293.15	10.0	1215	147
	15.0	1217	155
	20.0	1219	163
	0.1	1196	50.5
	5.0	1198	52.7
313.15	10.0	1200	55.1
	15.0	1202	57.5
	20.0	1204	60.0
	0.1	1182	23.7
	5.0	1185	24.5
333.15	10.0	1187	25.4
	15.0	1190	26.3
	20.0	1192	27.2
	0.1	1168	13.2
	5.0	1171	13.6
353.15	10.0	1173	14.1
	15.0	1176	14.6
	20.0	1179	150

　　西班牙的 Gaciño 等(2012)自制基于落球法的黏度装置，获取了压强最高 150MPa、温度 313.15~363.15K 范围内 1-乙基-3-甲基咪唑硫酸乙酯盐([$\mathrm{C_2 mim}$][$\mathrm{EtOSO_3}$])等 3 种离

子液体的黏度数据。

波兰的 Domańska 等（2007）利用活塞圆筒设备获取 P-V 曲线，通过曲线的拐点判断（液+固）平衡的压强点，详细研究了一些离子液体在压强最高 900MPa、温度 328~363 K 范围内在有机溶剂中的溶解度，如 1-乙基-3-甲基咪唑嗡甲苯磺酰酯（$[C_2mim][TOS]$）在环己烷或苯中的溶解度。其中 $[C_2mim][TOS]$）和环己烷的固液平衡线如图 1-14 所示，并讨论了压强对离子液体溶解度的变化规律，在一定温度下，随着压强的增加，$[C_2mim][TOS]$ 在环己烷中的溶解度迅速下降。

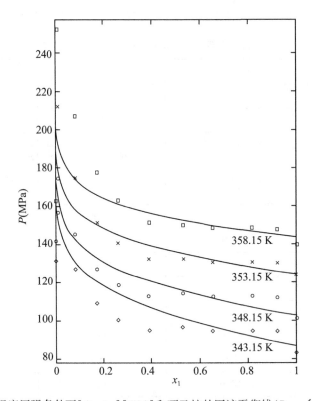

图 1-14 不同温度压强条件下 $[C_2mim][TOS]$ 和环己烷的固液平衡线（Domańska et al，2007）

Chang、Jiang 和 Tsai 等（2006）利用高压红外光谱和密度泛函理论对 $[Dimim][MeSO_4]$ 和 $[C_4mim][PF_6]$ 内部的氢键结构进行了研究。结果发现：在 $[Dimim][MeSO_4]$ 内部结构中，咪唑环上 C—H 比烷基链上的 C—H 更有利于氢键的形成；在 $[Dimim][MeSO_4]$ 水溶液的内部结构中，咪唑环上 C—H 和烷基链上的 C—H 都是氢键形成的良好位置；在 $[C_4mim][PF_6]$ 内部结构中，咪唑环和烷基链上都能通过红外光谱探测到氢键的存在。Chang、Jiang 和 Chang 等（2008）利用高压红外光谱和密度泛函理论又对 $[C_4mim]Cl/D_2O$ 混合体系进行了研究，发现重水的参与明显改变了 $[C_4mim]Cl$ 的结构，而且咪唑环上的 C—H 比烷基链上的 C—H 更容易与水形成氢键结构。Chang、Jiang 和 Chang 等（2008）利用高压红外光谱对 $[C_4mim][BF_4]$/水和 $[C_4mim][BF_4]$/甲醇两种体系的结构与压强关系以及结构与浓度关系进行了研究。研究发现两种体系中都存在自由 O—H 键和键合 O—H 键：在 $[C_4mim][BF_4]$/水体系中，压强会导致自由 O—H 键稳定性降低，并转变为键合 O—H 键；在 $[C_4mim][BF_4]$/甲醇体系中，压强则对自由 O—H 键影响不大，高压下自由 O—H 键仍然能够稳定存在。

Su、Li 和 Hu 等（2009）利用高压差热分析方法研究了 1GPa 以下压强范围内 $[C_2mim][PF_6]$ 和 $[C_4mim][PF_6]$ 的高压相图，并根据 $[C_2mim][PF_6]$ 的广角 X 射线衍射结果推测该离子液体可能在高压下还存在一个新的固体相。Su、Li 和 Zhu 等（2010）又利用拉曼光谱对高压或低温等极端条件下 $[C_4mim][PF_6]$ 的凝聚态结构和结晶过程进行了研究，并首次提出用高压方法回收离子液体的新思路。

Takekiyo 等（2011）利用高压拉曼光谱技术对多种离子液体进行了多方面探索性实验。他们首先研究了高压引起的 $[C_4mim][PF_6]$ 拉曼光谱变化，发现随着 $[C_4mim][PF_6]$ 压致结晶发生，对应于 $[C_4mim]^+$ 的 GA 构象的拉曼峰（590 cm^{-1}）强度增加，而对应于 $[C_4mim]^+$ 的 AA 构象的拉曼峰（610 cm^{-1}）强度减弱，表明压强诱导引起 $[C_4mim][PF_6]$ 的相态转变与构象转变有关，并且促使 $[C_4mim]^+$ 从 AA 构象向 GA 构象转变。然后，他们利用拉曼光谱对 $[C_4mim][BF_4]$ 的加压和降温过程进行了研究，发现在实验提供的压强和温度范围内 $[C_4mim][BF_4]$ 都没能结晶。拉曼光谱的变化表明离子液体内部只是烷基链的周围环境发生了扰动。Takekiyo 等（2011）还进一步研究了压强对 $[C_2mim][BF_4]$ 和 $[C_4mim][BF_4]$ 结构稳定性产生的影响。结果表明在高压条件下 $[C_2mim]^+$ 的 P 构象和 $[C_4mim]^+$ 的 GA 构象更加稳定，分别在 $[C_2mim][BF_4]$ 和 $[C_4mim][BF_4]$ 中占有主导地位。此外，结果还表明不同的阳离子结构受压强的影响不同，相比于 $[C_4mim]^+$，压强对 $[C_2mim]^+$ 的影响更大。

Russina 等（2011）用实验方法证实了高压下 $[C_4mim][PF_6]$ 存在两种晶体结构，而且指明两种晶体结构中具有不同的阳离子构象。Ribeiro 等（2014）利用红宝石荧光峰 R_1 线宽判定玻璃化转变的方法，对 $[C_4mim][BF_4]$、$[C_8mim][BF_4]$、$[C_4mim][NTf_2]$、$[C_6mim][NTf_2]$、$[C_6mim][PF_6]$ 和 $[C_8mim][PF_6]$ 六种离子液体进行了高压研究，发现这六种离子液体在实验提供的压强范围内都没有发生结晶，而是都发生了压致玻璃化转变。

从离子液体的研究现状看，我们不难发现关于离子液体的基础研究远远落后于应用研究，离子液体性质方面的研究长期得不到研究人员的重视。高压下离子液体的性质研究则少之又少，即使有少数几个课题组在这方面开展工作，也是在相当低的压强条件下进行。例如：Kandil 等（2007）在 288~433K，0.1~50 MPa 范围内对 $[Hmim][NTf_2]$ 的黏度、密度和电导率进行了研究；Aparicio 等（2009）利用实验与理论相结合的方法在 0.1~70 MPa 压强范围内对两种离子液体 $[Dmim]MS$ 和 $[Emim]TOS$ 的黏度和密度等性质进行了研究。Harris 和 Woolf（2011）分别在 0~90℃、0.1~103 MPa 和 25~80℃、0.1~250 MPa 范围内对 $[C_4mPyr][NTf_2]$ 的黏度和自扩散系数进行了研究。

1.7.3 高压下离子液体的物态方程研究

物态方程是描述处于热力学平衡态物质系统中压强、温度和密度之间的关系式，其在热力学、原子与分子物理、地球科学、流体力学、天体演化等诸多领域都有广泛的应用，因此确定物态方程的具体形式和方程中系数的研究工作具有重要的科学意义和应用前景。通过对咪唑类离子液体高压物态方程的研究，获取其相关物性，对其应用研究也具有非常重要的意义。大部分离子液体在常温常压下呈液态，通过实验手段测量不同条件下离子液体的密度是构建高压下离子液体物态方程的基础。高压下密度的测量多采用振动管密度计、膨胀计、自制的高压密度设备等。受产生高压的装置所限，目前离子液体 PVT 数据的温度范围为 270~400 K，压强范围为 0.1~60 MPa，少量数据压强最高达到 300 MPa。

国际方面，葡萄牙的 Gardas 等（2007、2008）使用振动管密度计系统测量了咪唑类、吡啶类、吡咯烷鎓类、哌啶类离子液体在不同温压范围内的密度，并采用不同形式的物态方程对实验结果进行了关联。

澳大利亚的 Kanakubo 和 Harris（2015）利用金属波纹管膨胀计获取了 1-丁基-3-甲基咪唑双（三氟甲烷磺酰）亚胺盐（$[C_4mim][NTf_2]$）和 1-己基-3-甲基咪唑双（三氟甲烷磺酰）亚胺盐（$[C_6mim][NTf_2]$）在 250 MPa 压强范围内的密度数据，利用 Tait 方程进一步获得了等温压缩率等热力学参数。

日本的 Machida 等（2008）设计改造了金属波纹管式膨胀计，获得了多种咪唑类离子液体在 200 MPa 压强范围内的密度数据，并利用 Tait 方程关联了一定温压范围内 PVT 的数据，进一步计算了等温压缩率和等压热膨胀率。

国内方面，天津大学夏淑倩等（Qiao，Yan，Xia et al，2011）成功设计制作了高温高压落球式黏度计（最高温度 150℃，最大压强 30 MPa），测定了离子液体及含离子液体体系在高温高压下的密度和黏度。这种自制的新型黏度计结构示意如图 1-15 所示。

北京化工大学李春喜课题组（Wang，Li，Shen et al，2009）根据硬球微扰理论描述基团之间的近程排斥和色散作用，采用积分方程理论的平均球近似方法考虑离子之间的静电作用，得到了适用于离子液体的物态方程。

Li、He 和 He 等（2009）提出了新的离子液体物态方程模型，开发了新的变阱宽方阱链流体（SWCF-VR）模型，并将其应用到离子液体系统。如图 1-16 所示，新的物态方程模型对不同条件下的密度数据进行很好的拟合。

1.7.4　高压下离子液体研究存在的问题

离子液体由于其广阔的应用前景，是当前国际科学研究的热点之一。但随着研究的深入，科学家发现一些离子液体存在毒性，可能会对人和其他生物造成危害。Bernot 等（2005）发现咪唑和吡啶离子液体对淡水蜗牛的爬行和进食会产生不良影响，具体表现为亚致死效应。Pretti 等（2006）发现较低浓度离子液体将会削弱斑马鱼的腮和皮肤功能，斑马鱼会出现游动变少、平衡丧失、静止不动等现象。而且，大部分离子液体容易与水分子结合，离子液体如果作为工业溶剂大规模使用，将不可避免地进入自然水资源中，将会对自然环境和其中的生物体产生风险；在离子液体参与的化学反应中，需要对有机反应的产物进行分离，并对离子液体进行回收；同时，离子液体物理化学性质也与其纯度密切相关。因此，在离子液体引起人们广泛关注的同时，有必要对其潜在的回收提纯的方法进行

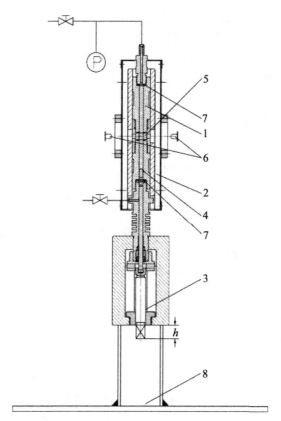

图 1-15　高温高压落球式黏度计(Qiao et al, 2011)
(1. 黏度计的主体; 2. 加热器; 3. 活塞轴; 4. 下落体; 5. 蓝宝石窗口;
6. 激光发射器和接收机; 7. 铜块; 8. 黏度计支架)

研究。

　　由于离子液体的非挥发性,因此无法利用有机溶剂的常用回收方法(如蒸馏)实现离子液体的回收提纯。另一方面,如果使用溶液分离回收的方法实现离子液体的回收提纯,需要消耗数倍体积的水或其他溶剂(超临界 CO_2 除外),将造成水资源的浪费。因此,溶液分离回收也并非理想的方法。离子液体最好的回收提纯方法可能是使其结晶固化。实现离子液体结晶一般有两种途径:①熔融态降温结晶;②冷却热饱和溶液或蒸发溶剂结晶。在以往的研究中,科学家开始尝试通过调控温度的方法实现离子液体的结晶,从而达到回收提纯的目的。离子液体封存在毛细管中,使用区域熔化法(Zone Melting)实现了一些低熔点的室温离子液体的结晶提纯,如 $[C_2mim][BF_4]$ 和 $[C_4mim][PF_6]$。此外,学者对常压下离子液体的结晶固化理论和实验进行了综述性研究:通过降温,离子液体可能结晶形成理想晶体,也可能形成内部存在一定无序度的晶体、液晶、塑晶、玻璃态等亚稳态或中间相,并且从理论上分析了离子液体成核、晶体生长和玻璃化过程。

　　压强可以有效地改变物质内部原子间距,进而对物质内部的化学键、能级或能带结构

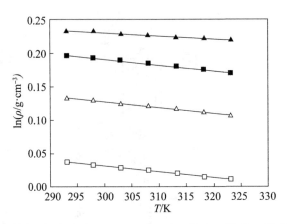

图 1-16　不同温度下样品的密度（Li et al, 2009）（▲代表 1-甲基-3 甲基咪唑磷酸二甲酯 [Mmim][DMP]，■代表磷酸三乙酯 [TMP]，△代表 1-甲基咪唑 + 磷酸三乙酯（[mim] +[TMP]），□代表 1-甲基咪唑 [mim]，实线为物态方程拟合结果）

产生影响，最终改变物质的状态、结构与性质。物质在几万至上百万大气压的高压下可能会出现许多常压下无法获得的新现象和新规律，从而产生许多新的物理问题。压强与温度、组分是任何研究体系中三个独立的物理参量，任何其他手段都无法取代压强对整个研究体系的影响。鉴于此，考虑到压强与温度在热力学上的对等关系，可以推测压强可能对离子液体的结晶也具有相似的效果（图 1-17）。在前人研究温致离子液体结晶固化的基础上，本研究试图用高压的方法诱导离子液体从熔融态或从溶液中结晶固化。此外，多数离子液体在低温条件下难以结晶，而是处于过冷的液态，最终玻璃化。高压条件下一些离子液体容易形成晶体，但另一些离子液体却容易玻璃化。因此，继续深入研究高压下离子液体在液态和玻璃态的结构特征，将会进一步加深对物质玻璃化转变这一基础研究的深入理解和认识。

我们综合分析高压下咪唑类离子液体凝聚态结构、性质和物态方程的研究现状，就其高压下的凝聚态结构研究而言，目前的文献研究主要集中于阴离子为 $[BF_4]^-$、$[PF_6]^-$ 或卤素类的咪唑类离子液体，研究手段多利用高压拉曼或高压红外光谱，仅有少量文献报道利用了同步辐射 X 射线衍射技术。本研究以咪唑类离子液体为主要研究对象，拓展研究对象的类型和研究手段，利用拉曼光谱和 X 射线衍射等方法原位研究高压等极端条件对离子液体结晶固化的作用，探索用高压诱导离子液体从熔融态结晶固化及其动力学效应，研究高压诱导离子液体从有机溶剂中结晶，分析压强、温度、组分等对离子液体结晶的影响。获取离子液体在高压下的玻璃化转变压强点，分析离子液体高压下玻璃化转变的结构变化，探索离子液体作为传压介质的潜在用途。通过探讨高压下咪唑类离子液体结晶固化的实验条件，研究高度压缩情况下其凝聚态结构和相变的规律，分析其结晶固化的物理机制，有助于高压下离子液体的基础研究和应用，为实现离子液体回收和提纯提供新的思路。

近 10 年来，离子液体的基本物理化学性质的数据库日益庞大，但仍不能满足当前科

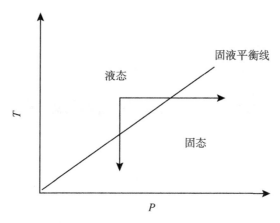

图 1-17 物质压缩与冷却示意图

技发展和工业化的需求。就高压下咪唑类离子液体性质的研究现状而言，目前文献报道由于实验设备的局限性只能在有限的压强范围内获得离子液体的性质。例如，基于多窗口高压腔的高压荧光微黏度测量，多窗口高压腔由于采用液压加压装置，最高只能达到 500 MPa。我们希望拓展高压下咪唑类离子液体性质的研究方法，获取其在更高压强范围内的黏度、密度、折射率及在有机溶剂中的相平衡及溶解度信息，这将有助于丰富离子液体的物性和结构数据，促进离子液体在极端条件下的应用。

离子液体的物态方程描述了其在极端条件下的力学响应特性，其中密度作为 PVT 数据中的一个重要组成部分，不仅在流体力学、传热、传质过程计算中必不可少，而且在反应器设计等方面必须加以考虑。就高压下咪唑类离子液体的物态方程的研究现状而言，受获取高压的设备所限，目前文献报道的咪唑类离子液体的高压密度数据仅在有限的压强范围内。而大多数的物态方程是在数十兆帕压强范围的实验数据上建立起来的，很难确定这些物态方程在更高压强条件下是否合理。因此，获取更高压强范围的 PVT 实验数据对构建适用于离子液体的物态方程具有十分重要的意义。郑州轻工业大学高压科学技术实验室将分别利用基于金刚石对顶砧和基于活塞圆筒装置的方法获取吉帕压强范围内离子液体的体积或密度数据，拓展获取咪唑类离子液体 PVT 数据的压强范围，在此基础上确定物态方程的具体形式及相关的热力学参量，有助于更好地理解离子液体的热力学性质和相行为，促进离子液体的基础研究和应用。

第 2 章　高压实验技术

2.1　高压概述

高压，泛指一切高于大气压的压强条件。一般而言，当压强达到万倍于大气压时，将其称为高压。高压科学是一门新兴的学科，这门学科的主要目的是为了研究高压对物质的结构、状态、性质产生的影响，掌握压强引起物质结构和性质等的变化规律。然而，高压科学离不开高压实验技术，高压实验技术的发展和进步是高压科学能否获得发展壮大的重要基础。

众所周知，组分是决定物质的结构和性质最基本的参数，而温度和压强则是影响物质结构和性质的两个重要的热力学参数。正是组分、温度和压强这三个重要参数构成了丰富多彩的物质世界三个维度(图 2-1)。在过去的几百年内，科学家主要通过各种实验方法改变温度这个维度以实现对物质的研究，由于高压科学发展相对缓慢，改变压强的实验方法非常匮乏，因此通过改变压强这个维度的研究非常罕见。

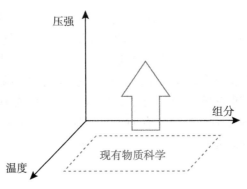

图 2-1　压强和现有物质科学的关系示意图

虽然人类生活在只有几个大气压和几十度温度变化的地球表面，但是地球内部的压强和温度变化却比地球表面大得多(图 2-2)，如果放眼太阳系、银河系乃至整个宇宙，那么这两个热力学参数将在数量级上得到更加广泛的延伸。目前，人类已知的自然界中存在的温度可以跨越 8 个数量级，从宇宙空间的 3K 到氢弹爆炸时的 10^8 K；压强可以跨域 64 个数量级，从星系间的 10^{-32} atm 到中子星内部的 10^{32} atm。如此巨大的温度和压强变化范围，引起的物理和化学现象必然更加丰富多彩。

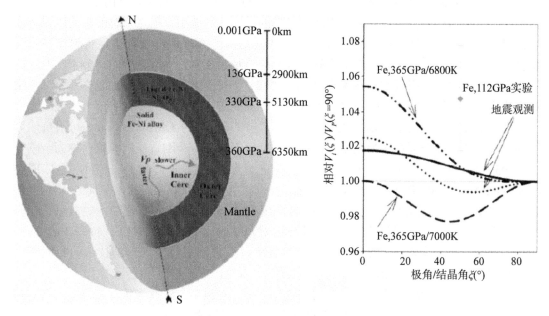

图 2-2　地球内部温度、压强示意图

2.2　高压的产生

高压的产生方式通常被分为动高压和静高压两大类。静高压使样品在压腔中经受高压的时间大于样品达到化学平衡所需的时间，物理学上属于等温过程。动高压使样品在压腔中所经历的过程足够快，以致来不及同外界交换热量，整个过程称为绝热过程。

2.2.1　静高压实验技术

静高压实验技术主要有 3 种。①大压力机。其主要包括多面顶式压力机和活塞圆筒装置两种压力设备，可获得的温度范围一般低于 3000 K，多面顶压机可产生的压强一般低于 90 GPa，活塞-圆筒装置可产生的压强一般低于 5 GPa，若采用二级活塞-圆筒装置，其工作压强可达 10 GPa。这两种压力装置可获得的压强、温度范围相对有限，但可制备的样品尺寸较大，可用于高温高压条件下较大样品的相变、熔融、矿物或材料的合成和制备等实验研究。②金刚石对顶砧装置。该装置是目前能够获得最高压强的压力设备，最新报道中，采用二级加压结构的金刚石对顶砧可获得压强高达 770 GPa，随后获得了最高突破 1 TPa 的压强。采用激光加热，可达到 6000 K 的高温。该装置几乎可满足地球内部所有物质的高温高压实验条件的需要。③高压釜装置。其可获得的温度和压强范围有限，一般低于 1000 K 和 0. 4 GPa。

1762 年，Canton 将水注入形状类似玻璃管状的容器内，并向该容器内不断注入空气，达到增大压强的作用，发现水的体积随着压强的增加逐渐减小。虽然当时的实验压强非常小，但是这是人类开展的最早的高压实验。19 世纪初，Perkins 突发奇想地将炮筒当作实验容器，并将装有实验样品的整个炮筒沉入海底，使得实验压强增加到 1.96×10^8 Pa。此后相当长的时间内，高压实验技术发展相当缓慢。直到 1908 年，Bridgman 发明了对顶砧高压装置，该高压装置将实验压强范围从几万个大气压迅速提高到了几十万个大气压，极大地推动了高压实验技术向前发展。1950 年，芝加哥大学的 Lawson 和 Tang 利用自然界中硬度最高的单晶金刚石作为压砧，设计出了世界上第一台金刚石压腔装置，称为金刚石釜。1959 年，Weir 等对金刚石压腔的设计进行了改进，共同设计出金刚石对顶砧（Diamond Anvil Cell，DAC）。金刚石对顶砧的出现，标志着高压实验技术从此进入了 DAC 时代。1978 年，毛河光设计了 Mao-Bell 型高压实验装置，该研究工作的主要贡献是在金刚石压力砧面上引入了倒角设计，使得金刚石对顶砧的压强极限提高到了 170 GPa。迄今为止，在红宝石的荧光测压技术、样品密封技术以及静水压技术等辅助技术的共同推动下，金刚石对顶砧压机获得的压强已经超过了 500 GPa。

目前，静高压领域应用最为广泛的装置是金刚石对顶砧，本章将重点介绍金刚石对顶砧压力加载装置，基于金刚石对顶砧的原位拉曼光谱技术和同步辐射 X 射线衍射技术，用于判断静水压性及玻璃化转变压强的红宝石荧光技术，以及高压下样品性质的测量方法。

近年来，在压力的基础上，研究者开始改变温度，发展变温高压实验技术。目前，样品的加温方法有外加热和激光加热法。外加热法通过金刚石外部的电炉进行加温，温度用热电偶进行测量。激光加热法一般用 1. 064 μm 波长的激光光束通过 DAC 的通光口被聚焦到样品上，样品吸收激光光束而被加温，其温度通过黑体辐射光谱测量获得。目前，采用激光加热可实现 6000K 的高温环境。

此外，基于激光激发的高压原位热导率测量也取得可喜进展，以 DAC 系统为基础，实现了稳恒热流状态下热导率原位测量技术。由于金刚石具有高强度和良好的光谱透过性，因此可以进行各种物理和化学参数的原位测量，进行高压下晶体结构和物质的谱学测量以及电学、磁学及弹性等物性测量。当前静态高压实验技术已取得了长足的进展，使其获得的数据更可靠、精度更高。

2. 2. 2　动高压实验技术

动高压实验技术主要有各种爆轰装置和压缩轻气炮装置，可在 1 μs 内产生 0. 5~1. 0 TPa 的高压，温度达到 10^5 K，物理学上属于绝热过程。动高压条件下冲击波加载的本质就是通过一定方法产生的大量能量（化学能、机械能、内能等）转化为机械波，并通过不同的波形整形系统来调整加载源与样品之间的波形，从而控制冲击加载的过程。常用的冲击波加载方式有通过高能炸药爆炸产生加载源的平面波发生器加载，以及通过压缩轻气

(氩气或氢气)作为加载源的轻气炮加载。核爆炸产生的 X 射线、高功率脉冲激光以及粒子束也可用于冲击波加载源,但是这些方法的使用范围极其有限。

高能炸药平面波发生器是研究材料在动高压加载条件下动力学响应最早的加载手段。最早的平面波发生器作为加载源的工作原理是通过引爆平面波发生器里的高能炸药,然后对样品进行加载。这种加载方式的优点是实验数据的可重复性好及加载系统性能稳定。常见的高能炸药主要有 TNT(三硝基甲苯)、PBX 炸药、混合炸药以及巴拉托等。现今人们已经非常完备地掌握了这些炸药的爆轰参数,采用适当的计算方法,就可以方便简易地算出样品中所达到的压强值。

自 20 世纪 60 年代开始,研究者开始使用高压气体炮作为冲击波发生装置,这在冲击波压缩科学领域是一个最根本的技术性的突破。高压气体炮的原理是使用火药爆炸或压缩得到的高压气体加速弹丸,弹丸受力产生加速度,在光滑炮管内发生加速运动并达到设定速度,最后以高速射出的方式与事先精确放置的靶样品进行高速碰撞,以此来模拟样品的动高压加载环境。高压气体炮加载技术是一种精确加载技术,其重要技术指标主要包括加速弹丸的能源类型、加速弹丸所能达到的最大速度、炮管口径大小以及最为重要的弹丸与靶碰撞的平行度等,弹丸的加速距离也是其应该考虑的因素之一。高压气体炮技术的优点在于多功能的加载手段、加载压强覆盖范围大、加载压强大小稳定以及非常好的精确度。

鉴于静高压加载技术存在样品尺度小、加载速率低和压强分布不均等方面的局限性,我们认为它在研究相变速率问题方面没有优势。相反,冲击动高压加载技术具有样品尺寸大、加载时间快、压强分布均匀等优点,它可以使样品材料在纳秒时间内均匀地达到所要求的极端条件,所以冲击动高压加载应成为研究相变动力学问题的首选方法。

2013 年,冲击动高压加载技术与高分辨率拉曼光谱测技术相结合,并且能够兼容高速摄像技术,成功实现了动态高压条件下的拉曼光谱原位测量和原位成像。该方法以染料激光作为激发光源,监测时间可以持续微秒尺度,保证了多次冲击加载过程的测量。入射光经介质膜反射镜反射后,聚焦进入样品中心区域,在 45° 方向收集散射光,这样保证了入射光的强度,且提高了光的收集效率。光谱、激光及轻气炮的同步由电探针、光探针及延迟装置来控制,提高了同步精度。

此外,近年来动态加载电阻测量实验测量技术也取得了重要突破。以动态加载装置和金刚石对顶砧(DAC)实验技术为基础,将磁控溅射技术和 DAC 技术相结合,解决了在 DAC 表面进行微电路制备的难题。基于动态加载装置,解决了动态加载过程中电压信号的采集,建立了动态加载电阻测量法。

2.3 金刚石对顶砧实验技术

2.3.1 金刚石对顶砧装置

金刚石对顶砧装置发展至今出现了多种结构类型,一般由金刚石压砧、垫片和支撑导向装置构成，其结构示意如图 2-3 所示。两个金刚石对压的面称为砧面，预先在垫片的中间打孔，将样品和标压物质装在垫片的小孔中，合上压机后样品就被密封在两个砧面和垫片所形成的样品腔中，当通过外力挤压两个平行的金刚石压砧，由于金刚石砧面非常小（通常直径为 50~1000 μm），样品腔中就能产生高压。

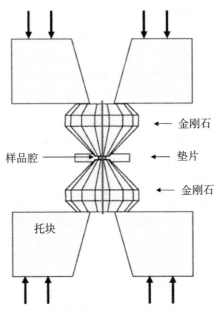

图 2-3　金刚石对顶砧结构示意图

金刚石对顶砧是现代高压实验技术中最为重要的高压产生装置之一，其核心部分是由上、下两块相对放置的金刚石和中间放置的金属密封垫片组成，如图 2-4 所示。金属垫片放置在金刚石中间，需要用打孔设备（常见打孔设备有手工钻头、激光打孔机和电火花打孔机等）在金属垫片中心位置事先打出一个小孔。金属垫片上的小孔壁与上下两个金刚石压腔砧面形成的空间作为放置测试样品的样品腔。实验前，将样品、压强标定物以及传压介质都装入样品腔内。进行实验时，利用外力挤压上下两颗金刚石使其相互靠近，在金刚石相互靠近的过程中，作用在金刚石上的外力将会传导到密封垫片上，进而使样品腔内的样品受到压强的作用。金刚石对顶砧中使用的金刚石压砧具有较小的顶面积（压砧面积）和较大的底面积。众所周知，当压力一定的情况下，压强与受力面积成反比关系。根据该原理，即使施加于金刚石上的外部作用力很小，但是当作用于样品部分的面积足够小时，样品腔内就能够产生足够大的压强值。此外，金刚石具有极高的硬度，可以承受较大的外部压力，所以金刚石对顶砧很容易产生很高的压强。

虽然金刚石对顶砧的核心部分都相同，但是为了满足不同的实验条件或适应不同的实验环境，人们设计出了形状和结构差异较大的金刚石对顶砧装置。常见的类型有对称型、柱型、全景开放型和十字型等，如图 2-5 所示。

多数实验使用对称型金刚石对顶砧压机，部分需要高温的实验使用加装电阻丝外加热

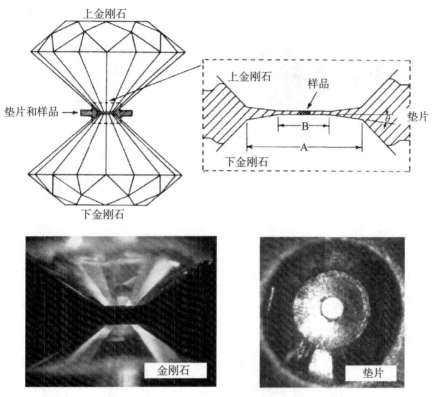

图 2-4 金刚石对顶砧示意图(上)和实物图(下)

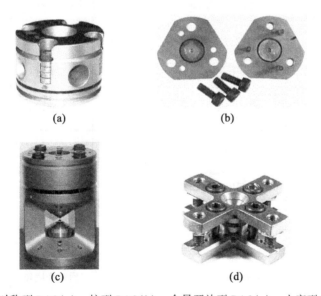

图 2-5 对称型 DAC(a)，柱型 DAC(b)，全景开放型 DAC(c)，十字型 DAC(d)

的四柱型金刚石对顶砧压机(图 2-6)。

图 2-6   对称型金刚石对顶砧压机(a)和四柱型金刚石对顶砧压机(b)

表 2-1 为常见金刚石压强的类型及其结构特征,可以根据不同要求选择合适的金刚石对顶砧压机。

表 2-1 　　　　　　　　　　常见金刚石压强的类型及其结构特征

金刚石压腔类型	加力途径	导向方式	顶砧水平位移	顶砧的倾斜	体积
Bassett-Takahashi-Stook (1967)	有螺纹的活塞	3S	上部底座	下半球底座	C
Merrill-Bassett(1974)	三螺丝	3S	预对准底座	预对准底座	S
Piemarini-Block(1975)	碟形弹簧杠杆臂	1S	上部底座	下半球底座	S
Syassen-Holzapfel(1977)	螺纹和横梁板	1S	下部底座	上部底座	L
Mao-Bell(1978)	碟形弹簧杠杆臂	1S	上碳化钨座	下碳化钨座	L
Mao-Bell(1980)	两对左右手螺栓	2S	水平位移底座	无	L
Letoullec-Pinceaux-Loubeyre(1988)	张力加压	MEM	上 WC 底座	下 WC 底座	L
Dunstan(1988)	单加压,单顶砧	3S	不需要	不需要	C
Bassett-Shen-Bucknum-Chou(1993)	碟形弹簧杠杆臂	3S	上底座	下半球底座	L
Allan-Miletich-Angel (1996)	四加压螺丝	4S	下底座	上半球底座	C
Silvera(1999)	单加压,双顶砧	任意	无需	无需	L
Balzaretti(1999):内加热	Piermarini-block 的改进型	1S	上底座	下半球底座	C
Zha-Bassett(2003):内加热	Bassett 改进型	3S	上底座	下半球底座	L
Dubrovinskaia-Dubrovinsky (2003)	Merrill-Bassett 改进型	3S	预对准底座	预对准底座	S
Burchard-Zaitsev-Maresch (2003)	空心螺丝结构	1S	上底座	下半球底座	L

金刚石压腔类型	加力途径	导向方式	顶砧水平位移	顶砧的倾斜	体积
Evans(2007)：压电加压型	多螺丝型	PZ	n/a	n/a	C
Shinoda-Noguchi（2008）：电磁感应加热	Merrill-Bassett 的改进型	3S	上碳化钨座	下碳化钨座	S

2.3.2 金刚石

两块金刚石的压力砧面需要精密加工成大小相等、形状相同的两个平面。砧面大小有多种规格，常见的有 100 μm、200 μm、300 μm、400 μm 和 500 μm 等直径大小的压力砧面，也可以根据实验要求自行设计任意直径大小的砧面。通常情况下，金刚石压砧面积越小，能够获得的压强就越高。砧面形状一般加工成标准型的八边形或十六边形，也可加工成倒角形或二次倒角形(图 2-7)。

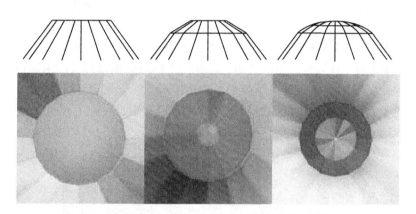

图 2-7 标准型、倒角型和二次倒角型金刚石砧面

此外，由于天然金刚石的形成条件复杂，即使产自同一个地区也很难找到两颗完全一样的金刚石。不同的金刚石通常具有不同的性质，如导热性、透光性和纯净度等。在高压研究领域，根据金刚石所具有的不同性质，将金刚石分为四类，分别为 I_a、I_b、II_a 和 II_b 型，以适应不同的测试要求。

对金刚石的选择需要考虑不同的实验要求和条件，用于高压实验的金刚石一般是 I_a 型和 II_a 型。其中，I_a 型金刚石又分为普通型和低荧光型，这两种类型的金刚石均可用于光学观察和 X 射线衍射实验，低荧光型 I_a 型金刚石多用于拉曼光谱实验。II_a 型金刚石由于红外吸收相对较弱，多用于红外光谱测量，也可进行光学观察和 X 射线衍射实验。

2.3.3　密封垫片

1965 年，Valkenberg 提出在高压实验中使用密封垫片放置液态或固态实验样品，从此将密封垫片引入高压实验中，突破了以往只能测量固体物质高压行为的局限，实现了液体甚至气体物质高压行为研究。更重要的是，金属密封垫片的引入显著地提高了实验的压强极限。密封垫片的引入也很好地改善了样品腔内部的压强梯度，使样品受压均匀性更好。另外，密封垫片在压力作用下会在金刚石周围形成环形隆起，对金刚石还能起到保护作用。因此，金刚石对顶砧压机中垫片的主要作用是保护金刚石，通过改变金刚石对顶砧内的应力状态使其免于破裂，同时起到密封样品的作用。

高压实验中使用的金属密封垫片要具有高硬度、高延展性、高化学惰性和高摩擦系数等特性。研究表明很多金属都可以用作高压实验密封垫片材料，目前常用的金属垫片材料有 T301 不锈钢(体模量 160 GPa)、铼(体模量 370 GPa)、钨、铍等，可以根据不同的实验要求作出合理选择。图 2-8 为金刚石对顶砧压机使用的不锈钢垫片，垫片直径为 300μm，孔的直径为 100～150μm。这么小的孔径的钻孔方式分为 3 种：手工钻孔，电火花钻孔和激光打孔。图 2-9 为手工钻孔用钻头，图 2-10 为我们实验室自制电火花钻孔机。垫片的厚度和孔径需要电子千分尺测量，如图 2-11 所示。当实验压强范围在 100 GPa 以下时，通常选用金属 T301 不锈钢作为密封垫片材料，价格相对便宜；当实验压强高于 100 GPa 或者样品信号较弱时，通常选用金属铼作为密封垫片材料，因为高压力下铼片不易变薄；当进行高压 X 射线衍射实验或中子散射实验时，金属铍通常被选为密封垫片材料，因为铍对于 X 射线具有较高的透明度。此外，需要根据金刚石砧面的大小和实验达到的最高压力选择判断垫片是否需要进行预压、预压的深度及打孔的大小。

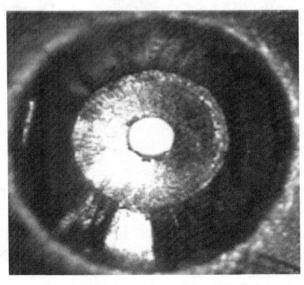

图 2-8　金刚石对顶砧压机使用不锈钢垫片

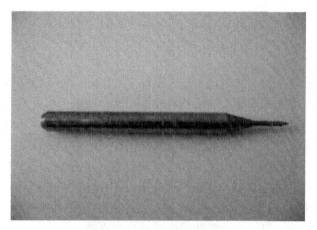

图 2-9   手工钻孔用钻头

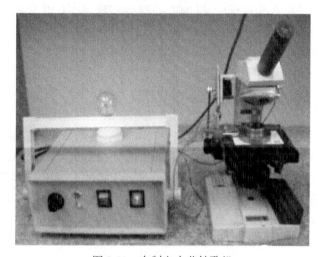

图 2-10   自制电火花钻孔机

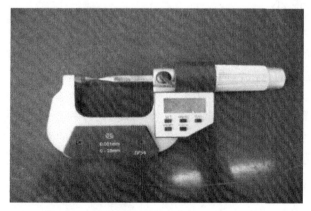

图 2-11   测量垫片厚度和直径的电子千分尺

2.3.4　传压介质

在进行高压实验时，为了使样品不受压强梯度的影响，使其处于静水压环境，通常需要使用传压介质。由于液态样品本身就具有静水压性，所以传压介质一般在固态样品的高压实验中使用。也正是由于物质处于液态时具有良好的静水压性，所以通常选择能够在较大压强范围内保持液体状态这一特性作为选择传压介质的重要条件。此外，传压介质还有以下几个要求：①无毒无害，方便使用；②较宽的液态压强范围；③低黏度，强流动性和较好的传压性；④较低的压缩率、良好的热稳定性和热绝缘性；⑤不与样品或封垫反应；⑥良好的光学、电学或磁学性能等。显然，无法找到完全满足全部要求的一种传压介质。因此，在具体的实验中，根据实验条件择优选择传压介质。

目前，实验室常用的液体传压介质有：异戊烷(固化压强约 2 GPa)，戊烷与异戊烷 1：1 混合液(固化压强约 6.5 GPa)，甲醇、乙醇体积比 4：1 混合液(固化压强约 10.4 GPa)，甲醇、乙醇、水体积比 16：3：1 混合液(固化压强约 14.6 GPa)，当实验静水压条件要求大于 15 GPa 时，硅油也经常被用作传压介质。以上这些传压介质都含有机物成分，都具有丰富的振动光谱信号(拉曼或红外)，对样品会产生不同程度的干扰信号。因此，对不同样品进行高压谱学研究时需要有针对性地选择传压介质，尽量规避传压介质的光谱信号对样品信号产生干扰。此外，化学性质非常稳定的惰性气体，几乎不与样品发生化学反应。而且惰性气体分子体系较软的特性非常适合在高压低温实验中用作传压介质。氦、氖、氮、氩等气体在室温条件下的固化压强值分别约为 11.8GPa、4.7GPa、2.4GPa 和 1.2 GPa，即使气体在样品腔里固化，其分子晶体仍然为软固体，具有非常好的压力品质。例如，氦气的静水压条件可以达到 60 GPa，氖气的静水压条件可以达到 16 GPa，氮气的静水压条件可以达到 13 GPa。虽然氩气的静水压条件只达到 9 GPa，但是准静水压条件可保持到 30 GPa，且由于氩气价格相对便宜，封装难度相对较低，因此使用频率相对较高。

2.4　压强标定技术

对于高压研究而言，实验压强的确定是一个最基本，也是最重要的要求之一。由于金刚石对顶砧的样品腔空间有限，通常只有 200μm 左右，很难对样品腔内的压强进行直接测量，因而通常采用间接测量方法。由于压强是物质的一个基本物理参量，压强的改变会导致物质一系列性质、结构、化学键等发生变化。根据各种变化与压强之间的定量关系，可以确定物质所处的压强环境。目前，金刚石对顶砧内压强的确定方法主要有 3 种：相变测压方法、状态方程测压方法和光谱测压方法。

1. 相变测压方法

相变测压方法是指根据已知物质发生相变的压强条件，粗略判断样品腔内的压强大小。例如：常温条件下，水在 1 GPa 附近会发生固化相变，在对样品进行高压实验时，将水与样品一起装入样品腔内，当实验过程中发现水由液态转变为固态，表面形貌发生明显的变化，则根据此现象可以判定此时的样品处于水的相变压强点 1 GPa 附近。由于水在高压条件下具有丰富的相变现象，而且相应的相变压强值也基本比较清楚，所以水是一种很好的相变测压材料。除了水以外，还有很多物质具备相似的特点。例如：石英在 3GPa 压强附近会向柯石英转变，氢氧化镁在 3 GPa 压强附近会转变为方镁石，而且它们都伴有明显的表面形貌变化。如图 2-12 所示，可以根据苯乙烯的相图获得不同温度下的压强。尽管相变测压法可以确定实验压强，却不能连续标压，只能确定相关物质发生相变时的压强，在实际运用时存在诸多不便。

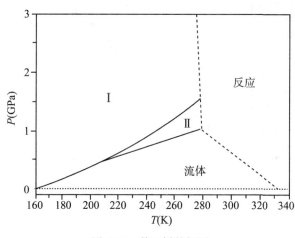

图 2-12　苯乙烯的相图

2. 状态方程测压方法

所谓状态方程测压方法，是指根据某些物质已知的 PVT 关系，在实验过程中利用现有的测试手段测量出与压强相关的其他参数，即可间接确定样品的压强大小。该方法通常用于高压 X 射线衍射实验。在进行高压 X 射线衍射实验时，只需要将少量的此类物质与样品一起放入样品腔内即可，采集样品信号时会将该物质的信号一起采集，所以该方法可以使实验过程变得简单方便。使用状态方程测压方法进行高压实验时，被选为压强标定的物质一般具备以下 3 个特点：①性质稳定，不与样品及样品腔的材料发生反应；②压缩率比要足够大，能够明显地反映压强变化；③衍射峰数量少，信号强，不对样品信号产生影响。常见的压强标定物质有 Pt、Au、MgO 和 NaCl 等。根据实验的具体情况，选择适合的压强标定物质，使压标物质的衍射峰尽量不与样品的衍射峰出现重叠，易于压强标定。

3. 光谱测压方法

所谓光谱测压方法，是指依据某些物质光谱特征峰的位置与压强之间的对应关系，间接确定样品的压强大小。目前，使用最为广泛的压强标定物质是红宝石。红宝石为铬（Cr^{3+}）含量 0.5 wt% 的刚玉（Al_2O_3），在激光的作用下发出荧光，其荧光谱具有两个强且

尖锐的荧光峰 R_1 线和 R_2 线(692.7nm)，其中 R_1 线(常压下为 694.3 nm)在高压下会发生红移(图 2-13)，高压实验中通过荧光峰 R_1 线的偏移量标定压腔中的压强。红宝石荧光测压方法具有以下 3 个优点：①用量少，其荧光峰的强度比较强，容易观察和测量；②测量的压强范围较宽，可以达到数百万大气压；③测压准确，精度高。鉴于以上优点，该方法是目前使用最为广泛的一种压强标定方法。

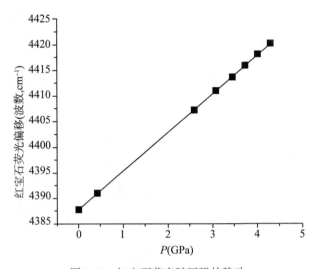

图 2-13　红宝石荧光随压强的移动

目前普遍使用的红宝石压标公式是 Mao 等(1978)利用冲击波方法，通过内标 Cu、Mo、Pd 和 Ag，对 100 GPa 以下的红宝石荧光峰 R_1 线峰位与压强的关系式进行了标定，如式(2-1)所示。

$$P(\text{GPa}) = \frac{1904}{B}\left[\left(\frac{\Delta\lambda}{\lambda_0} + 1\right)^{B} - 1\right] \tag{2-1}$$

式中，B 为可调参数，静水压条件下为 7.665，非静水压条件下为 5；λ_0 为红宝石荧光峰 R_1 线常压下的波长，$\Delta\lambda$ 为高压下 R_1 线波长与常压下 R_1 线波长 λ_0 的差值。需要注意的是，每次实验前需测定所用红宝石荧光峰 R_1 线在常压下的波长。

2.5　高压原位实验方法

2.5.1　高压拉曼光谱

拉曼光谱是指光通过介质时由于入射光与分子运动相互作用而引起的频率发生变化的散射。1928 年，印度物理学家 C. V. Raman 将汞灯的单色光照射四氯化碳溶液时，发现在收集到的散射光谱中不仅出现了与入射光频率相同的谱线，也出现了不同于入射光频率的谱线。前者是因为光与物质发生了弹性碰撞(瑞利散射),两者之间没有发生能量交换(光子的能量既没有增加,也没有减少),因而散射后的光频率不会发生变化;后者是因为发生了非弹性碰撞(拉曼散射),碰撞过程有能量交换(光子的能量增加或者减少),因而散射后的光频率会发生变化。物质对入射光的拉曼散射存在两种情况:①散射光频率低于入射光频率,该现象称为斯托克斯效应;②散射光频率高于入射光频率,该现象称为反斯托克斯效应。通常由斯托克斯效应引起的拉曼光谱信号较强,而由反斯托克斯效应引起的拉曼光谱信号较弱。目前较为常见的拉曼光谱都是由斯托克斯效应引起的。

对于同一种物质而言,无论用于照射的入射光频率(或波长)是多少,产生的拉曼频移都是固定不变的,因为拉曼光谱是由物质内部分子或离子的振动和转动能级决定的,而与入射光的频率(或波长)无关。拉曼光谱中的拉曼位移表示散射光频率与激发光频率之间的差值。在拉曼测试中,不同位置的拉曼位移(频率)一般代表组成物质的分子或离子中不同基团的振动峰。所以拉曼光谱可以作为物质结构的"指纹"光谱。通过拉曼位移的指认,研究人员可以获得物质的结构信息;根据拉曼光谱的变化可以间接获知物质内部分子或离子结构的变化情况。

用半经典的量子理论解释拉曼光谱,当单色光束的入射光光子和分子发生弹性碰撞时,如果光子和分子间没有发生能量交换,光子的运动方向发生了改变而频率不变,这种散射过程为瑞利散射;若光子与分子之间发生非弹性碰撞,两者之间交换能量,光子的运动方向和频率都将发生改变,这种散射过程为拉曼散射。用分子的跃迁能级解释拉曼光谱,如图 2-14 所示。当分子处于振动能级的基态 E_0 时,吸收入射光子的能量 $h\nu_0$ 后跃迁至受激虚态。由于受激虚态是非稳态,因此分子将很快发生跃迁回到振动能级的基态,释放频率为 ν_0 的光子,这是瑞利散射的过程。而跃迁到受激虚态的分子也有可能发生跃迁回到振动能级的激发态 E_1 上,这时分子吸收了部分能量 $h\Delta\nu$,释放光子的能量为 $h(\nu_0 - \Delta\nu)$,产生的散射光即为拉曼散射的斯托克斯线。分子开始时处于振动能级的激发态 E_1,吸收 $h\nu_0$ 的能量跃迁到受激虚态,而后跃迁回振动能级的基态,此时释放的光子能量为 $h(\nu_0 + \Delta\nu)$,产生的散射光即为拉曼散射的反斯托克斯线。由于大量分子处于振动能级的基态,因此斯托克斯线的强度远大于反斯托克斯线,在拉曼光谱的测试中多采用斯托克斯线。

拉曼光谱测试技术的优点:①测试过程对样品制备的要求较低,对样品既不会造成污染,也几乎不会造成损伤(除了激光功率过高灼伤样品之外);②适用范围较广,固体、液体和气体等多种状态的样品都可以进行测试;③测试过程简单方便,光谱采集时间短;④光谱的稳定性好,结果可靠性高。作为一种无损的分析技术,拉曼光谱的产生是由于光和物质内化学键的相互作用。拉曼光谱反映了分子振动转动的信息,可以用于分析物质的化学结构、区别不同相态或晶体结构、提供分子相互作用的信息。拉曼频移($\Delta\nu$)的大小包含键强度和原子质点之间的间距以及它们之间的相互作用等重要信息,拉曼频移是表征分子振-转能级的特征物理量,是鉴定物质结构的特征指纹。拉曼光谱特征峰的强度与单位体积内的分子数成正比,是拉曼光谱数据进行物质定量分析的基础。拉曼光谱特征峰的半峰宽与结晶程度或无序度、缺陷、掺杂等多种因素有关。拉曼光谱的偏振性反映了晶体的对称性和取向。随着拉曼光谱测试技术趋于成熟和仪器设备成本降低,其逐渐从学术研

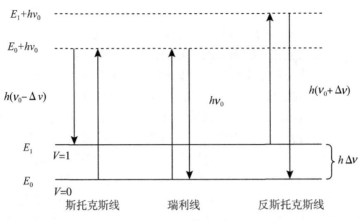

$E_1+h\nu_0$

$E_0+h\nu_0$

$h(\nu_0-\Delta\nu)$ 　　　　 $h\nu_0$ 　　　　 $h(\nu_0+\Delta\nu)$

E_1　$V=1$ 　　　　　　　　　　　　　　　　$\Big\}h\,\Delta\nu$

E_0　$V=0$

斯托克斯线　　　　　瑞利线　　　　　反斯托克斯线

图 2-14　分子散射能级跃迁图

究领域扩展到众多的应用领域。目前，拉曼光谱技术已经广泛应用于材料学、医学、生物学、食品科学、环境保护等领域。

随着科学技术的不断发展，将高压实验技术和拉曼光谱技术结合在一起，可以研究超高压条件下物质的结构信息。通过分析压强引起的拉曼峰变化(新峰出现、旧峰消失、拉曼峰位移动以及峰宽变化等)，可以用来研究在高压作用下物质是否发生了结构和相态转变。高压原位拉曼散射技术是目前高压科学研究领域使用频率最多、使用效率最高的实验手段之一。

大部分样品的拉曼结果是使用 Renishaw in Via 激光共聚焦显微拉曼光谱仪测量得到的，图 2-15 为该拉曼光谱仪的实物图和光路原理图。另外，还有少量样品的拉曼结果是使用了实验室搭建的拉曼散射系统得到的。图 2-16 为该拉曼光谱测试系统的实物图。拉曼光谱测试系统采用 Coherent Company 生产的 Verdi-V2 型、单纵模 Nd：Yanadate 激光器提供激发光源，激光波长为 532 nm。分光系统采用 Acton Spectra Pro 500i 型分光计，光谱数据采集使用液氮制冷的 CCD 探测器。整个拉曼光谱测试系统的分辨率为 0.05 nm。

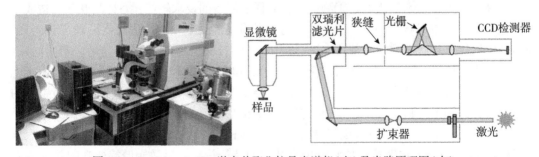

显微镜　双瑞利滤光片　狭缝　光栅　CCD检测器

样品　　　　　　　　扩束器　　激光

图 2-15　Renishaw in Via 激光共聚焦拉曼光谱仪(左)及光路原理图(右)

拉曼光谱是高压研究中最常用的谱学表征方法。图 2-17 为纯乙醇溶液的拉曼光谱图。

图 2-16   拉曼光谱测试系统实物图

从图中可以看到，2800~3000 cm^{-1}拉曼峰是由于—CH$_2$，—CH$_3$基团的对称、不对称伸缩振动产生的特征峰；1453 cm^{-1}附近的拉曼峰是由于—CH$_3$不对称变形产生；而 C—O—H弯曲振动产生了 1300 cm^{-1}附近拉曼特征峰；C—C—O 面外伸缩产生了 1000~1100 cm^{-1}附近拉曼特征双峰；C—C—O 面内伸缩产生了 884 cm^{-1}附近拉曼特征双峰。

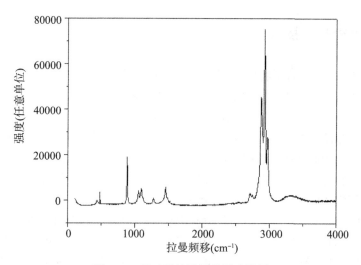

图 2-17   纯乙醇溶液的拉曼光谱图

图 2-18 为纯四氯化碳溶液的拉曼光谱图。图中的五个拉曼峰依次从左向右的振动模式，分别表示四氯化碳的 4 种振动模式：747 cm^{-1}为 4 个 Cl 原子沿各自与 C 的连线同时向内或向外运动(呼吸式)；210 cm^{-1}为 4 个 Cl 原子沿垂直于各自与 C 的连线的方向运动并保持重心不变(两重简并)；465 cm^{-1}为 4 个 Cl 原子平行于正方形的一边运动，4 个 Cl 原子同时平行于该边反向运动，分子重心保持不变，三重简并；313 cm^{-1}为 2 个 Cl 原子沿立方体一面的对角线做伸缩运动，另两个在对面做位相相反的运动，三重简并。

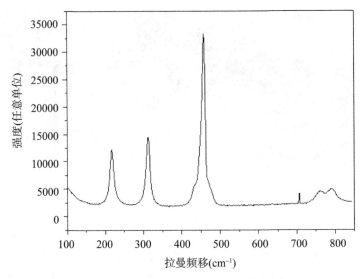

图 2-18　纯四氯化碳溶液的拉曼光谱图

2.5.2　高压红外光谱技术

物质内部的分子具有若干特定的振动(或转动)能级,当一束连续波长的光照射该物质时,分子振动(或转动)就会发生能级跃迁,同时从入射光中吸收与该跃迁能量相等的入射光波。经过物质吸收能量之后的出射光将缺少一些波长信息或光强信息。通过对这些缺少的波长或光强信息进行分析,可以反过来获知物质内部的分子振动(或转动)信息,进而可以获知物质内部的分子结构。如图 2-19 所示,从光谱的角度来看,红外光谱是光谱中的一段,红外光谱又常分为特征区和指纹区。其中,特征区的红外吸收峰主要由组成分子的各种官能团(如 C=C、C=O、C≡C、苯环、咪唑环等)伸缩振动引起的,该区域的吸收峰出现的位置对应着官能团的种类,出现在特定波长范围内的吸收峰即表明分子中含有与之对应的官能团。指纹区的红外吸收峰是由各种官能团复杂的变形振动引起的,反映了分子结构中微小的结构差别,因此可以像人的指纹一样对物质的分子结构进行识别。因此,红外光谱是对物质分子(或离子)进行结构鉴定应用的非常有效的工具,在结构研究方面具有重要的意义。

红外光谱和拉曼光谱都是分析物质分子的振动、转动等行为的重要手段,两者具有较强的互补性,结合使用可以更加全面地了解物质的结构信息。目前,红外光谱已经广泛应用于物理学、化学、材料学、医药学等领域,是重要的分析手段。不同形态(固态、液态、气态等)和不同类型(无机、有机或高分子化合物等)的样品都可以利用红外光谱进行检测。

高压通常会引起物质内部结构发生变化,从而影响原子或分子的成键形式,在红外光谱中表现为相应的红外吸收峰发生移动、劈裂、峰强和峰宽改变,甚至可能出现新峰。因

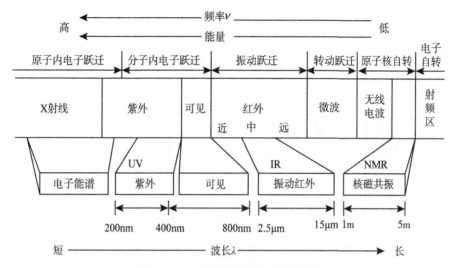

图 2-19　光谱区及能量跃迁相关图

此，将高压实验技术与红外吸收光谱以及拉曼光谱结合使用，能够更加全面地认识高压下物质结构及性质方面的变化规律。图 2-20 为郑州轻工业大学高压科学技术实验室使用的 Bruker Vertex 70V 型红外光谱仪实物图。

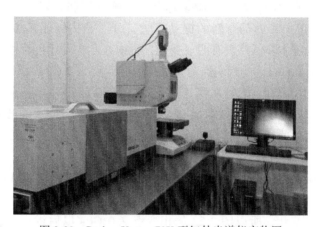

图 2-20　Bruker Vertex 70V 型红外光谱仪实物图

以正戊醇为例，其结果能够很好地说明红外光谱在高压研究中的显著作用。如图 2-21 所示，为正戊醇在常压下的拉曼光谱和红外光谱。从图中可知，拉曼光谱和红外光谱主要特征峰相对应，说明这些振动模式同时表现出拉曼活性和红外活性。光谱在 $800 \sim 1200 cm^{-1}$ 代表碳链的伸缩振动，拉曼光谱中 $1058\ cm^{-1}$ 是碳链的反式构象特征峰，$1078 cm^{-1}$ 指扭曲构象。$1300 cm^{-1}$ 被指认为—CH_2 摇摆振动，$1400 \sim 1500 cm^{-1}$ 是—CH_2 和—CH_3 的弯曲模式振动区域，$2800 \sim 3000 cm^{-1}$ 代表—CH_2 和—CH_3 的对称和反对称伸缩振动模式，$3100\sim3500cm^{-1}$为羟基振动模式。

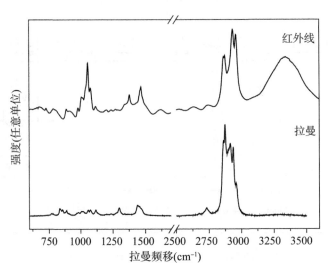

图 2-21   常温常压下正戊醇拉曼和红外光谱

为了研究正戊醇中氢键在高压下的动力学行为，采用红外光谱对正戊醇的加压过程进行原位探测，压强从常压增加至 12.0 GPa。图 2-22 为加压过程中正戊醇的红外光谱图。由图中可知，随压强的增加，在 2.0 GPa 时有特征峰劈裂和新峰出现（见图 2-22 中 * 所示），新峰出现说明正戊醇内部有新的振动模式，分子结构可能发生变化。继续加压至 12.0 GPa，除光谱分辨率降低外没有明显变化，说明在本次升压过程中可能出现一次液固相转变，相变点为 2.0 GPa，此相变点与拉曼加压相变点 3.2 GPa 不同，可能由于加压速率不同导致。此外，代表羟基的特征峰 $3300\ cm^{-1}$ 在 2.0 GPa 时劈裂成多个峰，且随压强的增加，这些特征峰向低波数方向移动，出现红移，说明随着压强的增加，正戊醇中的氢键在增强，可能氢键在此压强点形成新的氢键网或团簇，进而使正戊醇由液相转变成固相。

为了详细分析压强对正戊醇中氢键的作用，图 2-23 对 $3000\sim3600\ cm^{-1}$ 段代表氢键的特征峰进行拟合，并与代表 C 链伸缩振动的特征峰进行对比。图 2-22 显示相变以后代表氢键的特征峰有明显变化，所以图 2-23 从相变点 2.0 GPa 以后进行研究。图 2-23（a）显示，正戊醇在 2.0GPa 发生相变后，除 C 链的伸缩振动峰随压强增加向高波数方向偏移外，没有其他明显变化，说明正戊醇固化以后，压强对 C 链的作用不明显。从图 2-23（b）发现，代表氢键的特征峰在 2.0GPa 发生相变之后，随压强的增加出现两个明显的拐点，分别在 4.0GPa 和 8.0GPa。对比加压红外光谱图以及显微镜下图片，新出现的两个拐点不能反映相变发生，但可以说明压强对氢键团簇影响非常明显。正戊醇分子通过分子间相互作用及氢键聚合在一起，当发生液-固相变时，代表羟基的峰 $3300cm^{-1}$ 发生劈裂，通过数据拟合该峰劈裂成 $3200cm^{-1}$、$3311\ cm^{-1}$、$3414\ cm^{-1}$、$3451\ cm^{-1}$ 和 $3465\ cm^{-1}$ 五个峰，其中 $3200\ cm^{-1}$ 和 $3311\ cm^{-1}$ 两个峰代表氢键环状四聚体团簇，$3414\ cm^{-1}$ 和 $3451\ cm^{-1}$ 代表氢键环状

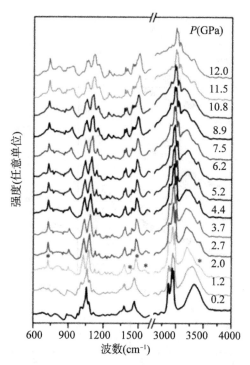

图 2-22 正戊醇在不同压强下红外光谱(＊代表新特征峰出现)

三聚体团簇，3465cm^{-1}代表氢键二聚体团簇。这五个峰随压强的增加，向低波数方向移动且有两个拐点，说明氢键对压强非常敏感。随压强的增加，正戊醇内部出现更多的氢键环状四聚体团簇和环状三聚体团簇，组成的氢键网越来越大，氢键的作用力越来越强。此外，说明氢键在促进正戊醇晶体结构稳定方面起至关重要的作用。

由该实例可知，高压红外光谱是研究有机分子尤其是离子液体的有力工具。

2.5.3 同步辐射高压 X 射线衍射技术

同步辐射光源(Synchrotron Radiation)是指在外部强磁场的作用下，带电粒子(正电子或负电子)将会绕着曲线轨道进行加速运动，当带电粒子速度达到一定范围时，则可以从轨道的切线方向上引出电磁波，该电磁波就是同步辐射。因为该电磁波最早是在同步加速器上被研究人员发现的，故被命名为"同步加速器辐射"，简称同步辐射。同步辐射是新一代 X 射线光源，具有如下优点：①强度非常高，可以达到普通光源强度的 $10^6 \sim 10^7$ 倍；②光谱范围宽且连续，同步辐射的连续光谱波长范围可以包括远红外光、可见光、紫外光，软 X 射线和硬 X 射线等；③具有较高的偏振性，可获得线偏振和圆偏振光源，方便研究物质的结构取向；④具有优良的脉冲时间结构，在纳秒至微秒范围内连续可调；⑤发散度低，能量集中，准直性好，可对小样品中微量元素进行研究。

目前，同步辐射光源已经发展到第四代。前三代光源较为成熟，第四代光源还处在研

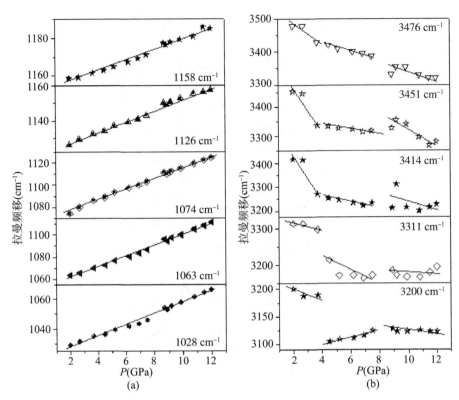

图 2-23 正戊醇红外特征峰随压力变化关系[（a）碳链伸缩振动模式；（b）氢键伸缩振动模式]

究阶段。第一代同步辐射光源，主要借用高能物理实验专用的高能粒子对撞机产生的光源，大多建于 1965—1975 年。第二代同步辐射光源，是由专供同步辐射运行和应用的加速器产生的光源，大多建于 1975—1990 年。第三代同步辐射光源，目前正处于建设过程中，具有模块化特点，以插入件的方式组合在一起，便于对光源进行优化。第三代同步辐射光源，可以根据不同的用途将其分为低能光源、中能光源和高能光源三个部分。现如今，第三代同步辐射光源被公认为是服务于科学研究最佳的同步辐射光源。我国共有 4 个同步辐射光源：1991 年开始运行的北京光源（BSRF）属于第一代同步辐射光源；1992 年开始运行的合肥光源（NSRL）属于第二代同步辐射光源；1994 年开始运行的台湾光源（SRRC）和 2007 年开始运行的上海光源（SSRF）属于第三代同步辐射光源。

　　使用金刚石对顶砧进行高压实验时，通常实验的样品量都非常少，而且样品两侧需要有两颗相对较厚的金刚石施加压力，周围需要包裹金属密封垫片。因此普通的 X 射线很难照射到样品上并获得强度足够的衍射信号。鉴于同步辐射具有高能量、高准直性等优点，所以同步辐射光源是目前最常用于高压研究的光源。同步辐射在高压 X 射线衍射技术方面的使用方式主要有两种：角度色散和能量色散。角度色散 X 射线衍射技术（ADXRD）是指从同步辐射装置中引出单一波长的 X 射线，然后从样品腔一侧的金刚石射入样品腔，照射到样品上的 X 射线经样品衍射后从另一侧金刚石射出，射出的衍射光会在二维平面上形成衍射环，使用二维探测器将该衍射环记录下来。利用 ADXRD 方法对样品进行测试时，获得的测试结果分辨率较高。此外，粉末样品和单晶样品的结构分析都可以采用 ADXRD 方法。图 2-24 为角度色散 X 射线衍射技术的光路示意图。能量色散 X 射线衍射技术(EDXRD)是指从同步辐射装置中引出连续波长的 X 射线，不同波长的 X 射线照射到样品上都会产生衍射现象，在对衍射信号进行接收时，采用固定探测器的方式对衍射信号进行采集，获得的信号经分析器进行能量分析即可获得最终的 X 射线衍射谱。利用 EDXRD 方法对样品进行测试时，耗时少、速度快。且由于 EDXRD 方法是使用固定探测器的方式采集信号，所以没有机械误差。但是 EDXRD 方法的最大缺点是分辨率低，无法满足特殊的实验要求。图 2-25 为能量色散 X 射线衍射技术的原理图。本书中的所有样品的高压 X 射线衍射数据都是采用 ADXRD 方法测量得到的。实验主要是在中国科学院高能物理研究所(以下简称"高能所")同步辐射高压站和美国布鲁克海文国家实验室完成的。

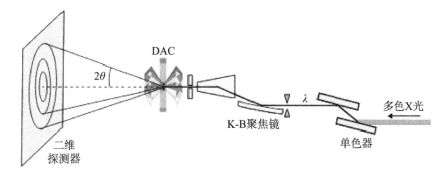

图 2-24　角度色散 X 射线衍射光路示意图

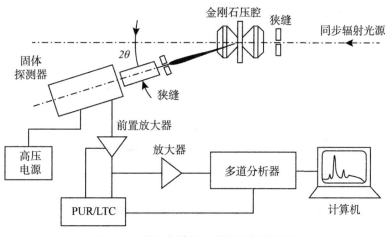

图 2-25　能量色散的 X 射线衍射原理图

高压同步辐射 X 射线衍射实验是在高能所同步辐射装置的 4W2 高压站和美国布鲁克海文国家实验室的同步辐射 X17C 高压站进行的。高能所的 4W2 高压站，单色光波长为

0.6199 Å(1Å=1×10⁻¹⁰m)，美国布鲁克海文国家实验室的 X17C 高压站，单色波波长为
0.4066 Å。衍射信号由成像板收集，距离和角度由 CeO_2 进行标定。高压同步辐射实验从
成像板得到的数据是二维衍射图片，利用软件 Fit2D 将得到的二维衍射图片转化成文本数
据，然后利用软件 Origin 将得到的文本数据进一步分析，鉴定物质相态。由于离子液体的
结构比较复杂，未能给出研究对象的具体结构以及晶胞参数。

　　图 2-26 为 Y_2MoO_6 在选定压强至 34.5 GPa 时的 X 射线衍射图。以 0.1GPa 收集的衍射
图案可以很好地索引到具有 $C2_1/c$ 空间群的单斜 Y_2MoO_6，这可以由图 2-26(b)所示的细
化结果进一步证实。随着压强的增加，由于晶格的压力收缩，所有衍射峰都倾向于向更高
的 2θ 角移动。尤其是对应于(426)平面的衍射峰比其他峰移动得快。此外，在较高的压
强下，一些衍射峰变宽并合并成一个宽峰。然而，所有的衍射峰仍能很好地反映出单斜
Y_2MoO_6 相。在 16.0 GPa 和 34.5 GPa 下观察和计算的 XRD 图如图 2-26(b)所示。高质量
的结构精修结果表明 Y_2MoO_6 的单斜结构在室温下压缩到 34.5 GPa 时是稳定的。

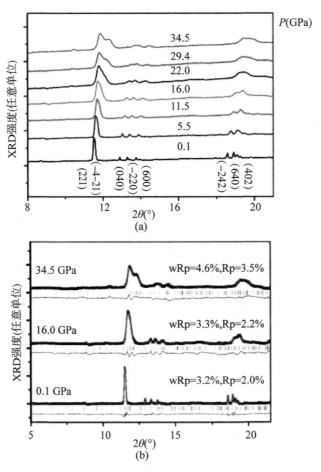

图 2-26　(a)压强作用下 Y_2MoO_6 的 X 射线衍射图；(b)在 0.1GPa、16.0GPa 和
　　　　34.5GPa 时衍射图的 GSAS 精修结果

2.5.4　高压荧光光谱技术

在金刚石对顶砧的样品腔中，内部的应力状态可以用应力张量表示，如图 2-27 所示。应力张量包含 9 个分量 X_i，Y_i，$Z_i(i=x, y, z)$，其中 X_x，Y_y，Z_z 为正应力分量，其他 6 个分量为剪应力分量。在静力平衡状态下，应力张量关于对角对称，$X_y = Y_x$，$Y_z = Z_y$，$Z_x = X_z$。因此，9 个分量中只需 6 个分量就可以描述某处的应力状态。

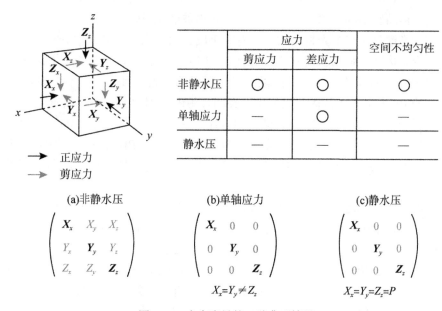

	应力		空间不均匀性
	剪应力	差应力	
非静水压	○	○	○
单轴应力	—	○	—
静水压	—	—	—

$\rightarrow$ 正应力
$\rightarrow$ 剪应力

(a)非静水压

$$\begin{pmatrix} X_x & X_y & X_z \\ Y_x & Y_y & Y_z \\ Z_x & Z_y & Z_z \end{pmatrix}$$

(b)单轴应力

$$\begin{pmatrix} X_x & 0 & 0 \\ 0 & Y_y & 0 \\ 0 & 0 & Z_z \end{pmatrix}$$
$X_x = Y_y \neq Z_z$

(c)静水压

$$\begin{pmatrix} X_x & 0 & 0 \\ 0 & Y_y & 0 \\ 0 & 0 & Z_z \end{pmatrix}$$
$X_x = Y_y = Z_z = P$

图 2-27　应力张量的三种典型情况

在非静水压环境[图 2-27(a)]中，所有分量都不为零，并且在不同位置处的分量也不同，剪应力、差应力和应力的空间分布不均匀同时存在。对于单轴压缩的情况[图 2-27(b)]，外力主要在一个方向上，如正应力 Z_z 大于 X_x 和 Y_y，在理想情况下不存在剪应力和应力的不均匀。而在静水压环境[图 2-27(c)]中，正应力相等，且不存在剪应力和应力不均匀分布。因此在高压实验中，如果样品为固态，需要使用传压介质提供静水压环境。

在金刚石对顶砧实验中，一般选用红宝石作为压标，通过对红宝石荧光峰的分析，可以确定样品腔中的静水压性。Piermarini 等(1973)指出，在静水压环境中红宝石荧光峰 R_1 线的峰宽与红宝石颗粒大小和垫片尺寸无关；而在非静水压环境中，R_1 线的峰宽与红宝石颗粒的大小、垫片的尺寸以及所处的应力环境有关。本质上，红宝石荧光峰 R_1 线代表杂质 Cr^{3+} 离子的电子跃迁，其能级只与其周围的应力环境有关。当体系中存在应力不均匀分布时，单个红宝石颗粒上的不同位置将受到不同大小的应力的作用，这将使红宝石颗粒的不同位置分别产生不同频率的荧光峰，不同频率荧光峰的叠加最终造成了红宝石荧光峰的展宽。因此，红宝石的荧光峰与应力的不均匀分布密切相关，通过红宝石的展宽可以确定体系的静水压性。

当样品在高压下由液态发生玻璃化转变时,体系将处于非静水压环境中,因此通过红宝石荧光峰 R_1 线的展宽可以判断样品是否处于玻璃态,将 R_1 线的半峰宽开始增大时的压强点作为玻璃化转变压强(P_g)。通过红宝石荧光峰 R_1 线的展宽,可获得异丙醇、体积比 1∶1 的戊醇-异戊醇溶液、甲醇和体积比 4∶1 甲醇-乙醇溶液的玻璃化转变压强分别为 4.3GPa、7.4GPa、8.6GPa 和 10.4 GPa。

此外,红宝石荧光峰 R_1 和 R_2 线的峰位差值与红宝石所受到的单轴应力状态密切相关,因此峰位差 R_1-R_2 也被作为反映静水压性的指标。综上所述,通过对红宝石荧光峰的分析,可以判断样品腔中的静水压性,并进一步获得玻璃化压强转变点。

高压荧光光谱是研究荧光材料的一种有力手段,通过高压荧光光谱分析能够获得其电子结构和能带结构随压强的变化规律。如图 2-28 所示,测量了二维二硫化钼的高压光致发光(PL)光谱,以此来作为表征带隙以及激子形成的有力工具。除了单层 MoS_2 以外,其余三种样品的 PL 发射较弱,因为它们中存在间接带隙。因此,我们重点研究了 532nm 激光激发的单层 MoS_2 的压力依赖性 PL 谱。随着压强的不断增大,单层 MoS_2 的荧光峰发生蓝移即光学带隙增大,但是强度显著降低。为了更好地解释 PL 转变,我们使用 HSE 杂化函数(HSE06)的 DFT 法来计算施加静水压力下单层 MoS_2 的能带结构,得到了相当准确的能带。

结果表明,原始二硫化钼的一个直接带隙为 2.12eV。外部压力使得 K 处的导带不断向上抬起,而迫使 K—Γ 之间的导带向下。所以,施加压力时,带隙增大到 2.5eV;这在大约 18.0GPa 时触发了一个直接到间接带的转换[图 2-28(c)]。我们实验观察到 PL 峰的蓝移,这表明在 3.2GPa 的情况下,这种光学带隙随压强的增加,从 1.89 eV 增加到 1.97 eV。理论结果表明,压强作用下单层 MoS_2 仍然保持直接带结构,其价带顶位置几乎保持不变,但是其导带低位置随着压强的增加逐渐增大,因而其带隙宽度逐渐增大。实验和理论结果表明,压强能够有效地调节单层 MoS_2 的电子结构和荧光性能。

此外,我们还绘制了发射峰的位置随压强的变化曲线,如图 2-28(b)所示。为了便于比较,绘制了之前报道的衬底支撑单层 MoS_2 的结果作为参考。从图 2-28(b)中可以看出,无衬底的单层 MoS_2 的带隙比支撑样品的带隙大,且以 23.8meV/GPa 的速率几乎呈线性增长,接近计算值 27.1meV/GPa。同时该值与机械剥落获得的基质支撑单层 MoS_2 的 22.1 meV/GPa 的结果一致,但小于化学气相沉积(CVD)生长的基质支撑单层 MoS_2 的 30.0 meV/GPa 的结果,这表明基质影响薄膜的光学性,特别是对结合比较好的基质和薄膜。实验结果表明,外加压强的作用可以显著改变二维材料的光子结构和电子结构,如图 2-28(c)所示。

2.5.5　高压下黏度的测量方法

黏度是流体的一种重要的物理性质,液体的黏度反映了液体分子在受到外力作用而发生流动时分子间所呈现的内摩擦力,与液体的流体力学特征密切相关,在工业设计中需要予以考虑。常压下黏度测量技术主要有毛细管法、振动丝法和落球法。将常压下黏度测量

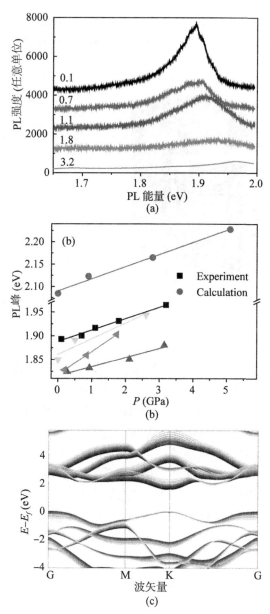

图 2-28 （a）单层 MoS_2 在选定压强下的 PL 谱；（b）PL 光子能量峰值随压
强变化的函数；（c）不同压强下单层 MoS_2 的能带结构示意图

技术与自制的高压装置相结合，可实现常压下的黏度测量，受自制高压装置的限制，测量
压强一般低于 200 MPa。Piermarini 等（1978）将金刚石对顶砧装置、光学测角器和摄像机
相结合，通过在样品腔中实现落球法测量了液体高压下的黏度，极大地提高了高压黏度的
压强测量范围。基于这种方法，我们利用金刚石对顶砧、显微镜和 CCD 探测器相结合构
成了一个简单方便的高压黏度测量实验装置，采用红宝石标定压强，采用落球法实现对不

同压强下液体黏度的测量。高压下黏度测量装置的实物图与示意图如图 2-29 所示，主体是一特殊加工的显微镜，其底座是一直角支架。金刚石对顶砧的支撑架可以固定金刚石对顶砧，并与显微镜支架固定，CCD 探测器通过显微镜对压机内的样品腔进行摄像，并传至计算机进行图像处理。

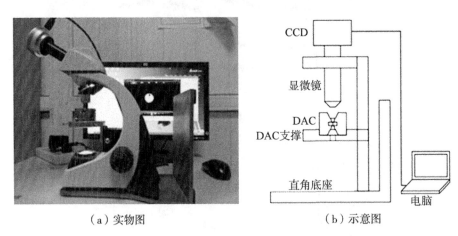

（a）实物图　　　　　　　　　　　（b）示意图

图 2-29　高压下黏度测量装置

本实验采用的金属微球是自制的金属钨球。如在金属细丝两端加大电流的电压，这时产生的高温会使其瞬态发生熔融，并且由于表面张力作用形成微球，采用钨作为微球的材料，其密度高于 Piermarini 等(1978)研究中的镍球，有利于提高实验的精确度。选用不同的电压值制作金属微球，选出表面光滑且较圆、直径约为 50 μm 的微球。

落球法测量液体黏度的基本原理是，当翻转显微镜的直角底座使样品腔转置 90° 时，金属微球在下落过程中受到自身的重力、液体的浮力和黏滞阻力的共同作用。刚开始下落时，下落速度较小，黏滞阻力也较小，金属微球加速下落，黏滞阻力随之增大，最终微球受力平衡，以速度 v 匀速运动。此时直接测量的液体黏度值 η_A 可表示为

$$\eta_A = \frac{2a^2(\rho - \rho_0)g}{9v} \qquad (2\text{-}2)$$

式中，a 为微球的半径；ρ 为微球的密度；ρ_0 为液体的密度；g 为重力加速度；v 为微球下落的速度。

由于金刚石对顶砧样品腔内的条件并非无限液体，不可避免地存在边界效应，因此需要修正系数 γ 对黏度的测量值 η_A 进行修正，可得液体的黏度 η 为

$$\eta = \gamma \eta_A \qquad (2\text{-}3)$$

在实验过程中，首先将红宝石压标、钨球和样品装入样品腔中，注意不要使钨球与红宝石发生桥联。确定压强后，将金刚石对顶砧压机通过螺丝固定在支撑架上，翻转显微镜的直角底座使样品腔转置 90°。此时，在重力的作用下钨球开始运动，由 CCD 探测器拍摄钨球的下落过程，利用图像处理软件对 CCD 探测器记录的视频进行处理。

图 2-30 为 CCD 探测器记录的钨球的图像。首先，利用测微尺标定每个像素所代表的

实际长度。其次，通过分析钨球的直径所占的像素数确定钨球直径的实际长度。利用同样的方法可以获得一定时间内钨球运动的距离，进而计算钨球的速度。需要注意的是，测量装置刚转置后微球有一很短的加速过程，这是由于微球开始运动时，重力、浮力和黏滞阻力尚未达到平衡，同时转置也可能会对微球的运动产生一定的影响。微球在受力平衡后，将开始匀速运动，因此需选取金属微球匀速运动阶段计算微球下落运动速度。

图 2-30　CCD 探测的金属微球的图像

此外，为尽量减弱边界效应的影响，实验中尽可能地选择砧面较大的金刚石，因此选取砧面直径为 500 μm 的金刚石。在满足压力条件的情况下，使样品腔尽可能大，样品腔直径约为 300 μm，垫片并未进行预压，厚度约为 250 μm。

2.5.6 高压下密度的测量技术

1. 基于 DAC 的高压密度测量技术

利用金刚石对顶砧测量样品高压下的密度，需要获取高压下样品腔的体积，因此需要首先获取样品腔的面积和厚度。样品腔的面积可通过显微照片获取，而高压下金刚石和垫片存在形变使得样品厚度的测量较困难。学术界曾报道过一种测量金刚石对顶砧中样品厚度的方法，利用千分尺的探针直接接触金刚石的两个底面进行测量，进一步考虑金刚石的形变进行修正，从而最终获得样品的厚度，该方法简便可靠。实验测定，在最大压强为 41.4 GPa 时，由于金刚石砧面形状不同造成的误差仅为 6.25%。在获得样品厚度的基础上，通过对样品腔显微照片的分析获得样品腔的横截面积，从而获得不同压强下样品腔的体积，最终计算获得高压下样品的密度。

利用金刚石对顶砧测量样品的厚度基于 2 个假设条件：①垫片发生完全塑性形变，而且其塑性形变只发生在加压过程中，卸压过程中不存在塑性形变；②金刚石发生完全弹性形变，而且在加压和卸压过程中的同样压强下，金刚石的弹性形变量相等。

高压下金刚石的形变如图 2-31 所示，包括两部分：轴向压力作用下整体厚度的变化 (D_v) 与上砧面的下凹和下砧面的突出。后者由于样品腔所占整个砧面面积较小，样品腔的上下面可近似看作平面。此外，研究表明，如果选用 T301 作垫片，与塑性形变相比，其弹性形变非常小。

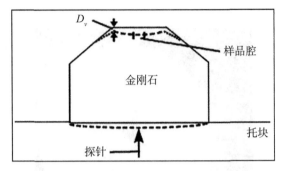

图 2-31　金刚石的形变

首先使用千分尺的探针直接接触金刚石的两个底面测量距离，如图 2-31 所示，由于托块上的小孔的直径远大于探针顶部的直径，使得探针能与金刚石直接发生接触。常压下，金刚石对顶砧中上下两块金刚石的总高度记为 H_0，样品的初始厚度记为 L_0，则常压下测量得到的总厚度为 $T = H_0 + L_0$。某一压强下，在加压和卸压过程中总厚度的测量值分别记为 $T_L(P)$ 和 $T_D(P)$。

把压强加到最大值时样品的厚度记作 t_{max}。在卸压过程中，由于垫片发生完全塑性形变，所以在卸压过程中样品的厚度保持不变，始终为 t_{max}。当压强降到常压时金刚石的弹性形变消失，可获得样品厚度 t_{max}，如式 (2-4) 所示：

$$t_{max} = T_D(P) - H_0 \tag{2-4}$$

由于在卸压过程中样品的厚度保持不变，只有金刚石的形变量发生改变，可以得到不同压强下金刚石的形变量 D_p，如式 (2-5) 所示：

$$D_p = H_0 - [T_D(P) - t_{max}] \tag{2-5}$$

因为金刚石发生完全弹性形变，所以在加压和卸压过程中在相同的压强下金刚石的形变量一样，利用金刚石形变对样品厚度进行修正，进而可得到不同压强下样品的厚度 $t(P)$，如式 (2-6) 所示：

$$t(P) = T_L(P) - (H_0 - D_p) \tag{2-6}$$

利用式 (2-6)，就可以计算出不同压强下样品的厚度值。

实验过程中，需要记录金刚石的总高度 H_0，加压和卸压过程中某个压强下的总厚度 $T_L(P)$ 和 $T_D(P)$，经过一系列的修正和分析即可获得不同压强点下的样品厚度。

此外，通过拍摄显微照片可获取样品腔的面积：分多次对样品腔的上下两面拍摄照片；利用测微尺的标准距离对每个像素所代表的实际距离进行标定，获得样品腔的面积；对不同方向拍摄获取的样品腔面积取平均值，最终得到样品腔的面积。样品腔的面积和厚度的乘积即为样品的体积。在此基础上，以常温常压下的密度为基准，由于整个加压过程中样品腔中的样品质量不变，可进一步计算出不同压强下样品的密度。

2. 基于活塞圆筒的高压密度测量方法

基于活塞圆筒装置高压密度测量方法主要利用活塞圆筒装置产生高压，用位移计测量加压过程中活塞的位移，进一步计算获得的样品腔体积，从而最终获得高压下样品的密度。

基于活塞圆筒装置的位移计法测量高压密度的实验装置实物如图 2-32 所示。本实验使用的压力源为型号为 YAW-2000 的电液式压力试验机。它由计算机控制制动，是集机、电、液为一体的现代化压力试验机。与传统的两面顶压机相比，试验机不需要额外的压力传感器装置记录数据，可直接通过计算机采集实验数据，极大地方便了数据记录。同时，压力试验机操作更加简便，可有效地控制压力及压力维持的时间，压力最高 2000 kN，相对误差≤±1%。位移计采用日本基恩士（Keyence）CMOS 激光位移传感器，测量的最小精度为 0.01 mm。

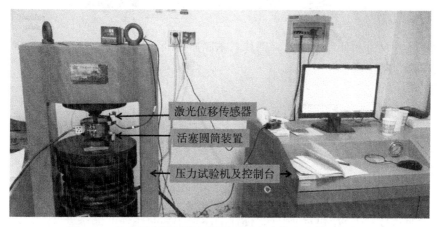

图 2-32　基于活塞圆筒装置测量高压密度的实验装置实物图

图 2-33 为基于活塞圆筒装置测量高压密度的实验装置示意图。通过压力试验机获得压强，利用公式 $P = F/S$ 计算样品所受压强值。将位移计的激光发射装置与反射端分别固定在上下两个硬质合金圆柱上，这时位移计可以直接测量两者之间的压缩距离，直接测量的结果包含待测样品的压缩距离和系统误差。而系统误差由两部分构成，活塞圆筒装置中硬质合金圆柱的压缩量和装样所用的样品盒的压缩量。装置形变所带来的压缩量与其所用材料有关。样品盒形变所带来的压缩量与其质量密切相关，实验结果表明两者之间呈正相关关系。但这两部分的压缩量无法分别测量，测试样品之前需要对整个系统误差进行标定。

为了简化计算，对样品盒的体积和样品的体积进行了等效转换，如图 2-34 所示，该简化基于假设样品盒的体积压缩量，与形状无关，相同质量的样品盒与圆柱形标样在相同压强下体积的压缩量一致。为获得系统误差与装置的形变及样品盒的形变之间的关系，制

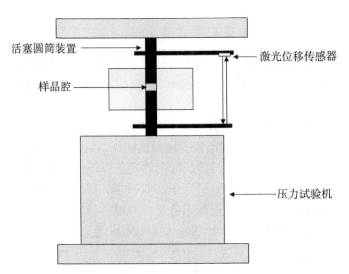

图 2-33　基于活塞圆筒装置测量高压密度的实验装置示意图

作两个与样品盒材质和外径相同但分别具有不同质量的圆柱状标样，对它们分别进行压缩实验，从而标定系统误差。

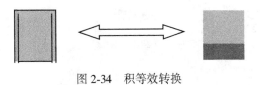

图 2-34　积等效转换

将两个质量分别为 m_1 和 m_2 圆柱状标样的压缩距离与压强的关系进行拟合，可以得到两个方程，分别为

$$y_1 = k_1 P + b_1 \tag{2-7}$$
$$y_2 = k_2 P + b_2 \tag{2-8}$$

式中，y_1 和 y_2 分别为两个圆柱状标样的压缩量；P 为压强；k_1，b_1，k_2 和 b_2 分别为常数。

圆柱状标样的压缩率 ε 与压强 P 之间呈正相关，可表示为

$$\varepsilon = k_3 P + a_0 \tag{2-9}$$

其中

$$\varepsilon = \frac{\Delta L_1}{L_0} \tag{2-10}$$

$$L_0 = \frac{m}{\rho S} \tag{2-11}$$

式中，ΔL_1 为圆柱状标样的压缩距离；L_0 为圆柱状标样的原长；m 为标样的质量；k_3 和 a_0 为常数。

而硬质合金圆柱的压缩距离 ΔL_2 与压强 P 呈正相关，可表示为

$$\Delta L_2 = a_2 P + c \tag{2-12}$$

式中，ΔL_2 为硬质合金圆柱的压缩距离；a_2 和 c 为常数。

将式(2-9)~式(2-12)代入，简化常数，可得任意质量的圆柱状标样压缩距离 $\Delta L_系$：

$$\Delta L_系 = \Delta L_1 + \Delta L_2 = (a_1 m + a_2) P + bm + c \tag{2-13}$$

式中，m 为标样的质量；P 为压强；a_1，a_2，b 和 c 为常数。将式(2-7)和(2-8)与式(2-13)进行拟合，确定常数项。

基于相同质量的样品盒与圆柱形标样在相同压强下体积的压缩量一致，将样品盒的质量 $m_盒$ 代入式(2-13)，就可以得到在本实验条件下任意质量的样品盒的系统误差。

当在样品盒中装满样品进行压缩实验时，由体积等效转换模型可知，实验测得的压缩距离 $\Delta L_测$ 由两部分构成，一部分为与样品盒同质量的圆柱形标样和实验装置产生的压缩距离 $\Delta L_系$，另一部分为样品的压缩距离 $\Delta L_样$，即

$$\Delta L_测 = \Delta L_系 + \Delta L_样 \tag{2-14}$$

将式(2-14)代入 $\rho = \dfrac{m_样}{v_样}$，则样品密度计算公式为

$$\rho = \frac{m_样}{\pi \cdot r^2 (H_0 - \Delta L_样)} = \frac{m_样}{\pi \cdot r^2 [H_0 - (\Delta L_测 - \Delta L_系)]} \tag{2-15}$$

式中，r 为样品体积等效转换后半径，由于活塞圆筒装置内层圆筒的尺寸不变，因此 r 为固定值；$H_0 = \dfrac{m_样}{\rho_0 \cdot \pi \cdot r^2}$ 为体积转化后的液体的起始高度；$m_样$ 为待测样品的质量；ρ_0 为待测样品常温常压下的密度，可通过查阅文献获得。通过式(2-15)即可获得高压下待测样品的密度。

2.5.7 高压下折射率的测量方法

为获得高压，金刚石对顶砧的两个砧面被调整得对齐平行，因此，可看作法布里-珀罗标准具。如果用平行的白光垂直照射金刚石对顶砧的样品腔，通过收集透射光聚焦到光谱仪的狭缝上，可得到干涉光谱。当在金刚石对顶砧的下面放置平行白光光源，拉曼光谱仪可同时作为收集干涉信号的光谱仪。

如果入射光的强度为 I_0，透射光的强度 I_{trans} 与波长 λ，厚度 d 和样品的折射率 n 可表示为

$$I_{trans} = \frac{I_0}{1 + F \sin^2\left(\dfrac{\delta}{2}\right)} \tag{2-16}$$

式中，$F = \dfrac{4R}{(1 - R)^2}$，$\delta = \dfrac{4\pi n d \cos\theta}{\lambda}$。其中，$\theta$ 为金刚石压腔中光与金刚石砧面法线方向之间的夹角(图2-35)；R 为样品与金刚石界面上的反射率。因此 I_{trans} 具有最大值的波数：

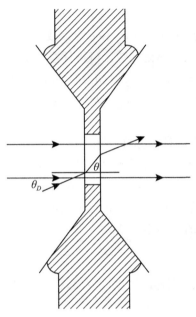

图 2-35　金刚石对顶砧压腔中的光路图

$$\frac{1}{\lambda} = \frac{m}{2nd\cos\theta} \tag{2-17}$$

式中，m 为透射光具有最大值的级次。因此，透射光干涉光谱中相邻光强极大值的波数差为

$$\frac{1}{\lambda_i} - \frac{1}{\lambda_{i+1}} = \frac{1}{2nd\cos\theta} \tag{2-18}$$

如白光垂直金刚石砧面的方向入射，即 $\theta = 0°$，这时干涉光谱中相邻光强极大值的波数差为

$$\frac{1}{\lambda_i} - \frac{1}{\lambda_{i+1}} = \frac{1}{2nd} \tag{2-19}$$

由此可以从干涉条纹的间隔计算获得压腔中样品的光学厚度 nd。利用千分尺经过一系列的修正后获得的样品厚度 d，就可以获得样品在不同压强下的折射率。值得注意的是，使用这种方法获取样品高压下的折射率要求样品必须透光。

2.5.8　离子液体凝胶相变温度和相变压强的测量方法

变温和变压是凝胶体系溶胶–凝胶转变的两种手段。目前对离子液体凝胶温致胶凝过程的相变温度测定方法的研究较为成熟，其主要测定方法有差示扫描量热法（DSC）和流变测量法。但这些方法仅限于测试常压条件下的相变温度，无法给出变压条件下的相变压强。

相比于温致胶凝外，在一定的压强作用下，凝胶分子间的交联反应也会产生压致胶凝现象。目前，见报道的离子液体凝胶压致胶凝过程相变压强测定方法有落球法和荧光探针法。这两种方法操作复杂，测试时间较长。

针对上述现有技术的不足，我们提出一种灵敏度高、可以用于高压环境的离子液体凝胶相变温度和相变压力测量的装置及方法。如图 2-36 所示，为一种离子液体凝胶相变温度和相变压力测量装置，包括样品腔：样品腔的入射口方向设有激光器、分束器和第一透镜，样品腔的出射口方向设有第二透镜、第二探测器，第二探测器与第二电压读取装置相连，分束器的反射光路上设有第三透镜和第一探测器，第一探测器与第一电压读取装置相连，样品腔还与压力泵、水循环装置相连。激光器发出的光束经分束器分成两束，其中一束由第三透镜聚焦到第一探测器上，光信号转变为电信号后由第一电压读取装置获取；另一束经第一透镜聚焦到样品腔的光学窗口上，透射光束经第二透镜聚焦到第二探测器上，光信号转变为电信号后由第二电压读取装置获取。其透过率为第二电压读取装置的读取电压与第一电压读取装置的读取电压之比。

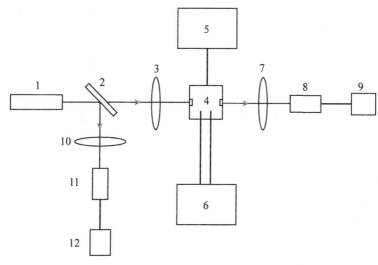

图 2-36　离子液体凝胶相变温度和相变压强测量装置

（1. 激光器；2. 分束器；3. 第一透镜；4. 样品腔；5. 压力泵；6. 水循环装置；7. 第二透镜；8. 第二探测器；9. 第二电压读取装置；10. 第三透镜；11. 第一探测器；12. 第一电压读取装置）

图 2-37 为相变温度和相变压强测量装置的样品腔示意图。样品腔包括外壳，外壳左右两侧设有进光口和出光口，外壳内设有样品盒，样品盒顶部连有软管盖子，外壳内设有水路并与水循环装置相连，样品腔通过一金属细管与压力泵相连。软管盖子为 PVC 材质的软管盖子，进光口和出光口是蓝宝石光学窗口。分束器为半透半反射镜或 50% 分束棱镜，第一电压读取装置和第二电压读取装置是电压表或示波器。

其测量过程如下。

（1）测定相变温度，制备离子液体凝胶样品，将待测离子液体凝胶放置于样品腔内，将样品腔放于光路当中，采用水循环装置改变样品腔温度，得到激光透过率与温度的变化曲线。

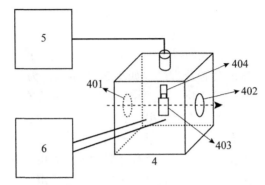

图 2-37 相变温度和相变压强测量装置的样品腔示意图
(401. 进光口；402. 出光口；403. 样品盒)

（2）测定相变压强，制备离子液体凝胶样品，将待测离子液体凝胶放置于样品腔内，将样品腔放于光路当中，采用压力泵对样品加压，所用传压介质为光谱纯酒精，得到激光透过率与压强的变化曲线。

（3）根据（1）和（2）中所得到的透过率变化曲线，透过率突变时切线的延长线与基线的交点，即为离子液体凝胶的相变温度或相变压强。

该方法不仅可以测试常压条件下的相变温度，还可以通过压力泵改变样品腔内的压强，测试变压条件下的相变压强。只需测试激光的透过率，避免了其他因素的干扰，可方便快捷测定水凝胶的相变温度和相变压强。

例如，1wt%琼脂溶液的相变温度的确定方法为：通过水循环装置改变样品的温度，样品温度由 70℃降至 20℃，测量不同温度下的激光透过率，得到如图 2-38 所示的透过率与温度的关系图。透过率突变时切线的延长线与基线的交点即为 1wt%琼脂溶液的相变温度，相变温度为 38.8℃。

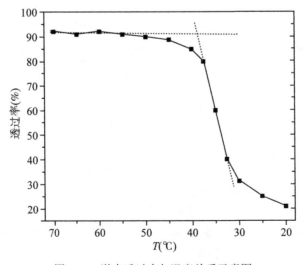

图 2-38 激光透过率与温度关系示意图

1wt%琼脂溶液的相变压强的确定方法为：通过高压泵改变样品的压强，保持样品温度为50℃。样品的压强由常压增加至400MPa，测量不同压强下的激光透过率，得到如图2-39所示的透过率与压强的关系图。透过率突变时切线的延长线与基线的交点即为1wt%琼脂溶液的相变压强，相变压强为230MPa。

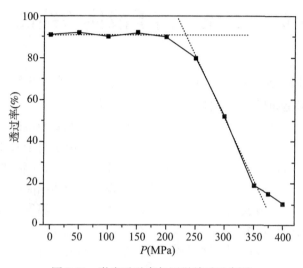

图 2-39　激光透过率与压强关系示意图

第3章 高压下离子液体的结晶研究

由于离子液体独特的物理化学性质，与超临界 CO_2、双水相并称三大绿色溶剂，具有广阔的应用前景。但是如果离子液体投入大规模工业化的应用，其毒性有可能对环境和生物造成潜在的危害，同时其参与的有机反应和其物理化学性质的精确测定也需要高纯度的样品，因此研究离子液体回收提纯的方法非常重要。然而由于离子液体具有可以忽略的挥发性，无法使用传统有机溶剂的回收方法(如蒸馏)回收提纯离子液体。离子液体最好的回收提纯方法可能是通过结晶固化。一般来讲，实现离子液体结晶的方法有：①熔融态降温结晶；②冷却热饱和溶液或蒸发溶剂结晶。压强作为独立于温度、组分的第三个基本状态参量，可以非常有效地压缩物质的体积，改变其结构形态及其性质。考虑压强与温度在热力学上的对等关系，可以推测压强对离子液体从熔融态或从有机溶剂中结晶也具有相似的效果。同时，高压下离子液体的相变与凝聚态结构研究，不仅是离子液体的基础研究问题，还有助于更深入地认识其已有的物理现象和规律，还可能发现常压下无法获得的新现象和新规律，而这些结果也有助于离子液体的应用研究。本章主要研究了用高压诱导的方法实现离子液体从熔融态和从有机溶液中结晶固化，并讨论了压致相变过程中的动力学效应，探索了两种离子液体的混合溶液的结晶固化。通过研究高压下离子液体结晶固化的实验条件和规律，有助于加深对高度压缩情况下离子液体凝聚态结构和相变的认识，促进高压下离子液体的基础研究和应用，同时也为离子液体的结晶固化提供新的思路。

3.1 高压下[C_2mim][CF_3SO_3]的结晶学研究

研究高压下影响离子液体结晶的因素，有助于加深对离子液体结构的认识，同时压强诱导离子液体结晶可能是实现离子液体回收提纯的潜在方法。近年来，关于高压下离子液体结构和相变的研究表明：部分离子液体在高压下易于结晶，但很多离子液体在高压下难以结晶，而是由过压的液态转变为玻璃态。高压下离子液体的结晶可以通过不同的加压途径实现。个别离子液体易于结晶，如[C_4mim][PF_6]，同时，高压下[C_4mim][PF_6]的多种晶态与丁基链上的构象变化有关。个别离子液体在卸压过程中结晶，如[C_2mim][BF_4]和[C_8mim][PF_6]。

普遍认为，决定物质结构和相态的3个重要维度是压强、温度、组分。高压下物质结晶形成热力学稳定相，需要经历成核和晶体生长这些与时间相关的过程。如果样品还没达到成核的尺寸就被固定下来，这时只能获得某种亚稳态，因此决定物质结构和相态还存在第四个维度——时间。为什么高压下有些离子液体易于结晶，而有些离子液体难以结晶？这种现象固然与每种离子液体由特定的阴阳离子组成并形成了自身独特的液体结构有关。同时，动力学效应可能也起到重要的作用。因此，我们利用原位拉曼光谱技术研究了不同的加压速度对1-乙基-3-甲基咪唑三氟甲磺酸盐（[C_2mim][CF_3SO_3]）高压下相行为的影响，同时对阳离子[C_2mim]$^+$的构象变化与多晶相的关系进行了分析，发现一种未知的阳离子构象。

[C_2mim][CF_3SO_3]由中国科学院兰州化学物理所提供，纯度99.5 wt%以上。所有测试前，样品在353 K真空保持至少3日以上，以降低水分和挥发性化合物的含量。样品相对分子质量为260.23，熔点为264 K，室温下处于液态。

本实验使用对称型金刚石对顶砧压机，砧面直径约为350 μm，垫片选用T301不锈钢片，垫片预压至约150 μm，样品被密封于垫片中心的直径约100 μm的孔中。压强采用红宝石荧光技术标定。实验所用拉曼光谱仪为Renishaw公司inVia型拉曼光谱仪（Renishaw，英国），激发光源532 nm，输出功率约50 mW。

所有高压下的拉曼光谱测试均在室温下（297 K）完成。为了确保采谱时样品处于平衡状态，样品在每个压强点下保持10 min后进行采谱。在记录光谱数据的过程中，每次压强增加的时间间隔约为30 min。实验过程中设计了不同的加压速度：一种以较低的加压速度，加压速度约为0.3 GPa/h；另一种以较高的加压速度，加压速度约为1.2 GPa/h。

3.1.1 不同加压速度下的压致相变及其动力学效应

在第一组实验中以较慢的加压速度进行加压，加压速度约为0.3 GPa/h，[C_2mim][CF_3SO_3]的拉曼光谱如图3-1所示。四段光谱分别展示了阴阳离子具有代表性的拉曼特征峰。根据文献报道，拉曼峰313 cm^{-1}、347 cm^{-1}、756 cm^{-1}和1033 cm^{-1}分别代表阴离子[CF_3SO_3]$^-$的CS伸缩振动（ν(CS)），SO_3的摇摆振动（ρ(SO_3）），CF_3的对称变形振动（δ_s(CF_3)），SO_3的对称伸缩振动（ν_s(SO_3)）。此外，拉曼峰1033 cm^{-1}的肩膀处存在峰位为1026 cm^{-1}的拉曼峰，该峰为阳离子[C_2mim]$^+$的咪唑环环面内对称伸缩振动。光谱范围2800~3200 cm^{-1}的拉曼光谱为阳离子[C_2mim]$^+$的C—H伸缩振动（ν(CH)）。

当压强增加到约1.3 GPa，拉曼光谱发生明显变化。拉曼峰ν(CS)，ρ(SO_3)和δ_s(CF_3)峰宽变小，峰形变得尖锐。在压强低于1.3 GPa时，拉曼峰ν_s(SO_3)与其肩膀已经融合为一个峰；当压强高于1.3 GPa时，重新劈裂为两个锐利的峰。同时代表ν(CH)的拉曼峰发生显著变化：出现新的拉曼峰。由此可以推断[C_2mim][CF_3SO_3]在约1.3 GPa时发生由液态向晶态的相变（该晶态标记为相Ⅰ）。

当压强进一步增加到约1.7 GPa时，拉曼光谱再次发生明显变化，这表明[C_2mim][CF_3SO_3]发生由相Ⅰ向另一个晶相的转变（该晶态标记为相Ⅱ）。此时在1020 cm^{-1}出现新峰，代表ν_s(SO_3)的拉曼峰强度变弱，演变为代表咪唑环环面内对称伸缩振动的拉曼峰的肩膀。同时，表征ν(CH)的光谱范围呈现与相Ⅰ完全不同的峰形，并伴随新峰的出现、旧峰的消失。图3-1还展示了不同压强下样品腔的显微照片，样品在约

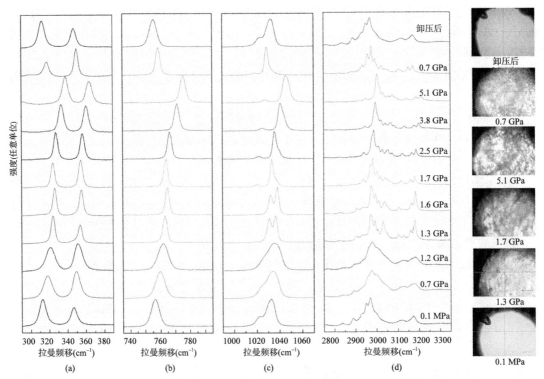

图 3-1　加压速度约 0.3 GPa/h 时，[C₂mim][CF₃SO₃] 的拉曼光谱 [(a)ν(CS) 和 ρ(SO₃)，(b)δ_s(CF₃)，(c)ν_s(SO₃)，(d)ν(CH)。右图：不同压强下样品腔照片]

1.3 GPa 时由透明的液体变为半透明的相Ⅰ，紧接着在 1.7 GPa 时转变为透光性更差的相Ⅱ。这些样品腔的照片为 [C₂mim][CF₃SO₃] 在 5 GPa 以内发生连续相变提供了佐证。

　　我们进一步分析加压速度约为 0.3 GPa/h 时不同压强下的拉曼光谱，峰位和半峰宽随压强的变化关系如图 3-2 所示。峰位和半峰宽随压强变化的关系在 1.3GPa 和 1.7 GPa 处出现两个明显拐点，这些拐点可能来自于相变及其伴随的结构变化，这与图 3-1 中拉曼峰峰型和样品腔显微照片发生变化的压强点基本一致。综上所述，[C₂mim][CF₃SO₃] 在以较低的加压速度 0.3 GPa/h 加压至 5 GPa 的过程中，在 1.3 GPa 和 1.7 GPa 左右发生两次连续相变，样品在高压下呈现多晶相。

　　与加压过程相比，降压速度较难控制。当降压速度约为 1 GPa/h 时，[C₂mim][CF₃SO₃] 直到 0.7 GPa 仍保持相Ⅱ，如图 3-1 所示。当压强降至常压时，拉曼光谱与常温常压时的初始光谱一致，这表明该相变过程是可逆的。

　　在第二组实验中，以较快的加压速度(约为 1.2 GPa/h)进行加压，[C₂mim][CF₃SO₃] 的拉曼光谱变化如图 3-3 所示。当以较快的速度对样品进行加压时，样品主要的特征峰峰位发生蓝移，同时伴随峰宽的展宽，但并没有出现新峰。随着压强的增加，拉曼峰 ν_s(SO₃) 与其肩膀逐步融合为一个峰。阳离子反映 ν(CH) 的拉曼峰的变化大于阴离子拉曼峰的变化，同时反映烷基链 ν(CH) 的拉曼峰(2800~3050 cm⁻¹)的变化大于反映咪唑环 ν(CH) 的

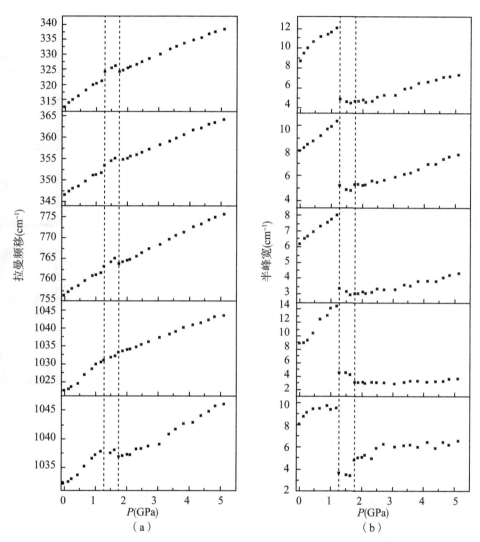

图 3-2 加压速度约 0.3 GPa/h 时，[C₂mim][CF₃SO₃]的拉曼特征峰[(a)峰位，(b)半
峰宽随压强的变化关系。由上到下表征的特征峰分别是 ν(CS)，ρ(SO₃)，
δ_s(CF₃)，[C₂mim]⁺的咪唑环环面内对称伸缩振动和 ν_s(SO₃)]

拉曼峰(3050~3200 cm⁻¹)的变化。这表明：在较大的加压速度下，阳离子特别是阳离子
的烷基链发生了更加明显的结构变化，这与阳离子烷基链的可伸缩性密切相关。图3-4展
现了加压速度约为 1.2 GPa/h 时拉曼特征峰峰位和半峰宽随压强的变化关系。随着压强的
增加，峰位和半峰宽在 3.3 GPa 附近斜率发生微小的变化，这表明[C₂mim][CF₃SO₃]可
能在该压强点下发生了相变。

　　如图 3-3 中样品腔的显微照片所示，样品腔内并没有出现明显的晶体。与较低的加压
速度时不同，[C₂mim][CF₃SO₃]在较高的加压速度下没有发生结晶。利用红宝石荧光技

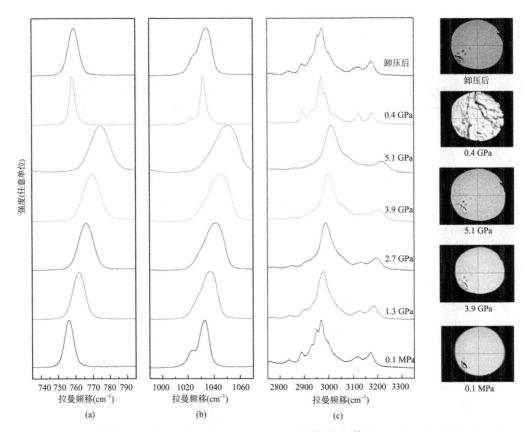

图 3-3　加压速度约 1.2 GPa/h 时，$[\text{C}_2\text{mim}][\text{CF}_3\text{SO}_3]$ 的拉曼光谱 $[(\text{a})\delta_\text{s}(\text{CF}_3)$，$(\text{b})\nu_\text{s}(\text{SO}_3)$，$(\text{c})\nu(\text{CH})]$。右图：不同压强下样品腔照片]

术，通过红宝石荧光峰 R_1 线的展宽判断样品是否处于玻璃态，R_1 线的半峰宽开始增大时的压强为玻璃化转变压强。这种方法被广泛应用于高压下液体和部分离子液体玻璃化转变的判断。本研究也采用该方法确定加压速度为 1.2 GPa/h 时 $[\text{C}_2\text{mim}][\text{CF}_3\text{SO}_3]$ 的相态，其红宝石荧光峰 R_1 线的半峰宽相对于常压下半峰宽的变化量如图 3-5 所示。压强约为 3.3 GPa 时，R_1 线迅速展宽。由此可以推测当压强高于 3.3 GPa 时，$[\text{C}_2\text{mim}][\text{CF}_3\text{SO}_3]$ 处于玻璃态。

对于两种不同加压速度对高压下 $[\text{C}_2\text{mim}][\text{CF}_3\text{SO}_3]$ 结构和相转变的影响，我们进行了多次实验，可观察到相似的实验现象。需要指出的是，由于加压速度为手动控制，每次实验的加压速度很难完全一致，之间存在较小的差异。

此外，Chang 等（2007）曾利用原位红外光谱研究了高压下 $[\text{C}_2\text{mim}][\text{CF}_3\text{SO}_3]$ 和 $[\text{C}_2\text{mim}][\text{CF}_3\text{SO}_3]$/纳米金颗粒混合物的相变。通过分析咪唑环 C—H 振动吸收峰，$[\text{C}_2\text{mim}][\text{CF}_3\text{SO}_3]$ 和 $[\text{C}_2\text{mim}][\text{CF}_3\text{SO}_3]$/纳米金颗粒都在 0.4 GPa 发生相变。该研究可能对应本研究中较慢速度加压的过程。而 Chang 等（2007）的研究中相变压强点低于本研究，原因可能是在高压红外实验中为降低样品的吸收率使用的氟化钙（CaF_2）或者混合体系中

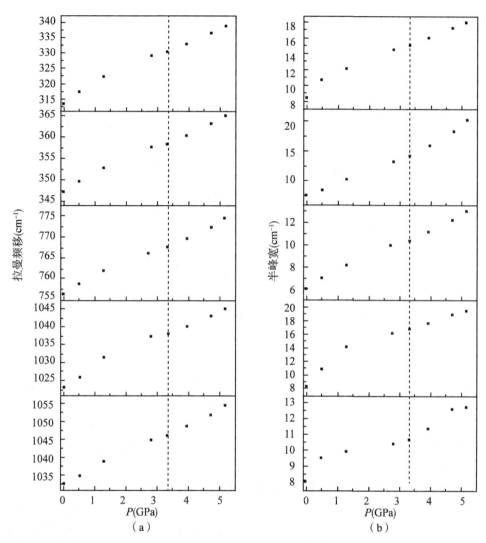

图 3-4 加压速度约 1.2 GPa/h 时，[C_2mim][CF_3SO_3]的拉曼特征峰[(a)峰位，(b)半峰宽随压强的变化关系。由上到下表征的特征峰分别是 ν(CS)，ρ(SO_3)，δ_s(CF_3)，[C_2mim]$^+$的咪唑环环面内对称伸缩振动和 ν_s(SO_3)]

纳米颗粒促进了样品的结晶。

将处于过压的玻璃态的[C_2mim][CF_3SO_3]以约 1.2 GPa/h 降压速度卸压，当压强降至约 0.4 GPa 时，拉曼光谱发生明显变化，如图 3-3 所示。拉曼峰峰形变得尖锐并伴随新峰的出现，而且此时的光谱形状与相Ⅰ和相Ⅱ完全不同，同时样品腔由透明变为半透明。由此可以推测，当高压下形成的玻璃态卸压至 0.4 GPa 时发生相变，出现另一种晶相(相Ⅲ)。

对于压强诱导的结晶或者相变，Fanetti 等(2011)发现吡啶高压下可以形成相Ⅱ或者

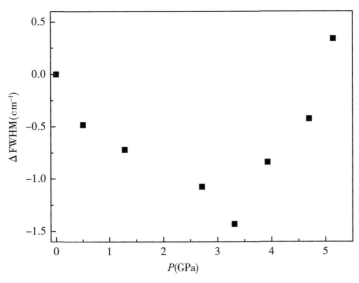

图 3-5　加压速度为 1.2 GPa/h 时，不同压强下红宝石荧光峰 R_1 线
的半峰宽相对于常压下半峰宽的变化量

玻璃态，而液体加压不能获得相 Ⅰ，只有通过卸压才能形成相 Ⅰ。笔者认为加压过程中相 Ⅰ 的缺失与动力学效应相关。在本研究中，$[C_2mim][CF_3SO_3]$ 在较低的加压速度下发生结晶形成相 Ⅰ 和相 Ⅱ，而在较高的加压速度下形成过压玻璃态，对其进行卸压才能获取相 Ⅲ。这些结果与 Fanetti 等（2011）的研究结果类似，这表明高压下 $[C_2mim][CF_3SO_3]$ 的相行为也可能源于动力学效应。同时，这 4 种相的能量类似，而彼此之间存在着高的能量位垒，这使得它们之间的相变受到动力学效应的影响。

　　综上所述，加压速度在高压下 $[C_2mim][CF_3SO_3]$ 的结晶过程中和相变的动力学效应中起到了重要的作用。众所周知，对熔融态固化，冷却速度对熔融态形成晶体或形成亚稳态（非晶）起到决定性作用。如果冷却速度足够快会导致液体来不及成核和长大，最终凝固成为玻璃态。对于离子液体，冷却速度对熔融态形成晶体或形成亚稳态的影响同样存在。例如，$[C_4mim]Cl$ 通过不同的降温过程可获得不同的晶型。当 $[C_4mim]Cl$ 降温至 18℃ 并保持 48 h，获得两种晶型 Crystal Ⅰ 和 Crystal Ⅱ。当把 Crystal Ⅱ 保持在干冰温度超过 24 h，Crystal Ⅱ 将转换为 Crystal Ⅰ。这说明离子液体的多晶相可以通过不同的降温速度或者热力学过程获得。从另一方面来讲，对于熔融态固化，加压等同于降温。最近，Jia 等（2007）和 Wang、Liu 等（2013）等设计了一种快速增压机，挤压速度介于传统的静高压和动高压之间，利用该设备研究发现熔融态通过快速加压得到亚稳态，而通过慢速加压得到晶态，如硫、等规聚丙烯等。一般意义上，金刚石对顶砧被作为产生静压的高压装置，但是本研究表明，在使用金刚石对顶砧对 $[C_2mim][CF_3SO_3]$ 进行加压研究的过程中，加压速度起到了重要的作用。$[C_2mim][CF_3SO_3]$ 在较低的加压速度下形成晶体，在较高的加压速度下形成非晶体。

　　目前，关于高压下离子液体的相变动力学研究相对较少。Yoshimura 等（2013）对高压下非咪唑类离子液体甲氧基乙基二乙基甲基铵四氟硼酸盐([DEME][BF₄])的研究表明,[DEME][BF₄]在高压下有时会结晶,有时又形成一种过压的玻璃态,对过压的玻璃态卸压出现结晶现象,并呈现多晶相。同时,Yoshimura 等(2015)还研究了卸压诱导[C₂mim][BF₄]从玻璃态结晶以及加压速度对[C₂mim][BF₄]玻璃化压强 P_g 的影响。根据以往的研究结果结合本研究,我们发现在以往的基于金刚石对顶砧的离子液体高压实验中往往忽视加压速度的影响,但实际上加压速度对离子液体高压下的相变起到了重要的作用。这种现象可能与离子液体独特的结构特点有关。相较于小相对分子质量的有机溶剂,离子液体中相对较大且缺乏对称性的离子在高压下需要更多的时间实现规则的堆积从而形成晶体。因此,利用金刚石对顶砧研究高压下离子液体的相变可能与加压速度密切相关。

3.1.2 压致相变过程中的构象变化

本研究进一步分析了不同加压速度下[C₂mim][CF₃SO₃]形成的多种晶型与阳离子[C₂mim]⁺构象之间的关系。以往的研究表明,由于[C₂mim]⁺中乙基链旋转角度不同形成异构,根据 CNCC 角度的不同具有两种稳定的构象:平面构象(planar)和非平面构象(nonplanar),如图 3-6 所示。

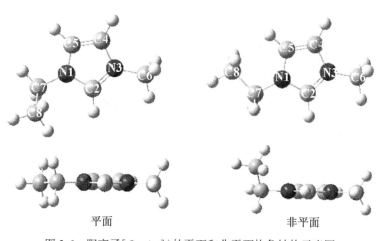

平面　　　　　　　　　　　非平面

图 3-6　阳离子[C₂mim]⁺的平面和非平面构象结构示意图

为了进一步研究不同加压速度下[C₂mim]⁺的构象变化,选取 370～500 cm⁻¹ 的光谱范围表征乙基链上的不同构象,如图 3-7(a)、(b)所示。其中 387cm⁻¹,430cm⁻¹ 和 448 cm⁻¹ 处的拉曼峰分别代表非平面构象,非平面构象和平面构象。从图 3-7 中可以看出,常温常压下样品处于液态时,两种构象共存。压强以较低的加压速度(0.3 GPa/h)增加至 1.3 GPa 时,只存在 448 cm⁻¹ 处的拉曼峰而 387cm⁻¹ 和 430 cm⁻¹ 处的拉曼峰消失,这说明相 I 为平面构象。随着压强进一步增加,在 400cm⁻¹ 和 420 cm⁻¹ 处出现两个新峰,而这两个新峰既不源于平面构象,也不源于非平面构象。由此可以推测,相 II 为一种新构象,这种构象在以往的文献报道中没有出现过。现有关于量子化学计算的文献报道表明,阳离子

[C_2mim]$^+$具有两种稳定构象：平面构象和非平面构象。新发现的未知构象与非平面构象具有相似的双峰特征，由此可以推测相Ⅱ可能是一种包含受扰动的非平面构象的畸变晶体。对于具有同样阳离子的离子液体[C_2mim][PF_6]或[C_2mim][BF_4]，晶体的堆积可以看作阴阳离子的库仑吸引力和弱相互作用中的氢键 C—H···F 共同作用的结果。不同于以上两种离子液体，[C_2mim][CF_3SO_3]的离子在晶体点阵上的堆积不仅受到阴阳离子的库仑吸引力和氢键 C—H···O 的影响，还受到 F···F 相互作用的影响。这些相互作用可能共同导致了新构象的出现。另一方面，当样品以较高的加压速度(1.2 GPa/h)加压时，虽然样品在 3.3 GPa 以上固化形成玻璃态，但是平面构象和非平面构象一直共存至 5 GPa。当进一步卸压诱导结晶时，387cm^{-1}和 430 cm^{-1}处的拉曼峰突然出现，这表明相Ⅲ为非平面构象。

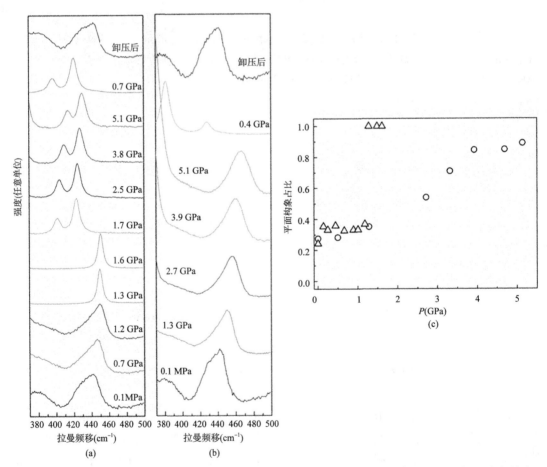

图 3-7 [C_2mim][CF_3SO_3]在 370 cm^{-1}到 500 cm^{-1}的光谱范围内的拉曼光谱变化[(a)加压速度约为 0.3 GPa/h；(b)加压速度约为 1.2 GPa/h；(c)[C_2mim][CF_3SO_3]的平面构象所占比例随压强的变化(三角和圆圈分别代表加压速度为 0.3GPa/h 和 1.2 GPa/h 时平面构象所占的比例)]

为了研究高压下构象的变化并排除阴离子拉曼峰的影响，我们分别选取 430cm⁻¹ 和 448 cm⁻¹ 代表非平面和平面构象。平面构象峰强度占比(f)计算如下：

$$f_{\text{planar}} = \frac{I_{\text{planar}}}{I_{\text{planar}} + I_{\text{nonplanar}}} \tag{3-1}$$

式中，I_{planar} 和 $I_{\text{nonplanar}}$ 分别为代表阳离子 [C₂mim]⁺ 平面构象（448 cm⁻¹）和非平面构象（430 cm⁻¹）拉曼峰的峰面积。高压下平面构象所占比例如图 3-7(c) 所示。首先，在较高的加压速度下平面构象的占比逐渐增大，说明在这种加压方式下，平面构象的数量增多。Yoshimura 和 Abe 等（2013）的研究中，高压下 [C₂mim][BF₄] 固化形成的玻璃态也出现平面构象增多的现象，这说明高压下阳离子为 [C₂mim]⁺ 的离子液体形成玻璃态具有相似的构象变化特征。其次，在较高的加压速度（1.2GPa/h）下，f_{planar} 对压强的变化趋势也在 3.3 GPa 处出现拐点，这与部分拉曼特征峰峰位、半峰宽以及红宝石荧光峰 R_1 线的半峰宽随压强的变化关系出现拐点的位置一致。再次，当压强高于玻璃化转变压强 P_{g}（3.3GPa）时，f_{planar} 随压强的增加变缓。这说明构象平衡与液体的结构密切相关，一旦高压玻璃态形成，其无序程度和构象平衡被"冻结"在玻璃化转变压强 P_{g} 附近的状态。

当样品以较低的加压速度（0.3GPa/h）加压时，压强低于 1.3 GPa 时，平面构象的占比与快速加压时基本保持一致。这说明在样品发生从液态到相 I 的相变前，[C₂mim]⁺ 的结构类似。一般认为，离子液体的液体结构是远程静电力和几何结构之间相互平衡的结果。但越来越多的研究表明，离子液体中弱相互作用力也起到重要作用，如氢键、π-π 堆积、范德华力等。高压不仅能缩短离子间的距离，从而改变静电力，同时也能改变其中的弱相互作用。当加压速度较低时，样品内部结构的变化获得了更多的调整时间，这可能产生不同于加压速度较高时的弱相互作用。不同的加压速度下样品弱相互作用的不同，可能是影响样品是否结晶的重要因素。综上所述，加压速度对 [C₂mim][CF₃SO₃] 的相变动力学起到了重要作用。

3.2 高压下[C₂mim][PF₆]从甲醇溶液中结晶

目前，离子液体的结晶受到广泛关注。一些科学家试图从固体化学的角度解释离子液体的相变。离子液体通过结晶实现提纯的价值已获得广泛认可，然而离子液体通常不能实现从熔融态均匀地结晶，一些离子液体转变为玻璃态、塑晶或者液晶，因此科学家为实现离子液体的结晶提纯发明了一系列实验技术，如加入晶种的区域熔化法和层状结晶法。除了上述方法，离子液体还可以从溶液中实现结晶。在离子液体的制备过程中，通常将样品溶解于有机溶剂中，然后通过加热蒸发有机溶剂提纯离子液体，例如，1-乙基-3-甲基咪唑六氟磷酸盐（[C₂mim][PF₆]）可以从甲醇中结晶，[C₂mim]Br，[C₂mim]I 和 [C₄mim]Cl 可以从乙腈中结晶。这些提纯过程都高度依赖于离子液体的熔点和化学性质以及所选择溶剂的物理化学性质。截至目前，从溶液中结晶是离子液体结晶最行之有效的方法。温度和组分是从溶液中结晶的重要参量，而实际上还有一个重要的可调参量——压强。探索高压下离子液体从溶液中结晶，将为通过降温不易结晶的离子液体的提纯提供一种潜在的方法。本研究利用原位拉曼光谱技术和金刚石对顶砧研究了 $[C_2mim][PF_6]$ 从甲醇溶液中的原位结晶，以及不同加压过程中的晶相和构象。

$[C_2mim][PF_6]$ 购自河南利华制药有限公司，纯度 99.5 wt% 以上。所有测试前，样品在 353 K 真空干燥至少 3 日以上，以将水分和挥发性化合物减少至可忽略的含量。样品相对分子质量为 256.13，熔点为 331~333 K，室温下处于固态。甲醇为中国国药集团化学试剂有限公司产品，纯度 99.5 wt% 以上。

本实验所用高压装置为四柱型金刚石对顶砧压机，砧面直径约为 500 μm。升温的实验通过电阻丝加热的方法对样品腔进行加热。垫片选用 T301 不锈钢片，垫片预压至 100 μm，样品被密封于垫片中心的直径约 200 μm 的孔中。压强采用红宝石荧光技术标定。实验所用拉曼光谱仪为 Renishaw 公司 inVia 型拉曼光谱仪（Renishaw，英国），激发光源 532 nm，输出功率约 50 mW。

3.2.1　加压过程中 $[C_2mim][PF_6]$ 的结晶

在室温（297 K）条件下，将饱和的 $[C_2mim][PF_6]$ 甲醇溶液密封于金刚石对顶砧的样品腔中，在加压的过程中 $[C_2mim][PF_6]$ 逐渐结晶析出，对样品腔加热使晶体完全溶解，自然冷却至室温后，再对样品进行加压实现重结晶，整个加压过程样品腔的照片如图 3-8 所示。

首先，将饱和的 $[C_2mim][PF_6]$ 甲醇溶液密封于样品腔中，样品腔内析出的晶体说明溶液处于饱和状态。随着压强的增加，$[C_2mim][PF_6]$ 逐渐从溶液中结晶析出，在加压的初始阶段，晶体生长迅速，但当压强大于 0.9 GPa 时，晶体的尺寸几乎保持不变，如图 3-8(a)~(d) 所示。

由于 Invia 型拉曼仪具有很好的空间分辨率，因此可将激光聚焦于 $[C_2mim][PF_6]$ 在甲醇溶液中晶体的不同位置，获得晶体不同位置的拉曼光谱。图 3-9 和图 3-10 的光谱取自图 3-8(b) 中位置 A 和位置 B，分别代表常压时已经存在的原始晶体和新生长的晶体。由于 $[C_2mim][PF_6]$ 晶体被甲醇溶液包围，因此光谱为两者的叠加。为了便于比较，图3-9 和图 3-10 中还分别给出了 $[C_2mim][PF_6]$ 和甲醇的拉曼光谱及相关特征峰的指认。根据以往的研究，$[C_2mim]^+$ 具有两种稳定的构象：平面构象和非平面构象。$[C_2mim][PF_6]$ 在 241 cm^{-1}，297 cm^{-1}，387 cm^{-1}，430 cm^{-1} 和 448 cm^{-1} 处的拉曼峰分别代表非平面，非平面，非平面，非平面和平面的构象。

如图 3-9(a) 所示，在整个实验过程中并未出现峰位在 448 cm^{-1} 的拉曼峰，这说明位置 A 处的原有晶体为非平面构象，并且在高压下也没有出现平面构象，这和常温常压下 $[C_2mim][PF_6]$ 晶体的构象一致。图 3-9(b) 中，高压下 C—H 伸缩振动的光谱形状几乎一样，这说明当压强增加至 1.4 GPa 的过程中，$[C_2mim][PF_6]$ 在甲醇溶液中的原有晶体一直保持一种晶相（标记为相 I），相 I 为非平面构象。

如图 3-10(a) 所示，$[C_2mim][PF_6]$ 从甲醇溶液中新生长的晶体同样为非平面构象。但是峰位 469 cm^{-1} 处代表 P—F 对称弯曲振动的拉曼峰出现了劈裂。此外，图 3-10(b) 中的 C—H 伸缩振动的光谱区域，2984 cm^{-1} 处拉曼峰的半峰宽（FWHM）明显大于常压下晶

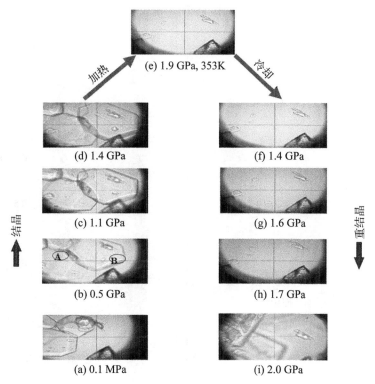

图 3-8 高压下金刚石对顶砧中样品腔的照片。[(a)~(d)室温(297 K)
下，加压逐渐结晶，(e)加热后晶体逐渐溶解，(f)~(i)自然冷
却至室温后，加压重结晶]

体的半峰宽，并且在更高压强下拉曼峰劈裂为两个峰。高压下对甲醇的研究表明，常温下
甲醇在约 3.5 GPa 时结晶，拉曼光谱发生劈裂。而实际上，甲醇难以结晶，容易形成过压
的液态，当压强增加至 9.2 GPa 时，其拉曼光谱只出现展宽并不发生劈裂。在本研究中压
强低于 2.0 GPa，因此光谱发生的劈裂不可能源自甲醇。在峰位 2984 cm⁻¹ 处出现的新峰应
源自在溶液中新生长的[C₂mim][PF₆]晶体。由此可以预测[C₂mim][PF₆]在甲醇溶液中
新生长的晶体是[C₂mim][PF₆]的另一种晶相(标记为相Ⅱ)。综上所述，在压强增加至
1.4 GPa 的过程中，[C₂mim][PF₆]在甲醇溶液中的原有晶体和新生长的晶体为两种不同
的晶相，这两种晶相都是非平面构象。

3.2.2 重结晶过程中[C₂mim][PF₆]的结晶

为了研究[C₂mim][PF₆]在甲醇溶液中的重结晶，加热[C₂mim][PF₆]/甲醇体系
至[C₂mim][PF₆]晶体完全溶解在甲醇溶液中[图 3-8(e)]。然后关掉加热电源使样品自然
冷却至室温，这时[C₂mim][PF₆]并未从溶液中结晶析出[图 3-8(f)]，这与 Domańska 等
(2007)的研究结论相似，由于"过压"效应所致。对样品继续加压，当压强增加至 2.0

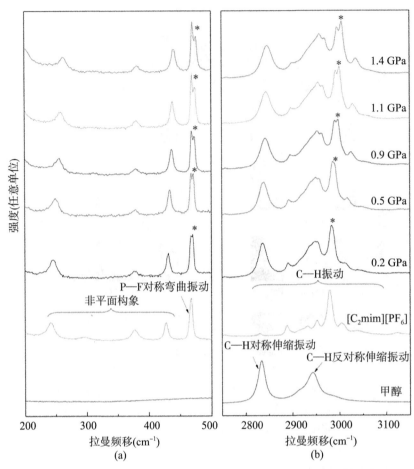

图 3-9　高压下［C₂mim］［PF₆］在甲醇溶液中位置 A 处原有晶体的拉曼光
　　　　谱［(a) 表征［C₂mim］⁺构象的光谱区域，(b) 表征 C—H 伸缩振动的
　　　　光谱区域］

GPa，［C₂mim］［PF₆］突然从溶液中重结晶析出晶体［图 3-8(i)］。

　　当压强增至 2.0 GPa 时，［C₂mim］［PF₆］晶体不同位置的拉曼光谱如图 3-11 所示。晶体不同位置拉曼光谱相似，P—F 对称弯曲振动发生了劈裂（高压下为一个尖峰和肩膀），C—H 伸缩振动区域也出现了新峰。因此，重结晶的晶相与加压过程中新生长的晶体的晶相（相Ⅱ）相似。此外，图 3-11 中仍未出现峰位 448 cm⁻¹的拉曼峰，这说明重结晶的晶体也是非平面构象。

　　在本研究中，加压新生长的晶体和通过热力学过程重结晶都可以获得相Ⅱ，这说明相Ⅱ在高压下更加稳定，而相Ⅰ源自装样过程中在样品腔中装了相Ⅰ的晶核，这类似于种晶法（Seeding），这种晶体生长方法将已经形成的晶核或者长得不好的微小的晶体引入新的液滴中，辅助晶核的形成或者改变结晶的进程。

　　对于压致结晶，吡啶可以形成相Ⅱ或者玻璃态，而液体加压不能获得相Ⅰ，只有通过

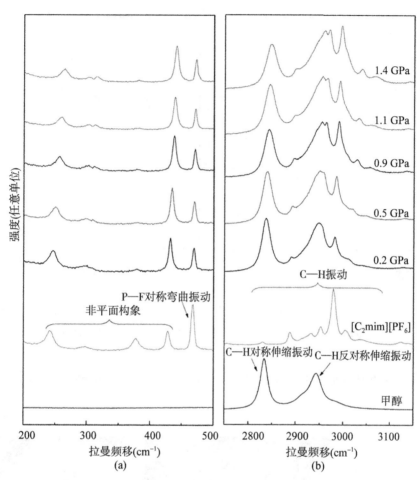

图3-10 高压下[C₂mim][PF₆]在甲醇溶液中位置B处新生长的晶体的拉曼光
谱[(a)表征[C₂mim]⁺构象的光谱区域,(b)表征C—H伸缩振动的
光谱区域]

卸压才能形成相Ⅰ。笔者认为加压过程中相Ⅰ的缺失与动力学效应相关。在本研究中,当
压强增加至1.4 GPa的过程中相Ⅰ和相Ⅱ共存,但是在2.0 GPa发生重结晶时只能获得相
Ⅱ,这种现象可能也与动力学效应有关。此外,相Ⅰ和相Ⅱ在一定的压强范围内共存,这
说明两种晶相具有相似的能量,但它们之间存在的能量位垒使两者之间的转换受动力学效
应的驱动。

本研究中,只观察到高压下甲醇溶液中[C₂mim][PF₆]晶体的非平面构象,这与
Glusker等(1994)的推测一致,只有某种特定构象才能从溶液中结晶。Fabbiani等(2010)
通过研究高压下水溶液中γ-氨基丁酸(GABA)衍生物加巴喷丁的结晶,发现高压下从溶液
中析出的晶体的结构就像是对溶液中多种结构的"快照",只能记录下众多结构中的一种。
在本研究中,平面构象和非平面构象共存于溶液之中,而高压下发生结晶时只获取非平面

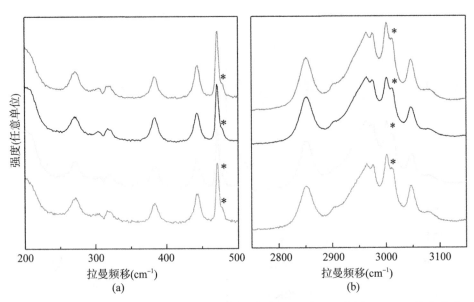

图 3-11　重结晶后[C_2mim][PF_6]晶体不同位置的拉曼光谱[(a)表征[C_2mim]^+构象的光
谱区域，(b)表征 C—H 伸缩振动的光谱区域。图中星号代表新峰]

构象。此外，这还说明相较于平面构象，非平面构象更有利于结晶，且在高压下更加稳定。

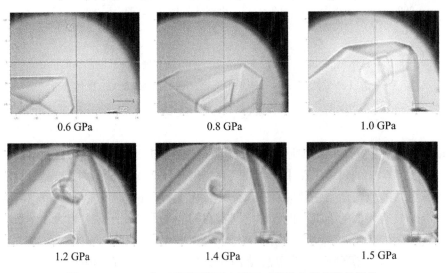

0.6 GPa　　　　　0.8 GPa　　　　　1.0 GPa

1.2 GPa　　　　　1.4 GPa　　　　　1.5 GPa

图 3-12　309 K 时，不同压强下金刚石对顶砧中样品腔的照片

此外，本研究还对温度 309 K 时[C_2mim][PF_6]从甲醇溶液结晶进行了原位研究。首先，常温下将饱和的[C_2mim][PF_6]甲醇溶液密封于金刚石对顶砧中，样品腔中保持一定

的压强，随后将样品腔加热至 309 K，此时样品腔中的晶体不断融化，但仍然存在，这说明溶液仍处于饱和状态。将样品腔的温度保持在 309 K，不断增加压强，$[C_2mim][PF_6]$ 晶体逐渐从溶液中结晶析出，整个加压过程样品腔的照片如图 3-12 所示。由于在加热到 309 K 的过程中，温度的波动性较大，晶体处于不断地溶解析出过程，因此不能判断一直保持原有状态的晶体位置。当压强为 0.6 GPa 时，晶体不同位置的拉曼光谱基本一致。温度保持在 309 K，不同压强下的甲醇溶液中$[C_2mim][PF_6]$晶体的拉曼光谱如图 3-13 所示。P—F 对称弯曲振动和 C—H 伸缩振动区域都出现了新峰。因此，309 K 时$[C_2mim][PF_6]$从甲醇溶液结晶的晶相与相Ⅱ类似，并呈现非平面构象。

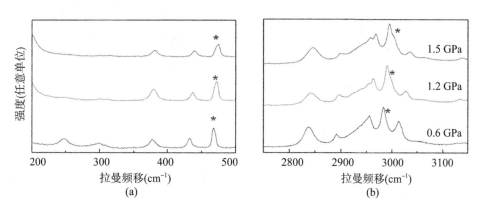

图 3-13 309 K 时，不同压强下甲醇溶液中$[C_2mim][PF_6]$晶体的拉曼光谱[(a)表征$[C_2mim]^+$构象的光谱区域，(b)表征 C—H 伸缩振动的光谱区域]

3.3 高压下[C₄mim][PF₆]和[C₄mim][BF₄]共混溶液结晶研究

$[C_4mim][PF_6]$作为一种代表性的离子液体，研究人员已通过不同的方法对其相变和结构进行了广泛的研究。对于$[C_4mim][PF_6]$的高压研究，Su 等(2009)曾利用高压差热分析装置得到其液固相变点约为 0.1 GPa，而后利用金刚石对顶砧和原位拉曼光谱确定了其在 293~353 K 温度范围内的液固相变点，并进一步确定其常温下的压强相变点为 0.5 GPa。进一步拉曼分析表明$[C_4mim][PF_6]$的相变与丁基链上的构象变化密切相关。从理论上讲，阳离子$[C_4mim]^+$具有 9 种可能构象。依据 N1—C7—C8—C9 的角度，625 cm⁻¹ 附近为反式(Trans)构象，可能是 Trans-Trans(TT)，Trans-Gauche(TG)和 TG′构象，600 cm⁻¹ 附近为邻位交叉(Gauche)构象，可能是 GG，G′G′，G′G，GG′，GT 和 G′T 构象。经过理论优化，最可能出现的 3 种构象为 TT，GT 和 G′T。计算表明：单个孤立的$[C_4mim]^+$更倾向于 G′T 构象，但是临近的阴离子的存在增加了 GT 构象的稳定性。理论和实验结果都表明在纯的$[C_4mim][PF_6]$中，GT 构象是最稳定的构象。在凝聚态状态下，阴离子与$[C_4mim]^+$的 C2—H 键距离较近，易形成氢键，因此邻近的阴离子对丁基链稳定构象的选择起到极其重要的作用。当[C₄mim][PF₆]处于液态时，TT 与 GT 构象共存，丁基链中 N1—C7—C8—C9 和 C7—C8—C9—C10 的角度如图 3-14 所示。Takekiyo 等（2011）提出 [C₄mim][PF₆]在 0.2 GPa 结晶，结晶相中 GT 构象占优。Russina 等（2011）通过对 [C₄min][PF₆]的 GT 构象占优的高压晶相卸压，最终获得 TT 构象占优的相态。此外，Endo 等（2009）在常压下通过降温获取了[C₄mim][PF₆]的 3 种晶相（α、β 和 γ），其构象分别为 GT，TT，G′T。

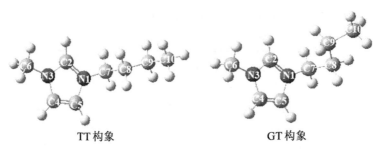

TT 构象　　　　　　　　　　　　GT 构象

图 3-14　阳离子[C₄mim]⁺的 TT 和 GT 非平面构象结构示意图

　　在高压或低温条件下，[C₄mim][PF₆]容易结晶，而另一种代表性的咪唑类离子液体——[C₄mim][BF₄]，其高压和低温条件下的相行为却与[C₄mim][PF₆]截然不同。在低温条件下，[C₄mim][BF₄]易形成玻璃态。在高压条件下，Imai 和 Yoshimura 等（2011）发现[C₄mim][BF₄]加压至 1.4 GPa 的过程中没有出现结晶现象，并进一步研究了其在 7.5 GPa 以下的相行为和构象变化，他们认为样品在 2.5 GPa 以上处于过压的玻璃态。Su 等（2012）发现[C₄mim][BF₄]在 30 GPa 压强范围内没有发生结晶，通过对拉曼光谱的分析，他们认为样品在 2.25GPa、6.10GPa、14.00GPa 和 21.26 GPa 时连续发生相变。

　　虽然[C₄mim][PF₆]和[C₄mim][BF₄]只有阴离子不同，但它们在高压下的相行为却存在极大的差异，[C₄mim][PF₆]易于结晶，[C₄mim][BF₄]难以结晶。如果将两种离子液体混合，其高压下的相行为将十分有趣，同时研究混合溶液的相行为有助于进一步加深对纯物质结构及性质的认识。本研究利用原位拉曼光谱技术，研究了不同比例混合的 [C₄mim][PF₆]和[C₄mim][BF₄]溶液在高压下的结构和相变，并进一步分析了高压下混合溶液中阳离子[C₄mim]⁺的构象变化。

　　实验中使用的[C₄mim][PF₆]和[C₄mim][BF₄]为河南利华制药有限公司产品。[C₄mim][PF₆]纯度 99.5 wt% 以上，样品相对分子质量为 284.18，熔点为 279 K。[C₄mim][BF₄]纯度 99.5 wt% 以上，样品相对分子质量为 225.89，玻璃化转变温度 202 K。将[C₄mim][PF₆]和[C₄mim][BF₄]按照一定的摩尔比混合，密封完好后在超声中处理半小时以上，使两者充分混合。所有测试前，混合物溶液在 353 K 真空干燥至少 3 日以上。所有实验在常温（297 K）下进行，为促进样品结晶，采用较低的加压速度，约为 0.6 GPa/h。

　　本实验所用高压装置为对称性金刚石对顶砧，金刚石砧面直径约为 350 μm，垫片为 T301 不锈钢片，预压厚度为 150 μm，样品腔直径为 100 μm，压强采用红宝石荧光技术标定。实验所用拉曼光谱仪为 Renishaw 公司 inVia 型拉曼光谱仪(Renishaw，英国)，激发光源 532 nm，输出功率约 50 mW。

为了指认两种离子液体混合物溶液中的拉曼特征峰，实验中，我们将常温常压下 [C₄mim][PF₆]、[C₄mim][BF₄]和摩尔比 8∶1 的[C₄mim][PF₆]与[C₄mim][BF₄]混合溶液的拉曼光谱进行了对比，如图 3-15 所示。

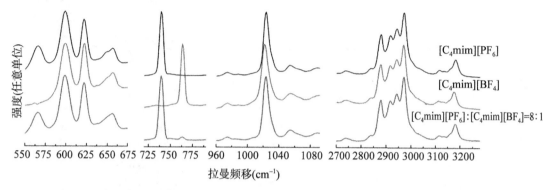

图 3-15　常温常压下[C₄mim][PF₆]、[C₄mim][BF₄]和摩尔比 8∶1 的[C₄mim][PF₆]与 [C₄mim][BF₄]混合溶液的拉曼光谱

根据以往的研究，拉曼峰 565 cm⁻¹代表 P—F 伸缩振动，拉曼峰 599 cm⁻¹和 622 cm⁻¹ 分别代表阳离子[C₄mim]⁺的 GT 构象和 TT 构象，740 cm⁻¹和 763 cm⁻¹分别代表 P—F 和 B—F 对称伸缩振动，拉曼峰 974 cm⁻¹代表丁基链上 C7—C8 的伸缩振动，1023 cm⁻¹代表 咪唑环平面内的对称伸缩振动，拉曼峰 1052 cm⁻¹代表丁基链上的 C—C 反对称伸缩振动。 拉曼光谱范围 2700~3050 cm⁻¹和 3050~3250 cm⁻¹分别对应烷基链和咪唑环上的 C—H 伸 缩振动。在图 3-15 所示的光谱范围内，565cm⁻¹、740cm⁻¹和 763 cm⁻¹处的拉曼峰来自阴离 子，其他拉曼特征峰均来自阳离子。由于两种离子液体的阳离子相同，因此混合后阳离子 的拉曼峰基本重合。混合溶液的光谱呈现两种纯样品的拉曼光谱的叠加，由于 [C₄mim][BF₄]的量较少，代表 B—F 对称伸缩振动的拉曼峰(763 cm⁻¹)强度很弱。

图 3-16 为以摩尔比 8∶1 配制的[C₄mim][PF₆]和[C₄mim][BF₄]混合溶液在高压下的 拉曼光谱图。从图中可以看出，当压强增加至 0.6~0.9 GPa 附近时，拉曼光谱发生明显 变化。代表 P—F 伸缩振动的拉曼峰(565 cm⁻¹)劈裂为 3 个峰。与大多数峰向高波数方向 偏移不同，代表 B—F 对称伸缩振动的拉曼峰(763 cm⁻¹)向低波数方向偏移。代表咪唑环 面内对称伸缩振动的拉曼峰(1023 cm⁻¹)也劈裂为两个峰。对于 C—H 伸缩振动，代表烷 基链 C—H 伸缩振动的拉曼峰(2700~3050 cm⁻¹)发生了剧烈的变化，峰形变锐并伴随新峰 的出现。而代表咪唑环上 C—H 伸缩振动的拉曼峰(3050~3250 cm⁻¹)出现峰形变锐，并没 有新峰的出现。这说明相较于咪唑环，烷基链在高压下的结构变化更加明显，这主要是由 于烷基链的伸缩性引起的。根据以上拉曼光谱的变化，可以推测摩尔比 8∶1 的 [C₄mim][PF₆]和[C₄mim][BF₄]混合溶液在 0.6~0.9 GPa 附近发生相变，由液态转变为 晶态(标记为相Ⅰ)。

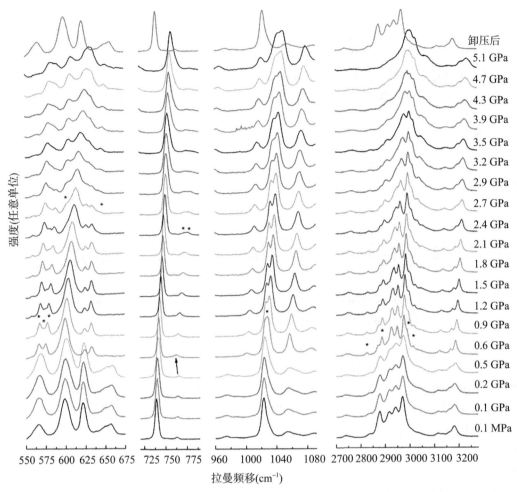

图 3-16　高压下 $[C_4mim][PF_6]$ 与 $[C_4mim][BF_4]$ 摩尔比 8：1 的混合溶液的拉曼光谱

　　当压强进一步增加至 2.4~2.7 GPa 时，代表 GT 构象的拉曼峰（599 cm^{-1}）附近出现了肩膀，新峰的峰位为 603 cm^{-1}。同时，在 645 cm^{-1} 附近出现小峰。代表 B—F 对称伸缩振动的拉曼峰（763 cm^{-1}）劈裂为两个拉曼峰 772 cm^{-1} 和 777 cm^{-1}。随着压强进一步增加，整个光谱分辨率下降，半峰宽变宽。由此可以推测摩尔比 8：1 的 $[C_4mim][PF_6]$ 和 $[C_4mim][BF_4]$ 的混合溶液在 2.4~2.7 GPa 附近发生相变，由相 I 转变为另外一种晶态（标记为相 II）。

　　与以往高压下 $[C_4mim][PF_6]$ 的文献报道相比，混合溶液高压下发生结晶的相变点与文献中基本一致。不同的是，高压下纯的 $[C_4mim][PF_6]$ 代表 P—F 对称伸缩振动（740 cm^{-1}）的拉曼峰在结晶后发生劈裂，而高压下混合溶液中该峰一直保持单峰不变，并且在加压至 5 GPa 的过程中都没有发生劈裂。这可能与混合溶液中存在少量 $[BF_4]^-$ 有关，$[BF_4]^-$ 的存在抑制了 $[PF_6]^-$ 结构发生变化。对于代表咪唑环面内伸缩振动的拉曼峰

（1023 cm⁻¹）和咪唑环上 C—H 伸缩振动（3050~3250 cm⁻¹）的拉曼峰而言，高压下摩尔比8∶1的混合溶液中这两个峰拉曼光谱变化与高压下纯[C₄mim][PF₆]的拉曼光谱变化基本一致。这说明[BF₄]⁻的存在对咪唑环上结构的影响比较小。

此外，当压强降至常压时，拉曼光谱与常温常压时的初始光谱一致，这表明高压下混合溶液的相变是可逆的。同时，显微照片可为样品的相变提供佐证。图 3-17 为高压下混合溶液样品腔的显微照片。从图中可以看出，当压强增加至 0.6~0.9 GPa 时，样品从透明的液体变成了半透明的固体；随着压强的进一步增大，晶体变得更加致密；当样品从5.1 GPa 卸压到常压时，样品重新变为初始状态的透明液体。

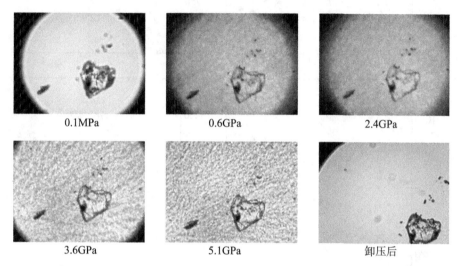

| 0.1MPa | 0.6GPa | 2.4GPa |
| 3.6GPa | 5.1GPa | 卸压后 |

图 3-17　高压下[C₄mim][PF₆]与[C₄mim][BF₄]摩尔比 8∶1 的混合溶液的样品腔照片

为进一步分析混合溶液高压下的拉曼光谱，我们对拉曼峰峰位随压强的变化进行了分析，如图 3-18 所示。随着压强的变化，拉曼特征峰一般向高波数偏移。在 0.6~0.9 GPa和 2.4~2.7 GPa 压强点附近，峰位和半峰宽随压强的变化关系都出现拐点，同时伴随着新峰出现和旧峰消失，这些都进一步证明了混合溶液在这两个压强点附近发生相变。此外，为减小光谱拟合对半峰宽分析造成的影响，选取相对独立的峰位拟合拉曼峰的半峰宽，半峰宽随压强的变化如图 3-19 所示。当混合溶液结晶形成相 I 时，半峰宽变窄明显，这说明样品由无序的液态转变为有序的晶态。当样品从相 I 转变为相 II 时，半峰宽随着压强的增加逐渐变宽，这说明样品中相应振动的无序度增加。

为了研究高压下混合溶液中构象变化，对构象区的光谱进行了拟合，如图 3-20 所示，当样品处于液态时，GT 构象和 TT 构象共存。当压强增加至 0.6~0.9 GPa 时，代表 TT 构象的拉曼峰减弱，代表 GT 构象的拉曼峰增强。当压强进一步增加至 2.4~2.7 GPa 时，GT 构象的拉曼峰（599 cm⁻¹）附近出现峰位为 603 cm⁻¹ 的肩膀。对于纯的[C₄mim][PF₆]，在该压强点附近拉曼光谱出现类似现象，因此认为混合溶液出现了一个新构象（NC），其可能源自受到空间限制的 GT 构象。同时随着压强增大，TT 构象逐渐消失。

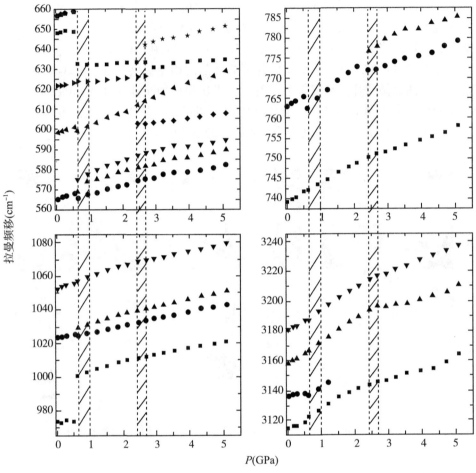

图 3-18   高压下[C₄mim][PF₆]与[C₄mim][BF₄]摩尔比 8：1 的混合溶液拉曼峰峰位随压
强的变化关系

我们分析高压下构象比例的变化，599cm⁻¹ 和 622 cm⁻¹ 分别代表 GT 构象和 TT 构象，
603 cm⁻¹ 代表新构象，构象强度占比(f_i) 如下：

$$f_i = \frac{I_i}{I_{GT} + I_{TT} + I_{NC}} \tag{3-2}$$

式中，I_{GT}，I_{TT} 和 I_{NC} 分别代表 GT 构象，TT 构象和新构象的拉曼峰面积。不同构象所占比
例随压强的变化如图 3-21 所示。

当样品处于液态时，GT 和 TT 构象共存，GT 构象占优。当样品结晶为相 I 时，GT 构
象占绝对优势，同时存在极少量的 TT 构象。当样品由相 I 转变为相 II 时，TT 构象最终消
失，GT 构象仍占多数，此时出现新构象，且新构象的数量随着压强的增加而逐渐增加。
与纯的[C₄mim][PF₆]相比，摩尔比 8：1 的混合溶液中发生相变的压强点，出现新构象
的压强点以及构象的变化趋势，与纯[C₄mim][PF₆]高压下的情况基本一致，这说明少

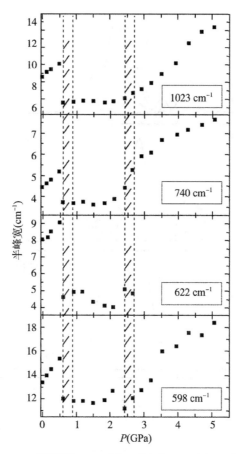

图 3-19　高压下[C₄mim][PF₆]与[C₄mim][BF₄]摩
尔比 8∶1 的混合溶液拉曼峰半峰宽随压强
的变化关系

量[BF₄]⁻的加入并没有改变阳离子[C₄mim]⁺在高压下的结构。[C₄mim][PF₆]和
[C₄mim][BF₄]在高压下都是 GT 构象数量相对较多,这说明高压下 GT 构象更加稳定。但
高压下[C₄mim][PF₆]还在 1.2 GPa 发生了相变(压强低于 5 GPa 时),在本研究中拉曼光
谱在该压强点附近并没有发生明显变化。因此,对于摩尔比 8∶1 的混合溶液,还需要利
用同步辐射 X 射线衍射进一步确定该相变点是否存在。

　　以摩尔比 1∶1 配置了[C₄mim][PF₆]与[C₄mim][BF₄]混合溶液,其高压下的拉曼光
谱如图 3-22 所示。当混合溶液的摩尔比为 1∶1 时,主要特征峰峰位随着压强的增加向高
波数偏移,但并没有出现新峰。相较于其他拉曼特征峰的变化,代表烷基链 C—H 伸缩振
动的拉曼峰(2700~3050 cm⁻¹)发生的变化更加明显。这表明高压下阳离子特别是阳离子
烷基链的结构变化更加明显。图 3-23 为样品腔的显微照片,在加压至 2.4 GPa 的过程中,
样品腔内没有出现明显的晶体。

　　图 3-24 为摩尔比 1∶1 的[C₄mim][PF₆]与[C₄mim][BF₄]混合溶液拉曼特征峰峰位随

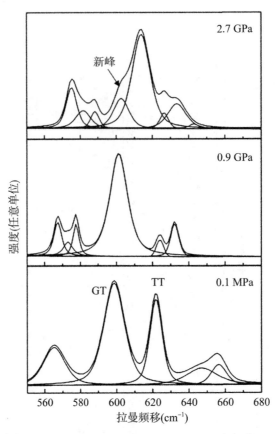

图 3-20　不同压强下 $[C_4mim][PF_6]$ 与 $[C_4mim][BF_4]$ 摩尔比 8∶1 的混合溶
　　　　液反映阳离子构象的拉曼光谱拟合图

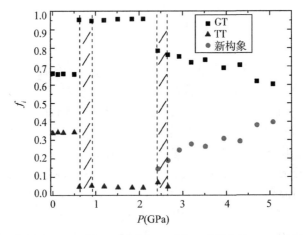

图 3-21　高压下 $[C_4mim][PF_6]$ 与 $[C_4mim][BF_4]$ 摩尔比 8∶1 的混合溶液
　　　　不同构象所占比例随压强的变化关系

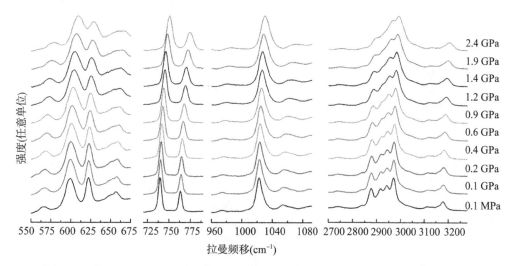

图 3-22 高压下[C₄mim][PF₆]与[C₄mim][BF₄]摩尔比 1∶1 的混合溶液的拉曼光谱

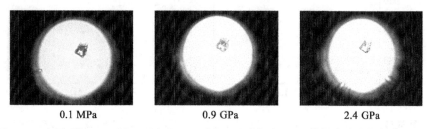

图 3-23 高压下[C₄mim][PF₆]与[C₄mim][BF₄]摩尔比 1∶1 的混合溶液的样品腔照片

压强的变化关系。随着压强的增加，峰位线性增加，没有出现拐点，这表明样品没有发生相变。同时，对红宝石荧光峰的分析表明，在加压至 2.4 GPa 的过程中，R_1 线的半峰宽没有出现展宽。这说明摩尔比 1∶1 的[C₄mim][PF₆]与[C₄mim][BF₄]混合溶液在加压至 2.4 GPa 的过程中，没有发生固化，仍保持液态。此外，还将样品保持在 2.4 GPa 放置了 3 日，样品仍未结晶。

为分析高压下构象比例的变化，我们利用式(3-2)对[C₄mim][PF₆]与[C₄mim][BF₄]摩尔比 1∶1 的混合溶液中不同构象所占的比例进行了分析，如图 3-25 所示。在压强增加至 2.4 GPa 的过程中，GT 和 TT 构象共存，构象比例的变化并不明显，GT 构象略微减小，TT 构象略微增加，GT 构象占优。这说明，不论是纯的[C₄mim][PF₆]，还是不同比例的混合溶液，高压下 GT 构象更加稳定。

高压下摩尔比 1∶1 的混合溶液未发生结晶，这说明[BF₄]⁻的存在抑制了离子的规则堆积，只有当[BF₄]⁻的相对数量足够少时，高压下混合溶液才会结晶，使得难以结晶的[C₄mim][BF₄]也参与到结晶过程中。

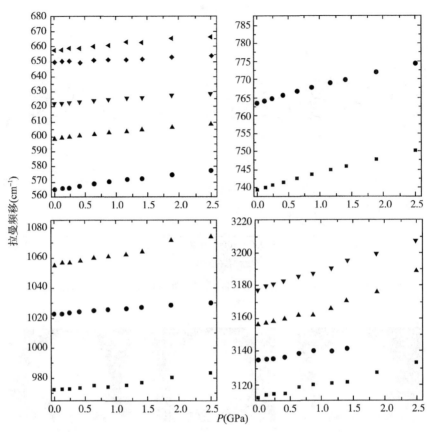

图 3-24　高压下 [C₄mim] [PF₆] 与 [C₄mim] [BF₄] 摩尔比 1∶1 的混合溶液拉曼峰
　　　　　峰位随压强的变化关系

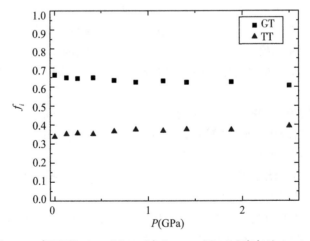

图 3-25　高压下 [C₄mim] [PF₆] 与 [C₄mim] [BF₄] 摩尔比 1∶1 的
　　　　　混合溶液不同构象所占比例随压强的变化关系

3.4 高压下[Emim][PF$_6$]和[Bmim][PF$_6$]的结晶研究

本研究选取化学反应中广泛应用且常压下物理化学性质非常稳定的两种离子液体：1-乙基-3-甲基咪唑六氯磷酸盐([Emim][PF$_6$]，$C_6H_{11}F_6N_2P$)和1-丁基-3-甲基咪唑六氯磷酸盐([Bmim][PF$_6$]，$C_8H_{15}F_6N_2P$)(河南利华制药有限公司)，经处理后，纯度均为99.9%以上。两种离子液体相对分子质量分别为256.13和284.18。室温常压下，[Emim][PF$_6$]是白色固体，[Bmim][PF$_6$]是无色透明液体。图3-26为两种室温离子液体[Emim][PF$_6$]和[Bmim][PF$_6$]的分子结构示意图。

图3-26 室温离子液体[Emim][PF$_6$]（a)和[Bmim][PF$_6$]（b)的分子结构示意图

本实验所用高压装置为微型四柱型金刚石压砧(DAC)。金刚石砧面直径约为500 μm。高压密封垫片选用T301不锈钢片，垫片经预压后厚度约为60 μm，垫片中心的样品腔直径约为200 μm。入射光源为美国Coherent公司生产的Verdi-V2型、波长为532 nm的单纵模二极管泵浦固体激光器，激光器的输出功率为300 mW。实验所用拉曼光谱仪的型号为Acton Spectra Pro500i，焦距为500 mm，波长分辨率为0.05 nm (435.8 nm)。样品信号采集系统为液氮制冷的CCD探测器。压机样品腔内压强采用红宝石荧光技术标定。

实验所处环境温度为295 K。室温常压下，[Emim][PF$_6$]是固态，为了使DAC压机样品腔内压力尽可能均匀分布，需要向样品腔内充入液氩(Ar)作为传压介质。室温常压下，[Bmim][PF$_6$]是液态，未使用传压介质。每次施加压力后，采集拉曼光谱前，均保持压机稳定5 min以上，以获得实验体系尽可能均匀的静态压力分布。拉曼光谱采集时间均设定为60 s。

3.4.1 离子液体[Emim][PF$_6$]的测试结果与分析

图3-27(A)~(D)展示了[Emim][PF$_6$]在加压过程中不同压强下4个波数段的拉曼光谱。图3-28 (a)~(d)展示了各拉曼峰随压强的变化关系。

实验获得的 [Emim][PF$_6$]拉曼光谱中，3个拉曼峰479.15cm^{-1}，577.69cm^{-1}，750.99cm^{-1}对应于[Emim][PF$_6$]阴离子[PF$_6$]$^-$的3种振动模式。此与Rolf W. Berg(2007)

的研究中指认的拉曼峰相一致。两者的差别主要由不同阳离子对阴离子振动模式的影响所致，以及不同压强下拉曼峰峰位移动所致。其余拉曼峰主要由阳离子部分贡献。

从图 3-27(a)~(d)可以看出，随着压强增加，拉曼峰均向高波数方向偏移。这是由于压强增加，使分子间及分子内部原子间的距离缩短，导致咪唑环收缩，C—C、C—N、C—H 等键长缩短等现象发生，相应的键力增强，振动频率增加，故拉曼峰向高波数方向移动。不同的拉曼峰随压强的变化速率不同，是不同的振动模式受压强的影响程度不同所致。

由图 3-27(c)、(d)可以看到，当压强达到 0.86 GPa 时，在 2957.7 cm^{-1} 和 3000.5 cm^{-1} 波数位置出现新的拉曼峰，这表明在此压强下[Emim][PF$_6$]分子内部出现新的振动模式，结构发生了变化。此外，拉曼峰 1427.75 cm^{-1}、1434.43 cm^{-1}、1471.21 cm^{-1}、1580.57 cm^{-1}、2965.5 cm^{-1}、2990.34 cm^{-1} 和 3025.12 cm^{-1} 随压强增加的变化曲线在 0.86 GPa 压强点附近出现明显的拐点，表明[Emim][PF$_6$]中对应振动模式在此压强点前后处于不同的物理状态，由此推测：[Emim][PF$_6$]在压强增加到 0.86 GPa 时可能发生了相变。因常温常压下，[Emim][PF$_6$]为固态，故推测该相变为固—固相变。此结论与苏磊(Su et al，2009)用原位 DTA 等测试手段证实在液相与固相之间存在中间相的研究结果相符。继续加压，达到实验提供的最高压强 2.24 GPa 时，没有再出现旧峰消失、新峰出现、拉曼峰随压强变化速率突变等现象，表明在此压强范围内该结构保持一定的稳定性。

3.4.2　离子液体[Bmim][PF$_6$]的测试结果与分析

图 3-28(A)~(E)展示了[Bmim][PF$_6$]在加压过程中五个波数段的拉曼光谱。图 3-28 (a)~(e)展示了各拉曼峰随压强的变化关系。

因为离子液体[Bmim][PF$_6$]与[Emim][PF$_6$]在结构方面具有很多的相似性，区别主要是咪唑环上 N1 位置上的取代基分别为丁基和乙基。实验获得的[Bmim][PF$_6$]拉曼光谱中，3 个拉曼峰 475.03 cm^{-1}，572.48 cm^{-1}，745.93 cm^{-1} 对应于[Bmim][PF$_6$]的阴离子[PF$_6$]$^-$ 的 3 种振动模式。此亦与 Rolf W. Berg(2007)在文献中指认的拉曼峰相一致。其余拉曼峰主要由阳离子部分贡献。

图 3-28 中，0 GPa 表示[Bmim][PF$_6$]在室温常压状态下测得的拉曼光谱，主要用于对比高压下的拉曼光谱是否有变化。该测试结果与 Rolf W. Berg(2007)给出的拉曼光谱一致。

从图 3-28 中可以看到，当压强不超过 0.50 GPa 时，[Emim][PF$_6$]的拉曼峰峰型未发生变化。当压强增加到 0.62 GPa 时，[Bmim][PF$_6$]拉曼峰峰型发生明显变化，在 194.57 cm^{-1}，210.11 cm^{-1}，271.71 cm^{-1}，304.12 cm^{-1}，522.01 cm^{-1}，766.62 cm^{-1}，874.39 cm^{-1}，884.01 cm^{-1}，1169.48 cm^{-1}，1224.37 cm^{-1}，1266.32 cm^{-1}，2828.97 cm^{-1}，3013.01 cm^{-1} 波数位置处出现新的拉曼峰；拉曼峰 576.28 cm^{-1}，630.22 cm^{-1} 都分别劈裂成两个拉曼峰，为 572.33 cm^{-1}，581.07 cm^{-1} 和 631.04 cm^{-1}，641.33 cm^{-1}；双峰 813.25 cm^{-1}，828.86 cm^{-1} 变成了单峰 827.78 cm^{-1}；双峰 888.61 cm^{-1}，911.41 cm^{-1} 消失；

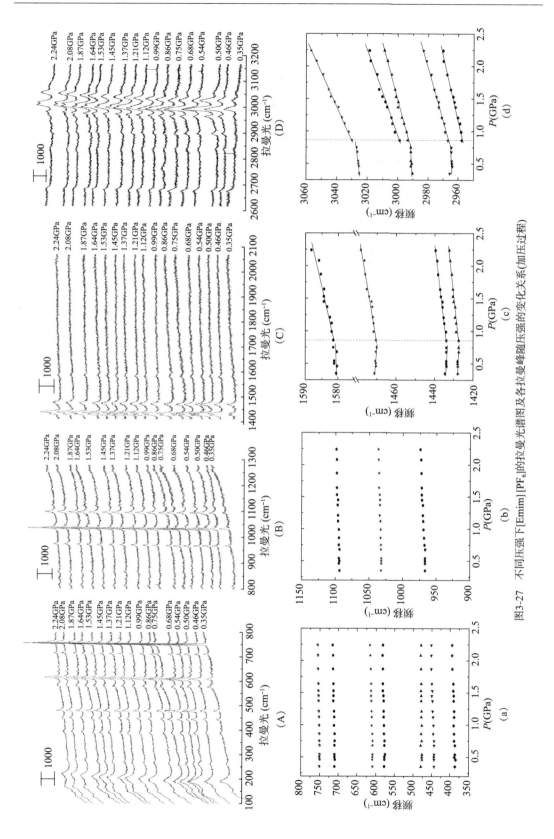

图3-27 不同压强下[Emim][PF$_6$]的拉曼光谱图及各拉曼峰随压强的变化关系(加压过程)

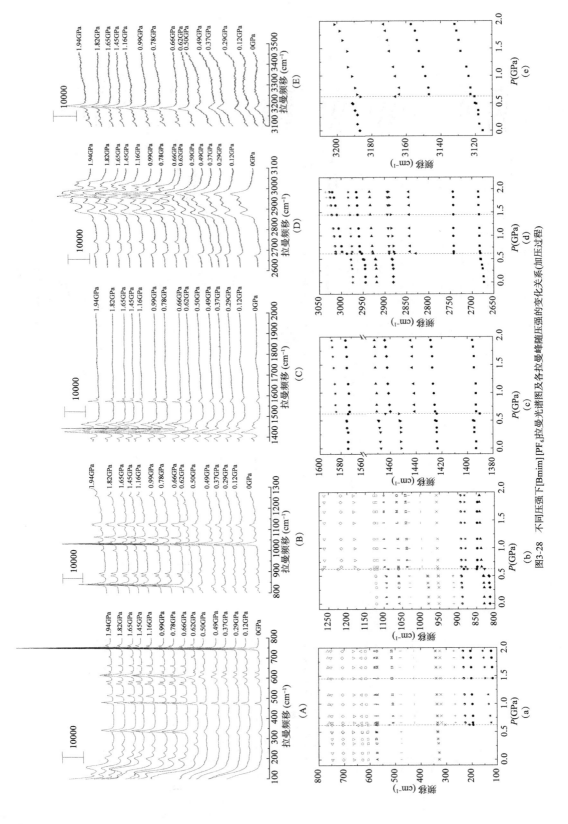

图3-28　不同压强下[Bmim][PF$_6$]拉曼光谱图及各拉曼峰随压强的变化关系(加压过程)

单峰 1120.25 cm^{-1}劈裂成 3 个拉曼峰 1117.96 cm^{-1}，1125.92 cm^{-1}，1136.98 cm^{-1}；单峰 2880.48 cm^{-1}劈裂成双峰 2879.51 cm^{-1}，2889.84 cm^{-1}。与常压下拉曼峰相比较，双峰 1453.32 cm^{-1}，1463.94 cm^{-1}相对光强发生了变化。当压强增加到 0.66 GPa 时，[Bmim][PF$_6$]拉曼峰峰型进一步变化，新拉曼峰出现在 123.71 cm^{-1}，195.85 cm^{-1}，225.73 cm^{-1}，264.41 cm^{-1}，509.63 cm^{-1}，759.35 cm^{-1}，1441.26 cm^{-1}，1470.66 cm^{-1}，1584.61 cm^{-1}，2741.77 cm^{-1}，3146.91 cm^{-1}波数位置；拉曼峰 334.61 cm^{-1}，477.38 cm^{-1}，612.29 cm^{-1}，748.74 cm^{-1}，835.74 cm^{-1}，1030.72 cm^{-1}，1061.77 cm^{-1}，1425.24 cm^{-1}，1571.73 cm^{-1}，3188.48 cm^{-1}变得很尖锐；由 630.22 cm^{-1}劈裂而成的 631.04 cm^{-1}和 641.33 cm^{-1}又变成单峰 631.95 cm^{-1}；单峰 1120.25 cm^{-1}劈裂而成的三峰之一 1136.98 cm^{-1}消失；在 0.62 GPa 出现的新峰 3013.01 cm^{-1}劈裂成双峰 2998.07 cm^{-1}，3013.03 cm^{-1}。继续增加压力，发现压强增加到 1.45 GPa 时，在 117.81 cm^{-1}，3030.51 cm^{-1}波数位置又出现新拉曼峰，导致峰型发生变化。继续增加压力，达到实验最大压强时，没有再出现拉曼峰峰型变化的现象。

综上所述，旧峰消失、新峰出现和峰的劈裂等现象，表明此时[Bmim][PF$_6$]分子内部有旧振动模式消失和新振动模式出现，即样品的内部结构发生了剧烈变化。拉曼峰变得尖锐，这表明在该压强点前后，样品的有序性由弱转强。因[Bmim][PF$_6$]常温常压下为液态，液态的有序性通常较固态低，故推测[Bmim][PF$_6$]在压力的作用下发生了液—固相变。

[Bmim][PF$_6$]在加压过程中，当压强增加到 0.62 GPa 时，拉曼峰峰型已经发生明显变化，表明该压强下已经发生相变。但当压强增加到 0.66 GPa 时，拉曼峰峰型进一步变化，表明 0.62 GPa 压强下的相变并不完全，此时的[Bmim][PF$_6$]可能处在液固混合相。观察 0.66 GPa 之后的压强点，拉曼峰峰型不再变化，表明[Bmim][PF$_6$]已完成由液相转变为固相的过程。由此现象推测[Bmim][PF$_6$]压致相变点约为 0.62 GPa。继续增加压力，在压强 1.45 GPa 时，拉曼峰峰型又发生明显变化，在高波数位置出现新拉曼峰，推测[Bmim][PF$_6$]在此压强下可能发生固—固相变。即[Bmim][PF$_6$]与[Emim][PF$_6$]相似，至少存在两种固态相。

本次实验还对[Bmim][PF$_6$]卸压过程进行了详细的记录，如图 3-29 所示。图 3-29(A)~(E)展示了[Bmim][PF$_6$]在卸压过程中，不同压强下 5 个波数段的拉曼光谱。图 3-29(a)~(e)展示了各拉曼峰随压强的变化关系。

从图 3-29 中可以看到，当压强降低到 0.74 GPa 时，[Bmim][PF$_6$]拉曼峰峰型发生变化，拉曼峰 108.62 cm^{-1}，3026.63 cm^{-1}消失。当压强降低到 0.21 GPa 时，[Bmim][PF$_6$]拉曼峰峰型再次发生明显变化，双峰 568.22 cm^{-1}，576.37 cm^{-1}变为单峰 575.95 cm^{-1}；双峰 1116.65 cm^{-1}，1124.97 cm^{-1}变为单峰 1121.84 cm^{-1}；双峰 1570.05 cm^{-1}，1582.27 cm^{-1}变成单峰 1575.68 cm^{-1}；拉曼峰 110.14 cm^{-1}，757.31 cm^{-1}，877.71 cm^{-1}，888.69 cm^{-1}，1259.61 cm^{-1}，2740.76 cm^{-1}，2986.22 cm^{-1}，3003.69 cm^{-1}，3142.94 cm^{-1}消失；拉曼峰 475.62 cm^{-1}，609.45 cm^{-1}，747.05 cm^{-1}，831.62 cm^{-1}，1060.41 cm^{-1}，1028.51 cm^{-1}变得宽化；单峰 1423.02 cm^{-1}变成双峰 1423.71 cm^{-1}，1430.87 cm^{-1}；同时出现 3 个新峰 870.24 cm^{-1}，892.77 cm^{-1}，914.73 cm^{-1}。继续卸压至实验最低压强 0.08 GPa，发现该压

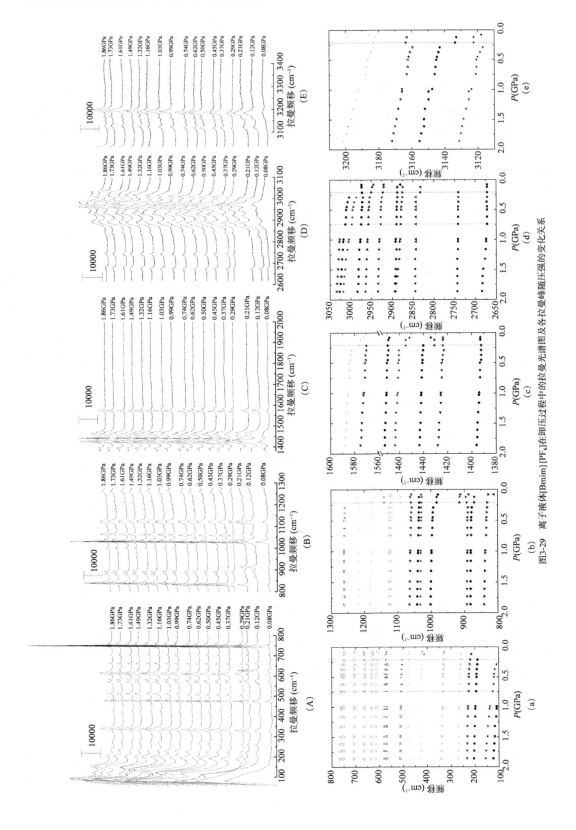

图3-29　离子液体[Bmim][PF$_6$]在卸压过程中的拉曼光谱图及各拉曼峰随压强的变化关系

强下的拉曼峰峰型已经与常温常压下的拉曼峰一致。

综上所述，经加压至 2 GPa 后再卸压，根据卸压过程的拉曼光谱的变化情况，以及结合加压过程的拉曼光谱，可以推测 [Bmim][PF₆] 首先经历固—固相变，其相变点不低于 0.74 GPa。接着 [Bmim][PF₆] 经历固—液相变，其相变点不低于 0.21 GPa。本实验过程中反映出卸压过程的两个压强相变点均低于加压过程中的两个相变点。加压与卸压过程还揭示了 [Bmim][PF₆] 经不超过 2 GPa 高压处理后能够恢复初始状态，也即 [Bmim][PF₆] 在 0~2 GPa 范围内是可逆的。

3.5 小结

(1) 利用原位拉曼光谱技术研究了不同加压速度对 [C₂mim][CF₃SO₃] 相变动力学的影响，进一步探讨了高压下离子液体结晶固化的实验规律。在加压至约 5 GPa 的过程中，样品在不同的加压速度(0.3 GPa/h 和 1.2 GPa/h)下出现了不同的相转变行为。加压速度为 0.3 GPa/h 时，[C₂mim][CF₃SO₃] 在约 1.3 GPa 和 1.7 GPa 出现两个结晶相；加压速度为 1.2 GPa/h 时，[C₂mim][CF₃SO₃] 在约 3.3 GPa 由液态转变为玻璃态。此外，从阳离子 [C₂mim]⁺ 构象的角度对样品的多晶相进行了分析，并发现一种未知构象。上述结果表明：对于 [C₂mim][CF₃SO₃]，压强诱导相变的动力学效应与加压速度密切相关，提出利用金刚石对顶砧进行高压下离子液体的相变研究时需要考虑加压速度的影响。

(2) 利用原位拉曼光谱技术详细研究了 [C₂mim][PF₆] 在甲醇溶液中的结晶和构象。[C₂mim][PF₆] 从甲醇溶液中结晶出现多晶现象。在压强增加至约 1.4 GPa 的过程中，溶液中的原有晶体保持原有晶相，而新生长的晶体呈现不同的晶相。将晶体加热融化后冷却，没有晶体析出，通过加压实现重结晶，此时晶体与加压过程新生长晶体的晶相一致，这种现象可能与结晶过程的动力学效应有关。通过高压诱导实现了离子液体从溶液中结晶，为高压下离子液体结晶提供新的思路。

(3) 利用原位拉曼光谱技术详细研究了高压下以不同比例混合的 [C₄mim][PF₆] 和 [C₄mim][BF₄] 溶液的结构和相变。摩尔比 8:1 的混合溶液在 0.6~0.9 GPa 附近发生相变，由液态转变为晶态，GT 构象占绝对优势，在 2.4~2.7 GPa 附近再次发生相变，转变为另一种晶态并出现新构象，但 GT 构象仍占多数。与纯的 [C₄mim][PF₆] 相比，少量 [BF₄]⁻ 的加入并没有改变混合溶液发生相变的压强点，出现新构象的压强点以及构象的变化趋势，说明少量 [BF₄]⁻ 的加入对高压 [C₄mim]⁺ 的结构变化几乎不产生影响。此外，摩尔比 1:1 的混合溶液在加压至 2.4 GPa 的过程中未发生结晶，构象比例的变化也不明显。当 [BF₄]⁻ 与 [PF₆]⁻ 的数量相同时，[BF₄]⁻ 的存在抑制了离子的规则堆积，只有当 [BF₄]⁻ 的相对数量足够少时，混合溶液才会发生结晶，使得难以结晶的 [C₄mim][BF₄] 也参与到结晶过程中。

(4) 对室温离子液体 [Emim][PF₆] 和 [Bmim][PF₆] 进行了原位高压拉曼光谱研究。结果表明，常温常压下，固态的离子液体 [Emim][PF₆] 在压强增加到约 0.86GPa 时可能发生了固—固相变，说明[Emim][PF$_6$]至少存在两种固态相。常温常压下，液态的离子液体[Bmim][PF$_6$]在压强增加到约 0.62GPa 时可能发生了液—固相变。当压强增加到约 1.45GPa 时可能发生了固—固相变，说明[Bmim][PF$_6$]也至少有两种固态相。加压与卸压过程表明[Bmim][PF$_6$]在 0~2GPa 范围内是可逆的。

第4章 高压下离子液体的玻璃化研究

近几十年来，科学家研究发现离子液体的性质复杂多变。利用降温方法诱导离子液体从熔体中结晶时，几乎所有离子液体都有不同程度的过冷现象，有些离子液体过冷之后容易形成有序的晶态，然而有些离子液体却容易形成无序的玻璃态，甚至还有离子液体会形成液晶态或塑晶态。例如，$[C_n mim][BF_4](n=0\sim18)$在降温过程中均存在不同程度的过冷现象，其中$[C_n mim][BF_4](n=2\sim9)$容易得到无序的玻璃态，$[C_n mim][BF_4](n=0$，1，$10\sim18)$容易得到有序晶态，而且$[C_n mim][BF_4](n=12\sim18)$在结晶之前还会形成液晶态。$[C_n mim][PF_6]$在降温过程中也存在不同程度的过冷现象，其中$[C_n mim][PF_6](n=4$，6，8)容易得到无序的玻璃态，$[C_n mim][PF_6](n=2$ 和 $n=10$，12，14，16，18)容易得到有序晶态，而且$[C_n mim][PF_6](n=14$，16，18)在结晶之前也会形成液晶态。此外，关于离子液体形成塑晶的研究报道也有不少。

虽然简单的降低温度使物质从熔体中结晶的方法比较常用，但是对于离子液体似乎并不好用，于是研究人员试图寻找其他诱导离子液体结晶的方法。目前，使用最广泛的方法是将离子液体从溶液中结晶，如 $[C_2 mim][PF_6]$从甲醇中结晶，$[C_2 mim]Br$、$[C_2 mim]I$和$[C_4 mim]Cl$从乙腈中结晶，$[C_{13}H_{16}N_3O][PF_6]$从乙酸乙酯中结晶，$[C_2 mim][VOCl_4]$从二氯甲烷溶液中结晶等。除此之外，Kölle 和 Dronskowski（2004）利用引入晶种诱导离子液体结晶的方法，成功制备出 $[Bdmim]_4[Fe^{II}Cl_4][Fe^{III}Cl_4]_2$、$[Bdmim][BF_4]$和$[Bdmim][PF_6]$等晶体。Anderson 等（2005）利用反复升降温的方法成功制备出$[C_3(mPyr)]Br$晶体。Konig 等（2008）利用区域熔化法、静态层结晶和动态层结晶等方法成功制备出$[C_2 mim]Cl$晶体。

近年来，利用高压诱导离子液体从熔体中结晶的方法逐渐被研究人员所关注。例如：$[C_4 mim][PF_6]$可以利用直接加压方法从液态转变为晶态；$[DEME][BF_4]$和$[C_2 mim][BF_4]$可以利用卸压方法从液态转变为晶态。尽管如此，高压诱导离子液体结晶的方法并非对所有离子液体都有效。Imai 等（2011）发现在 $0\sim1.4$ GPa 压强范围内$[C_4 mim][BF_4]$未能结晶。苏磊等（Su et al，2012）发现在 $0\sim30$ GPa 压强范围内$[C_4 mim][BF_4]$仍然不结晶，而是由液态转变成非晶态。Ribeiro 等（2014）发现了更多的离子液体在高压的诱导下都不能形成有序的晶体。

玻璃态是指其组成的原子或离子不存在结构上的长程有序或平移对称性的一种无定型固体状态，是一种非晶态。玻璃态作为一种与液态和固态都具有可比性的亚稳态，具有很高的研究价值。而玻璃化是一个很古老的研究课题，也是凝聚态物理至今没有完全弄清楚的核心问题之一。根据模耦合理论和一些实验证据，物质在玻璃化转变附近，动力学可能出现不均匀性。对于离子液体而言，很多离子液体在低温条件下难以结晶，而是处于过冷的液态，最终玻璃化。根据以往的研究我们发现：离子液体在液态和玻璃态存在动力学不均匀性，离子液体的库仑力和分子非对称性对玻璃化转变会产生较大的影响。考虑压强与温度在热力学上的对等关系，通过加压也可实现离子液体从熔融态固化。研究高压下离子液体的相态，判断其在高压下结晶或者转变为玻璃态或者仍然保持液态，这引起了研究人员的广泛关注。高压下咪唑类离子液体玻璃化的研究，也有助于理解其常温常压下的液态结构。同时，极端条件下的固相研究在基础研究和探索其潜在应用等方面也具有重要的意义。本章主要研究了高压下离子液体的玻璃化转变，并进一步系统地研究了具有较高玻璃化转变压强的离子液体在高压下的静水压性，提出离子液体可以作为一种新型传压介质的潜在用途。为了继续探索高压诱导离子液体结晶的方法，本章将具有代表性的离子液体作为研究对象，利用高压拉曼和高压同步辐射等原位测试技术研究其压致相变行为。

4.1　高压下 $[C_2mim][EtOSO_3]$ 的玻璃化研究

目前，高压下咪唑类离子液体的相态研究引起了科学家的广泛兴趣。高压条件下一些离子液体容易形成晶体，但另一些离子液体却容易玻璃化。例如，$[C_4mim][BF_4]$ 在 30 GPa 压强附近没有发生结晶，$[C_4mim][NTf_2]$ 在 1.8 GPa 附近发生由液态到玻璃态的相转变，$[C_6mim][PF_6]$ 在 3.4 GPa 附近发生由液态到玻璃态的相转变。

进一步研究极端条件下咪唑类离子液体的相转变过程，有助于更好地理解这一类化合物。本研究中，我们选取了一种咪唑类离子液体——1-乙基-3-甲基咪唑硫酸乙酯盐（$[C_2mim][EtOSO_3]$）为研究对象。该样品在低温下形成玻璃态，玻璃化转变温度（T_g）为 208 K。本实验对 $[C_2mim][EtOSO_3]$ 加压至 5.5 GPa 进行了原位拉曼研究，并对其在低温下的相态进行了详细研究。

$[C_2mim][EtOSO_3]$ 由中国科学院兰州物理化学研究所制备，纯度 99.5% 以上。所有测试前，样品在 333 K 下真空干燥至少 3 日以上，以降低水分和挥发性化合物的含量。样品相对分子质量为 236.29，常温常压下呈液态。图 4-1 为 $[C_2mim][EtOSO_3]$ 的分子结构示意图。该离子液体的阳离子由一个咪唑环构成，咪唑环的 1，3 位置由乙基和甲基取代，阴离子为硫酸乙酯。

本实验所用高压装置为四柱型金刚石对顶砧压机，金刚石砧面直径约为 500 μm。垫片选用 T301 不锈钢片，样品被密封于垫片中心直径约 200 μm 的孔中。压强采用红宝石荧光技术标定。所有的高压实验在室温（297 K）下进行。实验所用拉曼光谱仪为 Renishaw 公司 inVia 型拉曼光谱仪（Renishaw，英国），激发光源 532 nm，输出功率约 50 mW。

在低温条件下拉曼光谱的测试中，样品的温度由 Linkam HMS600 型冷热台（Hightech，日本）控制。降温速度为 5 K/min。为使实验体系获得尽可能均匀的压强分布，样品在每个压强点和温度点下保持 15 min 以上。

不同压强下 $[C_2mim][EtOSO_3]$ 的拉曼光谱如图 4-2 所示。$[C_2mim][EtOSO_3]$ 的拉曼峰峰位与 Dhumal 等（2011）的研究结果基本一致，表 4-1 为部分拉曼峰的指认。总体而言，

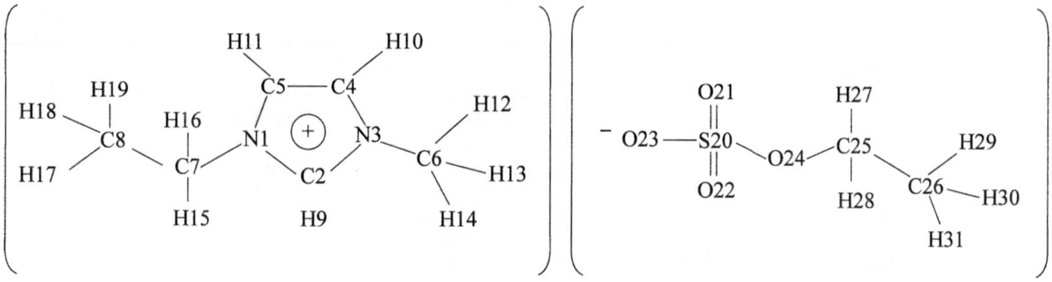

图 4-1 [C₂mim][EtOSO₃]的分子结构示意图

随着压强的增加，没有新的拉曼峰出现，同时拉曼峰的分辨率逐渐下降。随着压强的增加，拉曼峰 1088 cm⁻¹ 和 1110 cm⁻¹ 融合为一个峰。光谱范围 2800~3050 cm⁻¹ 为阳离子烷基链的 C—H 伸缩振动。这部分的峰位指认比较复杂，但是当压强高于 2.4 GPa 时，该光谱范围的峰融合为一个峰。

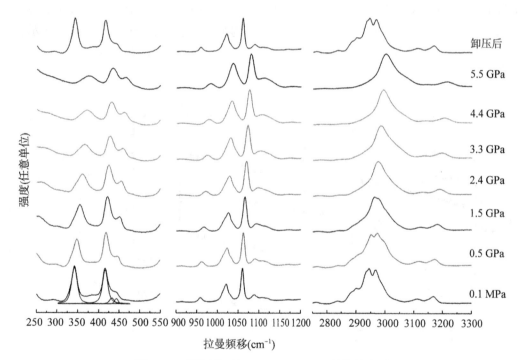

图 4-2 不同压强下[C₂mim][EtOSO₃]的拉曼光谱

表 4-1　　　　　　　　　　[C₂mim][EtOSO₃]部分拉曼特征峰的指认

拉曼频移(cm⁻¹)	振动模式
342	O21—S20—O22 弯曲
416	O21—S20—O22 弯曲

续表

拉曼频移(cm^{-1})	振动模式
958	O21—S20—O22 对称伸缩
1020	C2—N1—C5 伸缩
1060	O24—C25 伸缩
1088	H13—C6—H14 扭摆
1110	H29—C26—H30 扭摆
3113	C2—H9 伸缩
3167	C2—H9 伸缩

为了更好地阐述高压下[C$_2$mim][EtOSO$_3$]的拉曼频移，我们进一步分析了拉曼特征峰的峰位随着压强的变化，如图 4-3 所示。随着压强的增加，主要特征峰呈现蓝移。拉曼频移随压强的变化关系在约 2.4 GPa 处出现拐点，这表明样品可能在 2.4 GPa 附近发生相变。此外，我们对光谱中相对独立的拉曼特征峰的半峰宽进行了分析，如图 4-4 所示，同样在 2.4 GPa 处出现拐点。这更进一步表明：[C$_2$mim][EtOSO$_3$]在 2.4 GPa 附近发生相变。

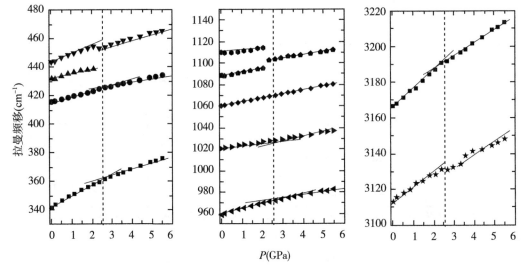

图 4-3　高压下[C$_2$mim][EtOSO$_3$]拉曼频移的不连续性

样品腔的显微照片为相变提供间接证据。图 4-5 为通过光学显微镜获取的不同压强下样品腔的照片。当压强低于 2.4 GPa 时，样品完全透明，红宝石颗粒清晰可见。随着压强的增加，样品由透明变为半透明，同时形貌上出现了褶皱，红宝石颗粒不再清晰可见。由于[C$_2$mim][EtOSO$_3$]在常温常压下呈液态，因此可以推断其在 2.4 GPa 附近发生液—固

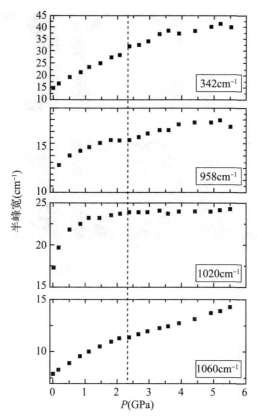

图 4-4 高压下[C₂mim][EtOSO₃]拉曼峰半峰宽随压强的变化关系

相变。

为了进一步判断[C₂mim][EtOSO₃]在压强高于2.4 GPa所处的相态，利用红宝石荧光技术，通过红宝石荧光峰 R_1 线半峰宽的变化来判断样品是否处于玻璃态， R_1 线的半峰宽开始增大时的压强点即为玻璃化转变压强。高压下 R_1 线半峰宽和常压下半峰宽的差值随压强的变化关系如图4-6所示。随着静水压的增加， R_1 线的半峰宽略微变小，但当压强大于2.4 GPa时半峰宽迅速增加。根据以往的研究，峰宽的拐点可以判断为玻璃化转变的压强点。因此，可以推测[C₂mim][EtOSO₃]在压强高于2.4 GPa时处于一种玻璃态。基于以往的研究，随着温度的降低，[C₂mim][EtOSO₃]固化为玻璃态。考虑压强与温度在热力学上的对等关系，对熔融态固化而言，加压等价于降温。因此，通过加压或降温都获得了[C₂mim][EtOSO₃]的玻璃态。

如图4-2所示，当样品[C₂mim][EtOSO₃]卸压至常压时，其拉曼光谱和常压下的初始光谱十分近似。此外，如图4-5所示，卸压后样品腔重新变透明，与未加压时的初始照片一致。这说明[C₂mim][EtOSO₃]在加压至5.5 GPa的过程中发生的相变可逆，即经过5.5 GPa的高压压缩后，[C₂mim][EtOSO₃]化学稳定性仍然保持不变。

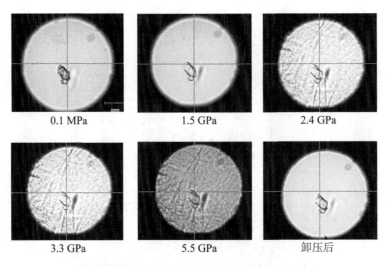

图 4-5　高压下[C_2mim][EtOSO$_3$]样品腔照片

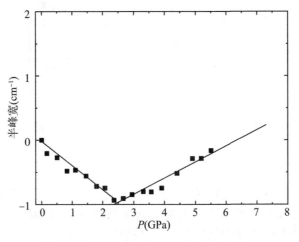

图 4-6　高压下红宝石荧光峰 R_1 线的展宽

4.2　低温下[C_2mim][EtOSO$_3$]的玻璃化研究

　　为了进一步研究低温条件下[C_2mim][EtOSO$_3$]的相态，常压时样品在不同温度条件下的拉曼光谱如图 4-7 所示。根据 Holbrey 等(2002)的研究，[C_2mim][EtOSO$_3$]既没有熔点也没有凝固点，而是在低温条件下形成玻璃态。玻璃化转变温度(T_g)为 208 K，通过差示扫描量热法(DSC)测量样品的玻璃化转变温度时，使样品先降温后升温。为了与该过程具有可比性，同样先将样品降温至 93 K，而后升温至室温，并记录该过程样品的拉曼光谱，如图 4-7 所示。在低温条件下，样品的拉曼光谱变化不明显，即使在 Holbrey 等（2002）研究中的玻璃化转变温度 208 K 附近光谱也没有发生明显变化。因此，通过降温可以获得[C₂mim][EtOSO₃]的玻璃态，其拉曼光谱与液态的拉曼光谱几乎一样。

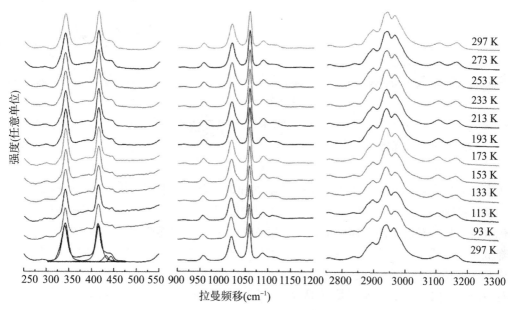

图 4-7　常压时不同温度下[C₂mim][EtOSO₃]的拉曼光谱

　　图 4-8 为[C₂mim][EtOSO₃]液态（0.1 MPa，297 K），玻璃态（0.1 MPa，93 K）以及高压态（5.5 GPa，297 K）的拉曼光谱。如前所述，[C₂mim][EtOSO₃]在 2.4 GPa 由熔融态固化为玻璃态，因此高压态（5.5 GPa，297 K）也是一种玻璃态。玻璃态（0.1 MPa，93 K）的光谱与液态（0.1 MPa，297 K）的光谱近似，而与高压态（5.5 GPa，297 K）的光谱不同。由此可以推测，在不同的极端条件（高压和低温）下，[C₂mim][EtOSO₃]的相态存在显著差异，存在两个不同的玻璃态，这与 Imai 等（2011）研究中[C₄mim][BF₄]在高压和低温条件下的拉曼光谱变化基本一致。一般认为，压强可以有效地改变物质的化学键，当物质被压缩时，物质将倾向于具有更小体积的结构。对于离子液体而言，随着压强的增大，其更倾向于聚合结构而不是孤立结构。对于 1-烷基-3-甲基咪唑类离子液体（[CₙmimX]），当烷基链的长度小于丁基链的长度（即 n<4）时，我们发现具有对称性且体积较小的阴离子（如 Cl⁻，[BF₄]⁻ 和 [PF₆]⁻）的离子液体不存在纳米尺度上的不均匀性。但对于[Cₙmim][EtOSO₃]系列离子液体，当烷基链为乙基（即 n=2）时，就存在聚集效应导致的纳米尺度上的不均匀性。[C₂mim][EtOSO₃]的这种不均匀性可能导致其在高压下转变为玻璃态且在极端条件下形成不同结构的玻璃态。

　　此外，阳离子[C₂mim]⁺由于乙基链旋转形成了两种构象：平面构象和非平面构象，分别选取 430cm⁻¹ 和 448 cm⁻¹ 代表非平面和平面构象，利用式（3-1）计算不同温度压强条件下[C₂mim][EtOSO₃]中平面构象所占的比例，如图 4-9 所示。由于代表 O21—S20—O22

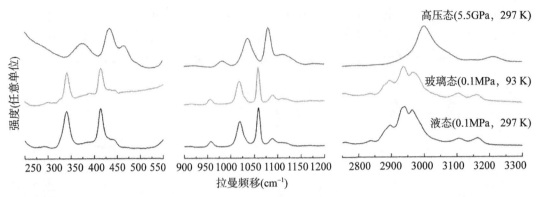

图 4-8 ［C_2mim］［$EtOSO_3$］液态(0.1 MPa，297 K)，玻璃态(0.1 MPa，93 K)及高压态(5.5 GPa，297 K)的拉曼光谱

弯曲振动的拉曼峰($416 \ cm^{-1}$)随着压强的增加而逐渐与代表阳离子［C_2mim］$^+$构象的拉曼峰($430 \ cm^{-1}$ 和 $448 \ cm^{-1}$)发生了重叠，因此，未能对常温下压强高于 2.4 GPa 以上的构象变化进行分析。常温下随着压强的增加，平面构象所占比例逐渐增加。而常压下随着温度的降低，平面构象的占比逐渐减小，当温度低于玻璃化转变温度(208 K)时，平面构象的占比基本保持不变。因此，虽然压强与温度在热力学上是对等关系，但增加压强和降低温度对［C_2mim］［$EtOSO_3$］构象的影响是完全不同的，高压和低温下［C_2mim］［$EtOSO_3$］的不同玻璃态也可能与其不同的构象平衡状态有关。

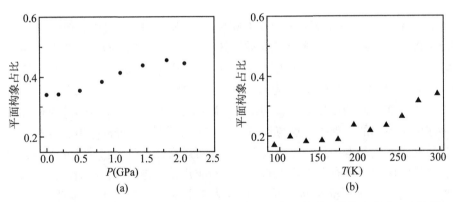

图 4-9 (a)常温下［C_2mim］［$EtOSO_3$］的平面构象所占比例随压强的变化和(b)常压下［C_2mim］［$EtOSO_3$］的平面构象所占比例随温度的变化

4.3 高压下［C_4mim］［BF_4］的玻璃化研究

压强作为基本的热力学参量，只有在静水压环境下获得的实验结果才能真实地反映所

研究物质的固有性质。因此静水压环境是研究高压下物质结构与相变必不可少的条件。传压介质在高压实验中起到十分重要的作用,其中液体传压介质能够在较高的压强下不发生固化,可以在其没有固化的压强范围内提供静水压环境。实验室中常用的液体传压介质有甲醇、乙醇体积比 4:1 的混合溶液,甲醇、乙醇、水体积比 16:3:1 的混合溶液等,两者分别在约 10.4 GPa 和 14.6 GPa 以内具有静水压性。此外,还有一些气体被封装在金刚石对顶砧中作为传压介质,但是气体的封装需要借助特殊装置,操作复杂难以掌握,实用性低。随着高压技术的迅速发展,为了获取高质量的实验结果,寻求新的传压介质显得日益迫切。

本研究中,我们利用红宝石荧光技术和角度散射 X 射线衍射技术首次对离子液体[C₄mim][BF₄]在常压至 30 GPa 范围内的静水压性进行了系统的研究,获取了样品高压下发生玻璃化转变的压强点和压腔中压强梯度的绝对值。离子液体极低的蒸气压避免了有机溶剂装样时的挥发问题,使得装样更加便利,同时离子液体的惰性保证了其不易与研究样品发生反应,这些都为离子液体成为一种新型的传压介质提供了可能性。

[C₄mim][BF₄]购自河南利华制药有限公司,纯度 99.5% 以上。所有测试前,样品在 333 K 真空下保持至少 3 日以上,以减少水分和挥发性化合物至可忽略的含量。样品相对分子质量为 225.89,熔点 202 K,常温、常压下[C₄mim][BF₄]呈液态。

本实验使用对称型金刚石对顶砧,金刚石砧面直径约为 350 μm。垫片选用 T301 不锈钢片,垫片被预压至 100 μm,样品被密封于垫片中心直径约 60 μm 的孔中。所有高压实验在室温(297 K)下完成。压强采用红宝石荧光技术标定,为获取较小的荧光峰峰宽并使峰宽受红宝石形状的影响尽可能小,在本实验中选取经过特殊退火处理的红宝石球。

红宝石的荧光实验使用吉林大学超硬材料国家重点实验室自行搭建的激光拉曼光谱采集系统完成,激发光源 532 nm,输出功率约 300 mW。不同压强下压腔中压强梯度分布实验使用 Renishaw 公司 inVia 型拉曼光谱仪(Renishaw,英国)完成,激发光源 532 nm,输出功率约 50 mW。同步辐射角度散射 X 射线衍射(ADXRD)在北京同步辐射装置 4W2 高压线站上完成,同步辐射光波长 0.6199 Å。

考察一种材料能否作为传压介质,一个重要的因素就是这种材料能提供静水压的压力范围。红宝石的荧光峰与体系中是否存在压力的不均匀分布密切相关,因此静水压性可以通过高压下红宝石荧光峰的双峰结构是否展宽来判断,如果红宝石的双峰没有展宽,这说明样品仍处于静水压环境下。这种方法操作简单,方便直观。图 4-10 为不同压强下[C₄mim][BF₄]中红宝石的荧光谱。从图中可以看出,当压强低于 5.7 GPa 时,光谱没有出现明显的展宽;当压强进一步增大到 13.4 GPa 的过程中,红宝石荧光峰 R_1 和 R_2 线略微展宽;当压强增大至 22.2 GPa 时,荧光峰展宽明显;而当压强高于 22.2 GPa 时,展宽更加显著。

图 4-11 为高压下红宝石荧光峰 R_1 线半峰宽和常压下半峰宽的差值随压强的变化关系。从图中可以看出,当压强低于 6 GPa 时,半峰宽几乎保持不变;当压强增加到 6~14 GPa 时,半峰宽逐渐增大;当压强高于 14 GPa 时,半峰宽迅速增大;在 21 GPa 附近,半峰宽随压强的变化曲线出现一个小的凸起。根据以往的研究,将荧光峰 R_1 线展宽的起始压强作为玻璃化转变的压强点。因此,红宝石荧光峰 R_1 线的半峰宽在 6 GPa 以下几乎保持不

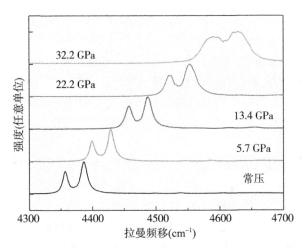

图 4-10　室温时不同压强下[C$_4$mim][BF$_4$]中红宝石的荧光谱

变，这说明离子液体[C$_4$mim][BF$_4$]在 6 GPa 以下保持静水压性。而 6 GPa 以上红宝石荧光峰 R_1 线的展宽与样品中不均匀的压强分布有关。此外，在样品腔中不同的位置放置了两颗红宝石球，这两颗红宝石球荧光峰展宽的规律相似。因此，图 4-11 中的红宝石荧光谱的展宽能够反映离子液体[C$_4$mim][BF$_4$]高压下的静水压环境。

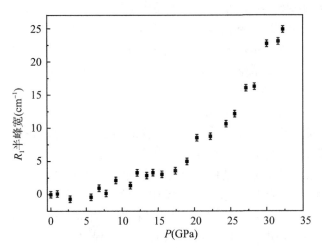

图 4-11　高压下[C$_4$mim][BF$_4$]红宝石荧光峰 R_1 线半峰宽
和常压下半峰宽的差值随压强的变化关系

此外，红宝石荧光峰 R_1 和 R_2 线的峰位差值与红宝石所受到的单轴应力有关，因此峰位差 R_1-R_2 也被作为静水压性的重要指标。图 4-12 为红宝石荧光峰峰位差 R_1-R_2 随压强的变化关系。从图中可以看出，峰位差 R_1-R_2 随压强的变化关系与图 4-11 中 R_1 线半峰宽随压强的变化趋势基本一致。当压强低于 6 GPa 时，峰位差 R_1-R_2 基本保持约 30 cm^{-1}；当压强高于 6 GPa 时，峰位差开始增加，这说明离子液体[C_4mim][BF_4]在 6 GPa 以下的压强范围内没有产生单轴应力；而当压强超过 6 GPa 时，[C_4mim][BF_4]发生了固化，使得单轴应力不断增加，最终造成峰位差 R_1-R_2 的增大。

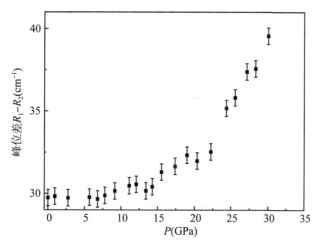

图 4-12 高压下[C_4mim][BF_4]红宝石荧光峰峰位差 R_1-R_2 随压强的变化关系

为了进一步检验[C_4mim][BF_4]的静水压性，除了上述两种方法测试红宝石荧光峰的展宽外，压强梯度也是一项重要指标。很多液体在较低的压力下就产生了压强梯度，并随着压强的增加而更加明显，选取合适的介质作为传压介质则变得非常困难。图 4-13 为封装在金刚石对顶砧压腔中[C_4mim][BF_4]的压强梯度变化，所用方法与早期 Piermarini 等（1973）提出的方法类似。红宝石颗粒经过研磨形成极细的碎屑，与离子液体[C_4mim][BF_4]混合后分散在样品腔中。在样品腔的直径上选取几个特定的位置进行压力测量，从而获得压腔中的压强梯度。虽然这种方法耗费大量时间，但是可以定量地给出压腔中不同位置的压强梯度。在图 4-13 中，横坐标单位为 μm，以显微镜观察到的圆形样品腔的中心为原点，横坐标的方向沿着直径的方向，定义某一方向为正，相反方向为负。从图中可以看出，当压强低于 6 GPa 时，[C_4mim][BF_4]中不存在压强梯度。当压强高于 6 GPa 时，样品腔中出现较小的压强梯度，在更高压强下，压强梯度变得更加明显。但是在整个加压至 30 GPa 的过程中，不同压强下每个位置的误差棒都很短，在图中几乎看不出来，这说明数据可重复性较好。此外，直到压力增加至 21 GPa，在距离样品腔中心 20 μm 范围内的压力分布仍十分均匀。关于时间对样品腔中压强梯度的影响，我们在实验中测试了加压后数小时内样品腔中压强的变化，发现在加压约半个小时后，时间对压强测量的影响可以忽略。

为了进一步分析高压下离子液体[C_4mim][BF_4]的相态，还对该样品进行了同步辐射 X 射线衍射测试，其结果如图 4-14 所示。从图中可以看出：衍射峰的图谱在 30 GPa 附近基本保持不变，衍射图呈现光晕状，没有出现锐利的布拉格衍射峰，这说明样品为典型的液态或非晶态的结构，[C_4mim][BF_4]在给定的实验条件下没有发生结晶。

以往的研究表明：非静水压的出现与玻璃化相关，可以把非静水压出现的压强点作为

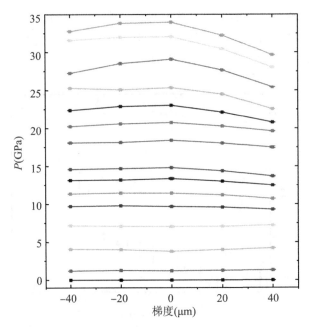

图 4-13　不同压强下封装在金刚石对顶砧压腔中[C₄mim][BF₄]的压强梯度分布

玻璃化转变压强点。上述的实验结果表明：离子液体[C₄mim][BF₄]在高压下不结晶而固化为玻璃态；当样品[C₄min][BF₄]在约 6 GPa 固化为玻璃态后，红宝石荧光峰双峰结构出现展宽，并且样品腔中出现压强梯度。

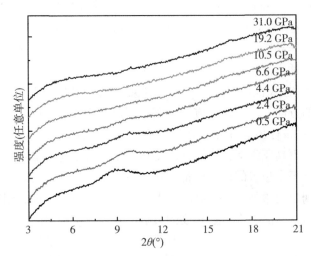

图 4-14　不同压强下[C₄mim][BF₄]的同步辐射 X 射线衍射谱

在以往的研究中，Faria 等(2013)提出阴离子为双(三氟甲烷磺酰)亚胺盐([NTf₂]⁻)的离子液体可以在 2.5 GPa 以下作为传压介质和压标，但是并没有进行系统的红宝石荧光测试以证实他们的结论。此外，现有关于[C₄mim][BF₄]的高压研究文献主要关注其高压下的相行为及构象变化，Shigemi 等（2014）也用红宝石荧光峰 R_1 线展宽的方法对其玻璃化转变压强进行了研究，分别为 2.5 GPa 和 1.9 GPa，这低于本研究中约为 6 GPa 的实验结果。本研究中玻璃化转变压强值与已有文献报道的差异可能来自不同的实验条件，例如，红宝石颗粒的大小、垫片的尺寸、金刚石的尺寸、样品腔的大小等。但本研究除了对红宝石荧光峰 R_1 线展宽进行了分析，还研究样品腔中[C₄mim][BF₄]的压强分布，提供了压强梯度的定量测试，进一步证实了样品在 6 GPa 以下压强分布均匀，处于静水压状态。综上所述，我们对高压下[C₄mim][BF₄]的红宝石荧光峰进行了系统的研究，包括红宝石荧光峰 R_1 线的半峰宽和荧光峰峰位差 R_1-R_2 随压强的变化以及高压下压腔中的压强分布，最终确定了[C₄mim][BF₄]处于静水压的压强范围。

不同于常规的传压介质，如体积比 4∶1 的甲醇、乙醇混合溶液，[C₄mim][BF₄]作为一种典型的离子液体，具有极低的挥发性，因而装样时容易封装，操作方便。此外，离子液体性质稳定，不易在实验中与其他样品发生反应。因此，[C₄mim][BF₄]可以用作传统甲醇、乙醇混合溶液的替代品，特别是当样品容易和羟基发生反应时。如果以稀有气体作为传压介质，价格昂贵，操作困难，而当所需实验压强低于 6 GPa 时，[C₄mim][BF₄]也可作为稀有气体的替代品。此外，[C₄mim][BF₄]还可以应用于大腔体的高压设备。

更重要的是，[C₄mim][BF₄]作为一种典型的离子液体，代表了一类新型传压介质。很多离子液体在低温或者高压下处于过冷或者过压的液态或者玻璃态，因此，离子液体可以在一定压强范围内作为传压介质应用于高温或低温实验中。通过阴阳离子的不同组合可以设计合成出种类繁多的离子液体，我们希望从中挑选出在更高压强条件下仍具备静水压性的离子液体作为传压介质，从而进一步促进高压实验技术的发展。

4.4 高压下[C₆mim][BF₄]的玻璃化研究

本实验中使用的 1-己基-3-甲基咪唑四氟硼酸盐（[C₆mim][BF₄]）样品购买于中国科学院兰州化学物理研究所。在常温常压条件下，[C₆mim][BF₄]是无色透明液体，相对分子质量为 254.08，纯度为 99%。图 4-15 为[C₆mim][BF₄]的结构示意图。

所有的高压实验都是在金刚石对顶砧中进行的。该金刚石对顶砧的压力砧面直径约为 400 μm。密封垫片选用 T301 不锈钢片，初始厚度约为 250 μm，经预压后封垫厚度约为 70 μm。为了获得高压样品腔，在密封垫片压痕的中心钻一个圆形孔，孔径约为 180 μm。由于实验样品初始状态呈液态，因此样品腔内直接装满样品即可满足静水压的实验条件，无需添加其他物质作为传压介质。实验的压强标定是以红宝石荧光峰 R_1 线相对于常压时位置的偏移量计算获得，所以实验前事先将一小块红宝石碎片与样品一起装入样品腔内。实验过程中，每次施加压力后、采集光谱前，都将金刚石对顶砧静置 5min 以上，以确保实验过程中每个压强点的压强数值稳定，使实验数据更加准确可靠。

高压拉曼实验是在吉林大学超硬材料国家重点实验室完成的，实验过程中使用的激发光源是美国 Coherent 公司生产的 Verdi-V2 型、单纵模二极管泵浦固体激光器，激光波长

105

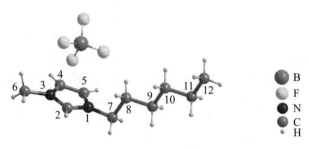

图 4-15　[C_6min][BF_4]结构示意图

为 532 nm。实验采用背向散射配置进行拉曼光谱测量，信号采集使用 Princeton 公司生产的 Acton Spectra Pro 500i 的光谱仪和液氮制冷的 CCD 探测器完成。由于输出激光的强弱对[C_6mim][BF_4]样品表面没有烧蚀影响，所以为了尽可能得到较高质量的拉曼信号，实验时将激光输出功率设置为 300 mW，采集时间设置为 60 s。

高压同步辐射(角散 X 射线衍射)实验是在高能所同步辐射高压站完成的，其中 X 射线的波长为 0.6199 Å，采用 MARCCD 探测器来收集二维衍射图样，使用 Fit2D 软件将二维衍射图样转变为一维衍射强度-角度谱图。

4.4.1　拉曼光谱测试结果与分析

图 4-16 为加压过程中不同压强下[C_6mim][BF_4]的拉曼光谱。考虑到金刚石对顶砧装

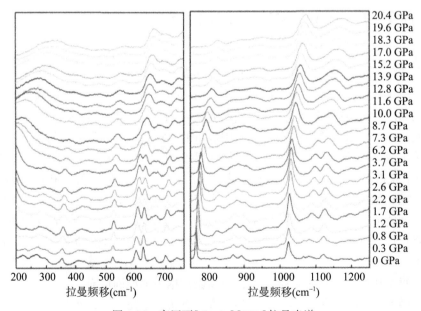

图 4-16　高压下[C_6min][BF_4]拉曼光谱

置中的金刚石在 1332 cm^{-1} 位置具有非常强的拉曼峰，严重压低了样品信号，以及 [C_6mim][BF_4] 在 3000 cm^{-1} 附近拉曼峰数量较多，而且重叠现象严重，难以分辨，所以以图 4-16 主要给出了 [C_6mim][BF_4] 在 200~1200 cm^{-1} 范围内的拉曼光谱，并且将其分为 200~750 cm^{-1} 和 750~1200 cm^{-1} 两个波数段显示，便于观察比较。图 4-16 中，0 GPa 表示样品处于常压条件。根据 Berg(2007) 的研究结论，可以对 [C_6mim][BF_4] 的拉曼峰进行近似指认，详见表 4-2。

表 4-2   [C_6mim][BF_4] 拉曼峰对应的振动模式近似指认

序号	拉曼峰位(cm^{-1})	近似指认
1	344	椅式构象
2	522	[BF_4]$^-$弯曲
3	600	ν(Et—N), ν(Me—N)
4	625	ν(Et—N), ν(Me—N)
5	660	ν(Et—N), ν(Me—N)
6	700	ν(Et—N), ν(Me—N)
7	764	[BF_4]$^-$对称伸缩
8	1002	链式构象
9	1023	环链 + N—C 伸缩
10	1054	环链+ N—C 伸缩
11	1064	环链+ N—C 伸缩
12	1092	C—C 伸缩

  如图 4-16 所示，随着压强的增加，所有的拉曼峰均向高波数方向移动(蓝移)，这是因为外界压力增大使得 [C_6mim][BF_4] 体积减小，微观方面表现为原子间距减小，键长缩短，键能增强，振动频率增大；随着压强的增加，部分相邻的拉曼峰逐渐靠近并发生重叠现象，这是因为随着压强增加，不同拉曼峰的蓝移速率不同，距离靠得较近的拉曼峰就可能逐渐重叠；如果压强足够大时，重叠的拉曼峰还会再次分开，表明分子或离子内不同的化学键受到压强的作用效果不同；随着压强的增加，没有出现新的拉曼峰现象，但有清晰的峰消失和峰宽化等现象，表明随着压强增加，分子或离子内没有明显的新振动模式产生，却伴有明显的振动模式消失和振动模式无序化程度加重。

  为了更清晰地展现加压过程拉曼峰的变化情况，图 4-17 给出经过分峰处理并局部放大的拉曼光谱。图中，在常压下拉曼峰 344 cm^{-1}，1002 cm^{-1}，1054 cm^{-1}，1064 cm^{-1} 和 1092 cm^{-1} 清晰可见；当压强增加至 1.7 GPa 时，344 cm^{-1}，1064 cm^{-1} 和 1092 cm^{-1} 完全消失；继续增加压强至 7.3 GPa 时，1002 cm^{-1} 和 1054 cm^{-1} 完全消失。根据这些现象可以初步推测：[C_6mim][BF_4] 在 1.7 GPa 和 7.3 GPa 附近可能发生了两次相变。

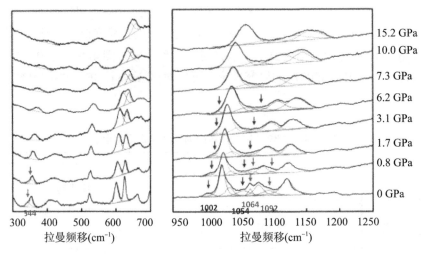

图 4-17　高压下[C₆min][BF₄]经分峰处理后的拉曼光谱

　　由拉曼散射原理可知，物质的拉曼峰是由组成物质的分子或离子因振动(或转动)而导致外界辐射过来的光发生非弹性散射引起的。物质的拉曼峰数量越多则表明物质内部的振动模式越多，不同的拉曼峰对应着不同的振动模式。对于同一种振动模式而言，拉曼峰位出现在越高波数位置则表明振动能量越高，拉曼峰位出现在越低波数位置则表明振动能量越低。振动能量(即拉曼峰的峰位)受多方面的因素影响，如与其连接的相邻化学键种类、不同的结构排列方式、处在不同的相态之中等。此外，拉曼峰的峰宽代表了某种振动模式在物质内部振动的有序程度。对于同一种振动模式而言，拉曼峰越窄表明物质内部该振动模式有序程度越高，拉曼峰越宽则表明物质内部该振动模式无序程度越高。一般情况下，振动模式的有序程度与产生该振动模式的分子或离子周围环境(即物质的状态，如液态和固态等)有关，通常液态时物质的无序程度较高，晶态时物质的有序程度较高。

　　为了验证[C₆mim][BF₄]在 1.7 GPa 的相变是否真实发生，图 4-18(a)、(b)和(c)分别给出了[C₆mim][BF₄]中 522 cm⁻¹、764 cm⁻¹ 和 1023 cm⁻¹ 三个拉曼峰的峰位与压强的变化关系，图 4-18(d)、(e)和(f)分别给出了[C₆mim][BF₄]中 522 cm⁻¹、764 cm⁻¹ 和 1023 cm⁻¹ 三个拉曼峰的峰宽与压强的变化关系。如图 4-18 所示，随着压强的增加，522 cm⁻¹、764 cm⁻¹ 和 1023 cm⁻¹ 三个拉曼峰的峰位都向高波数方向移动，峰宽都不断地增大。该现象表明[C₆mim][BF₄]内部各种振动模式的振动能量不断增强，无序程度不断提高。值得注意的是：三个拉曼峰的峰位变化非常相似，都在 1.7 GPa 附近出现明显的拐点；三个拉曼峰的峰宽变化却不尽相同，522 cm⁻¹ 和 764 cm⁻¹ 在 1.7 GPa 附近出现明显的拐点，而 1023 cm⁻¹ 在 1.7 GPa 附近却出现了明显的不连续现象。同一个振动模式处于不同相态时，其振动能量(即拉曼峰位)和振动模式的有序程度(即拉曼峰宽)通常不同，而且拉曼峰位(或峰宽)随压强的变化速率通常存在差异。因此，522 cm⁻¹、764 cm⁻¹ 和 1023 cm⁻¹ 三个拉

曼峰的峰位在 1.7 GPa 附近出现的拐点，表明[C_6mim][BF_4]发生了一次相态转变。由表
4-2 可知，522 cm^{-1}和 764 cm^{-1}分别代表阴离子[BF_4]$^-$的弯曲振动和对称伸缩振动，1023
cm^{-1}代表阳离子[C_6mim]$^+$内咪唑环的伸缩振动。由 522 cm^{-1}、764 cm^{-1}和 1023 cm^{-1}的峰
宽随压强的变化情况可知，来自阴离子的拉曼峰宽变化表现为拐点，而来自阳离子的拉曼
峰宽变化表现为明显的不连续，这表明[C_6mim][BF_4]发生相态转变时，阳离子的结构变
化比阴离子更加剧烈。这一现象的发生可能与阳离子的对称性差、结构不稳定，阴离子的
对称性好、结构较为稳定有关。

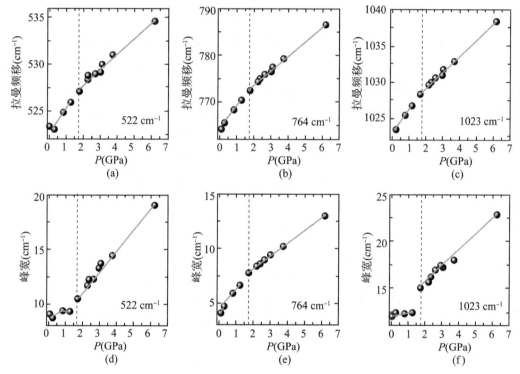

图 4-18　522cm^{-1}、764cm^{-1} 和 1023cm^{-1}峰位与压强变化关系[（a）、（b）、（c）]；522cm^{-1}、
764cm^{-1}和 1023cm^{-1}峰宽与压强变化关系[（d）、（e）和(f)]

　　为了验证[C_6mim][BF_4]在 7.3 GPa 附近的相变，图 4-19 展示了 2~20 GPa 范围内
522 cm^{-1}、764 cm^{-1}和 1023 cm^{-1}三个特征拉曼峰的峰宽与压强的变化关系。如图 4-19 所
示，随着压强的增加，分别代表阴离子弯曲振动和对称伸缩振动的 522 cm^{-1}和 764 cm^{-1}峰
宽在 7.3 GPa 附近再次出现拐点，代表阳离子[C_6mim]$^+$内咪唑环的伸缩振动的 1023 cm^{-1}
峰宽在 7.3 GPa 附近再次发生了明显的不连续现象，证明了[C_6mim][BF_4]在 7.3 GPa 附
近发生了第二次相态转变。而且阳离子的结构变化依然比阴离子剧烈，该现象与 1.7 GPa
附近的变化情况非常相似。
　　根据图 4-18 和图 4-19 中 522 cm^{-1}、764 cm^{-1}和 1023 cm^{-1}峰宽随着压强的变化关系，

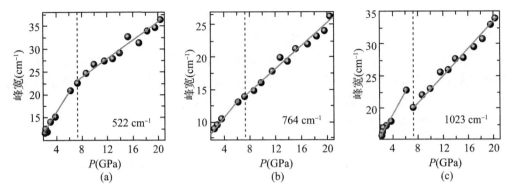

图 4-19 522cm⁻¹、764cm⁻¹和1023cm⁻¹峰宽与压强关系(压强范围: 2~20GPa)

在三种相态压强范围内分别对其进行线性拟合,得到了各相态下峰宽与压强的变化斜率,详见表 4-3。为了表述方便,分别将两种可能存在的相态表示为相态 I 和相态 II。由表 4-3 可知,不同压强范围内的拉曼峰的峰宽随压强变化的斜率明显不同,充分说明了 522 cm⁻¹、764 cm⁻¹和 1023 cm⁻¹代表的三种振动模式处于不同的相态之中,进一步证明了 $[C_6mim][BF_4]$ 在 1.7 GPa 和 7.3 GPa 附近先后发生了两次相态转变。

表 4-3 部分拉曼峰的峰宽与压强的变化斜率

拉曼位移(cm⁻¹)	d_{FWHM}/d_P(cm⁻¹/GPa)			近似指认
	液相	相态 I	相态 II	
522	0.50±0.28	2.36±0.09	0.97±0.06	$[BF_4]^{-1}$弯曲
764	2.04±0.07	1.16±0.02	0.88±0.04	$[BF_4]^{-1}$对称伸缩
1023	0.23±0.13	1.69±0.07	0.99±0.03	环链 + N—C 伸缩

4.4.2 X 射线衍射结果与分析

为了探究$[C_6mim][BF_4]$在 1.7 GPa 和 7.3 GPa 附近发生的两次相变属于何种类型,尝试了原位高压同步辐射 X 射线衍射测试方法。图 4-20 为加压过程不同压强下 $[C_6mim][BF_4]$的 X 射线衍射图。由实验现象和实验测试结果,我们不难判断图 4-20 中 0.4 GPa 时$[C_6mim][BF_4]$为液态,该判断可以从以下三个事实得出: ① 常温常压下 $[C_6mim][BF_4]$为液态; ② 高压拉曼结果表明了$[C_6mim][BF_4]$在 1.7 GPa 以下的范围内未发生相态转变; ③ 剧烈晃动整个金刚石对顶砧压机可以改变样品腔内红宝石碎片的位置。如图 4-20 所示,当$[C_6mim][BF_4]$为液态时,$[C_6mim][BF_4]$的衍射谱只有一个宽峰,与大多数液态物质的 X 射线衍射谱基本相似。离子液体的衍射谱能够反映其内部的阳离子-阳离子、阴离子-阴离子以及阳离子-阴离子等排列情况。液态[C$_6$mim][BF$_4$]的衍射峰表现得非常宽泛,表明其内部的阳离子-阳离子、阴离子-阴离子、阳离子-阴离子排列为短程有序、长程无序,缺乏周期性排列的倒格子空间结构。逐渐增加实验压强直至最大压强值 20 GPa,[C$_6$mim][BF$_4$]的衍射谱始终保持一个衍射宽峰,并未有类似[C$_4$mim][PF$_6$]经加压后出现的衍射尖峰,表明在 0~20 GPa 范围内[C$_6$mim][BF$_4$]内部始终是短程有序、长程无序,无序的空间结构。因此可以判断[C$_6$mim][BF$_4$]在 1.7 GPa 和 7.3 GPa 附近发生的两次相变均为无序—无序结构相变,该现象与苏磊等(Su et al,2012)报道的关于[C$_4$mim][BF$_4$]在 0~30 GPa 范围内发生的四次相变非常相似。

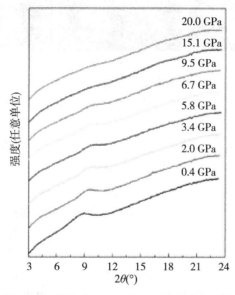

图 4-20 高压下[C$_6$mim][BF$_4$]X 射线衍射谱

图 4-21 记录了高压拉曼实验中不同压强下样品的显微图像。图中,在 0.3 GPa(初始压强)时,液态的样品呈现透明状,红宝石压标清晰可见。当压强增至 3.7 GPa 时,[C$_6$mim][BF$_4$]处于相Ⅰ态,样品依然透明,红宝石压标依然清晰可见。继续增压至 8.7 GPa、12.8 GPa、15.2 GPa 和 20.4 GPa 时,[C$_6$mim][BF$_4$]处于相Ⅱ态,虽然显微图像依然透明,但是透明度明显降低,视场中的红宝石压标逐渐模糊,最终无法辨别。根据整个加压过程样品显微图像的变化,我们推测相Ⅰ态与液态可能属于相似相态,而相Ⅱ态与液态可能属于不同相态。

4.4.3 红宝石荧光光谱结果与分析

Piermarini 等(1973)对包括甲醇、乙醇混合液(体积比 4:1)在内的多种流体物质的静水压极限进行研究时,提出了两种判断流体物质发生玻璃化转变的实验方法。方法一:将红宝石粉末均匀放置在金刚石对顶砧的样品腔内,对样品腔内不同位置的红宝石粉末进行

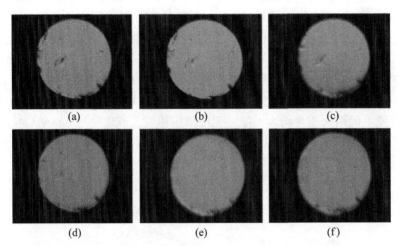

图 4-21　高压下金刚石对顶砧样品腔显微图像[（a）0.3 GPa，（b）3.7 GPa，
（c）8.7 GPa，（d）12.8 GPa，（e）15.2 GPa，（f）20.4GPa]

荧光光谱采集，利用红宝石测压原理获得样品腔内不同位置的压强值和整个样品腔的压强梯度值。当压强梯度为零时，表明样品腔内物质保持良好静水压性的液态；当压强梯度大于零时，表明样品腔内物质发生了玻璃化转变。方法二：将一块红宝石碎片放置在金刚石对顶砧的样品腔内，对整个红宝石碎片进行荧光光谱采集，通过单峰拟合处理获得光谱中荧光峰 R_1 线的峰宽。当峰宽随着压强增加而轻微减小时，表明样品腔内物质保持良好静水压性的液态；当峰宽显著增大时，表明样品腔内物质发生了玻璃化转变。与第一种方法相比，第二种方法更简单方便，较多地用于研究高压诱导流体物质（包括离子液体）玻璃化转变。例如：Yoshimura 等（2013）利用第二种方法研究了[DEME][BF$_4$]和[C$_2$mim][BF$_4$]的压致相变行为，发现两种离子液体分别在 3.3 GPa 和 2.8 GPa 附近发生了玻璃化转变。

　　本次研究尝试用第二种方法探究在高压的作用下[C$_6$mim][BF$_4$]是否发生玻璃化转变。图 4-22 为样品腔内红宝石碎片荧光峰 R_1 线的峰宽与压强的变化关系图。图中，当压强在 0~7.3 GPa 范围内增加时，荧光峰 R_1 线的峰宽轻微地减小，表明在该压强范围内样品腔保持良好的静水压性，[C$_6$mim][BF$_4$]与初始状态一样，仍然为液态。当压强增加至 7.3 GPa 以上时，荧光峰 R_1 线的峰宽显著增大，表明样品腔内部出现了非静水压性，[C$_6$mim][BF$_4$]发生了玻璃化转变，而且玻璃化转变压强约为 7.3 GPa。值得注意的是，[C$_6$mim][BF$_4$]玻璃化转变的压强值与拉曼测试结果确定的第二个相变压强值一致，这表明[C$_6$mim][BF$_4$]在压强 7.3 GPa 附近发生的相变属于液态—非晶态转变。由于[C$_6$mim][BF$_4$]在 0~7.3 GPa 范围内保持良好静水压性，所以判断[C$_6$mim][BF$_4$]在 1.7 GPa附近发生的相变属于液态—液态转变。

　　利用高压拉曼和高压 X 射线衍射等原位测试技术对[C$_6$mim][BF$_4$]进行了高压相行为研究。拉曼结果表明：0~20 GPa 范围内，[C$_6$mim][BF$_4$]在 1.7 GPa 和 7.3 GPa 附近发生了两次相变。X 射线衍射结果表明：[C$_6$mim][BF$_4$]两次相变均属于无序—无序结构相

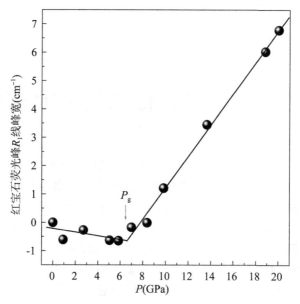

图 4-22　红宝石荧光峰 R_1 线的峰宽与压强变化关系

变。此外，样品腔内红宝石碎片的荧光光谱结果表明：$[C_6mim][BF_4]$ 在 1.7 GPa 和 7.3 GPa 附近发生的相变分别为液态—液态相变和玻璃化转变。

4.5　小结

本章利用原位拉曼光谱研究了高压下 $[C_2mim][EtOSO_3]$ 的玻璃化转变。随着压强的增加，拉曼峰峰位随压强的变化关系出现拐点，这表明 $[C_2mim][EtOSO_3]$ 可能在 2.4 GPa 发生了相变。同时，利用高压下红宝石荧光峰 R_1 线的展宽可以判断该相变为由液态固化为玻璃态。卸压过程的拉曼光谱表明 $[C_2mim][EtOSO_3]$ 的相变是可逆的。作为对比，我们对 $[C_2mim][EtOSO_3]$ 低温下的相行为进行了详细的研究，结果表明：降温对拉曼光谱的影响很小，当温度低至 93 K 时仍未出现结晶。综上所述，$[C_2mim][EtOSO_3]$ 在高压和低温两种极端条件下存在两种玻璃态。本研究有助于加深对极端条件下离子液体的结构和液固相变的认识。

通过在压腔中的不同位置放置红宝石颗粒定量测试压腔中的压强梯度，结合红宝石荧光峰 R_1 线的半峰宽和荧光峰峰位差 R_1-R_2 随压强的变化以及同步辐射 X 射线衍射技术，首次系统地研究了离子液体 $[C_4mim][BF_4]$ 在常压至 30 GPa 范围内的静水压性。结果表明：$[C_4mim][BF_4]$ 在 6 GPa 以下具有较好的静水压性，并且在 21 GPa 以下具有较小的压强梯度。因此，离子液体可以作为一种新型的传压介质应用于高压实验。

第5章　高压下离子液体的结构与构象研究

目前，高压下离子液体的凝聚态结构引起了人们的广泛关注。已有大量文献报道了高压下 $[C_n mim][BF_4]$ 和 $[C_n mim][PF_6]$ 系列离子液体的相变和凝聚态结构的研究。研究表明，由于阳离子烷基链的可伸缩性，烷基链的结构调整导致的构象变化在高压下离子液体的相行为中起到了重要作用。对于压强如何影响离子液体的相行为仍值得我们做深入的研究。而高压下离子液体的研究有助于加深对它们在极端条件下物理化学性质的基本认识或测试它们在极端条件下的应用，如离子液体在摩擦学中的应用。此外，高压下离子液体的研究对未来离子液体的结晶回收和提纯也具有重要意义。基于同步辐射的X射线分析是进行物质结构分析最好的方法之一，由此可以进行高压下物质结构和相变等方面的研究。

双(三氟甲烷磺酰)亚胺盐($[NTf_2]^-$)是一种常见的离子液体阴离子，通常含有该种阴离子的离子液体都具有较低的熔点、较低的黏度和较高的电导率。特别是不同于阴离子 $[BF_4]^-$ 和 $[PF_6]^-$，阴离子 $[NTf_2]^-$ 具有两种构象 C1(顺向)和 C2(反向)，其结构示意如图5-1所示。而阴阳离子的构象研究有助于加深对离子液体凝聚态结构的认识。我们利用原位拉曼光谱和同步辐射X射线衍射技术，对同一系列的离子液体 $[C_n mim][NTf_2]$ 高压下的相变、结构以及阴阳离子的构象变化进行了研究。

C1　　　　　　　　　　C2

图5-1　阴离子 $[NTf_2]^-$ 的 C1 和 C2 构象结构示意图

5.1　高压下 $[C_2 mim][NTf_2]$ 的结构与构象研究

1-乙基-3-甲基咪唑双(三氟甲烷磺酰)亚胺盐($[C_2 mim][NTf_2]$)阴阳离子分别由 $[C_2 mim]^+$ 和 $[NTf_2]^-$ 构成，Umebayashi 等(2005)和 Lassègues 等(2007)采用拉曼光谱结合

密度泛函理论(DFT)对阴阳离子的构象进行了广泛的研究。其阳离子具有非平面和平面两种构象,阴离子具有 C1 和 C2 两种构象,也就是说液态的［C₂mim］［NTf₂］中同时存在 4 种构象组合,其高压下的相态和构象变化将十分丰富、有趣。

［C₂mim］［NTf₂］购自中国科学院兰州化学物理所,纯度 99.5%以上。所有测试前,样品在 353 K 下保持真空至少 3 日以上,以减少水分和挥发性化合物至可忽略的含量。样品相对分子质量为 391.31,熔点为 271.44 K,室温下处于液态。

本实验所用高压装置为对称型金刚石对顶砧压机,砧面直径约为 350 μm。垫片材质为 T301 不锈钢,预压至约 160 μm,样品被密封于垫片中心直径约 120 μm 的孔中,压强采用红宝石荧光技术标定。实验所用拉曼光谱仪为 Renishaw 公司 inVia 型拉曼光谱仪(Renishaw,英国),激发光源 532 nm,输出功率约 50 mW。同步辐射 X 射线衍射实验在美国布鲁克海文克国家实验室完成,单色光波长 0.4066 Å。

所有高压下的拉曼光谱测试均在室温(297 K)下完成。为了确保收集光谱时样品处于平衡状态,样品在每个压强点下保持 10 min 后进行采谱。在记录光谱的过程中,每次增加压强的时间间隔约为 30 min。实验设计了两种加压过程,一种以较低的加压速度逐步慢速加压,加压速度约为 0.4 GPa/h(图 5-2);另一种以较高的加压速度,压强通过一次加压由常压增加至 2.5 GPa,保持 4 日后再通过一次加压增加至 5.5 GPa,而后保持 1 日。在不同的加压速度和放置时间下,观察压强对［C₂mim］［NTf₂］构象和结构的影响。

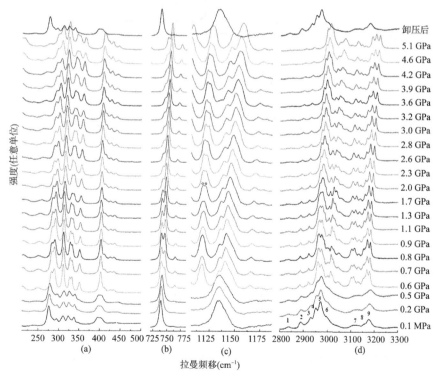

图 5-2 加压速度约 0.4 GPa/h 时,［C₂mim］［NTf₂］的拉曼光谱［(a)阴阳离子构象,(b)$\delta_s(CF_3)$,(c)$\nu_s(SO_2)$,(d)阳离子［C₂mim］⁺的 $\nu(CH)$］

当加压速度约为 0.4 GPa/h 时，测试不同压强下的拉曼光谱，如图 5-2 所示。图 5-2 (a) 主要反映了阴离子 $[NTf_2]^-$ 的构象变化，对应的拟合图如图 5-3 所示，常压下拉曼峰 275 cm^{-1}、285 cm^{-1}、305 cm^{-1}、323 cm^{-1}、329 cm^{-1}、347 cm^{-1} 和 405 cm^{-1} 代表 C1 构象，拉曼峰 273 cm^{-1}、294 cm^{-1}、311 cm^{-1}、338 cm^{-1} 和 395 cm^{-1} 代表 C2 构象。由于 $[C_2mim][NTf_2]$ 阴离子的构象峰较强，因此反映阳离子 $[C_2mim]^+$ 非平面和平面构象的拉曼峰相对较弱，但仍能在 241 cm^{-1} 和 429 cm^{-1} 处观察到反映非平面构象的拉曼峰，在 442 cm^{-1} 处观察到反映平面构象的拉曼峰。图 5-2(b) 和 (c) 中，拉曼峰 739 cm^{-1} 和 1135 cm^{-1} 分别代表 CF_3 的对称变形振动 $(\delta_s(CF_3))$ 和 SO_2 的对称伸缩振动 $(\nu_s(SO_2))$。图 5-2(d) 反映了阳离子 $[C_2mim]^+$ 的 C—H 伸缩振动 $(\nu(CH))$，其中光谱范围从 2800~3050 cm^{-1} 反映烷基链的 $\nu(CH)$，光谱范围从 3050~3200 cm^{-1} 反映了咪唑环 $\nu(CH)$，其中拉曼峰分别代表：1 为 CH ss (C8)；2 为 CH ss (C6, C7, C8)；3 为 CH ass (C7, C8)；4 为 CH ass (C8)；5 为 CH ass (C6)；6 为 CH ass (C6)；7 为 CH ass (C4, C5)；8 为 CH ss(C2)；9 为 CH ss (C2, C4, C5)。

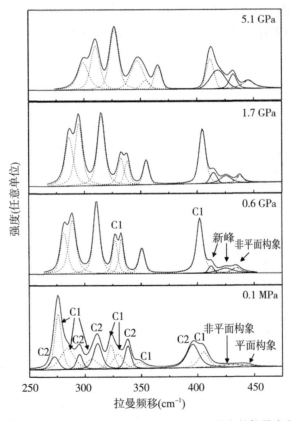

图 5-3　不同压强下 $[C_2mim][NTf_2]$ 反映阴阳离子构象的拉曼光谱拟合图

如图 5-2 所示，当压强增加至约 0.6 GPa 时，反映阴离子构象的拉曼峰中，代表 C2

构象的峰全部消失，代表 C1 构象的峰仍然存在，且峰宽变窄。反映 $\delta_s(\mathrm{CF_3})$ 的拉曼峰劈裂为两个峰，反映 $\nu_s(\mathrm{SO_2})$ 的拉曼峰劈裂为 3 个峰，同时在 1117 cm^{-1} 处出现新峰。而反映阳离子 $\nu(\mathrm{CH})$ 的拉曼峰，峰形变锐，代表 CH ass（C6）的峰 6 消失，演化为 5 个新峰。代表 CH ass（C4，C5）的峰 7 演化为 3 个新峰，代表 CH ss（C2）的峰 8 附近出现新峰。因此，可以推断 [C₂mim][NTf₂] 在约 0.6 GPa 时发生由液态向晶态的相变（该晶态标记为相 I）。样品腔的显微照片如图 5-4 所示，样品在约 0.6 GPa 时由透明的液体变为半透明的晶态，这与拉曼光谱发生变化的压强点一致。

就阴阳离子的构象而言，当样品处于液态时，阳离子非平面和平面两种构象共存，阴离子 C1 和 C2 两种构象共存。当样品处于相 I 时，阴离子只有 C1 的拉曼峰出现，因此相 I 的阴离子构象为 C1。阳离子位于 442 cm^{-1} 处代表平面构象的拉曼峰消失不见，而位于 241 cm^{-1} 和 429 cm^{-1} 处代表非平面构象的拉曼峰变得明显，这说明相 I 的阳离子是非平面构象。因此，相 I 的阴离子、阳离子分别为 C1 和非平面构象，这与 [C₂mim][NTf₂] 通过降温所获得晶相的阴阳离子构象一致。

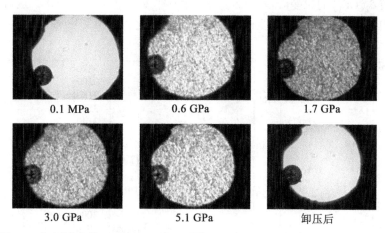

图 5-4　加压速度约 0.4 GPa/h 时，不同压强下 [C₂mim][NTf₂] 的样品腔照片

如图 5-2 所示，当压强进一步增加至约 1.7 GPa 时，反映阴离子构象的拉曼峰没有发生明显变化。而在相 I 中 $\nu_s(\mathrm{SO_2})$ 附近 1117 cm^{-1} 处新出现的拉曼峰劈裂为两个峰。对于代表阳离子 $\nu(\mathrm{CH})$ 的拉曼峰，在压强低于 1.7 GPa 时，代表 CH ass（C8）的峰 4 和 CH ass（C6）的峰 5 逐渐融合在一起，在 1.7~2.0 GPa 附近，两峰完全变为一个峰，且峰型变锐，并在 2969 cm^{-1} 处出现肩膀。这表明 [C₂mim][NTf₂] 可能再次经历了相变，发生由相 I 向另一个晶相的转变（该晶态标记为相 II）。通过拉曼光谱分析可知，相 II 的阴阳离子仍分别为 C1 和非平面构象，与相 I 相同。

进一步分析拉曼光谱，拉曼特征峰峰位随压强的变化关系如图 5-5 所示。从图中我们可以看出，峰位随压强的变化关系在 0.6 GPa 和 1.7~2.0 GPa 附近出现拐点，这与拉曼光谱和样品腔显微照片的变化一致。虽然相 I 与相 II 的阴阳离子构象一致，但是由于反映阳离子构象的拉曼峰峰强相对较弱，阳离子的构象可能发生了畸变，但并未观察到。综上所述，$[C_2mim][NTf_2]$ 在以较低的加压速度 0.4 GPa/h 加压至约 5 GPa 的过程中，分别在 0.6 GPa 和 1.7~2.0 GPa 附近发生两次相变，样品在高压下呈现多晶相。

常压下的理论研究表明，不论 $[C_2mim][NTf_2]$ 处于液态还是晶态，最主要的分子间相互作用力是咪唑环和 $[NTf_2]^-$ 的氧原子之间的相互作用力，这并不是一种氢键相互作用，而是一种电荷间的相互作用。而代表 $\nu_s(SO_2)$ 的拉曼峰可在一定程度上反映氧原子周围相互作用力的变化。当样品从液态发生结晶时，反映 $\nu_s(SO_2)$ 的拉曼峰劈裂为 3 个峰，同时在 1117 cm^{-1} 处出现新峰。这可能是由于咪唑环和氧原子之间的相互作用力在样品发生结晶时发生了明显的变化。当样品从相 I 转变为相 II 时，1117 cm^{-1} 处的新峰进一步发生了劈裂，这说明样品从相 I 转变为相 II 时，虽然阴阳离子的构象没有发生明显变化，但是咪唑环和氧原子之间的相互作用力可能发生了进一步的变化。不同于其他离子液体（如 $[C_2mim][BF_4]$），在 $[C_2mim][NTf_2]$ 中存在着多种的弱相互作用力，如阳离子之间、阴离子之间、C—H$\cdots$O、C—H$\cdots$N、C—H$\cdots$F、O$\cdots\pi$、F$\cdots\pi$ 等。代表 $\delta_s(CF_3)$ 的拉曼峰在由液态结晶时发生了劈裂，这可能和氟原子周围的弱相互作用有关。当样品从相 I 转变为相 II 时，代表 $\delta_s(CF_3)$ 的拉曼峰没有像 $\nu_s(SO_2)$ 一样发生进一步的变化，这说明氟原子周围的分子间相互作用相对稳定，没有发生进一步的变化。

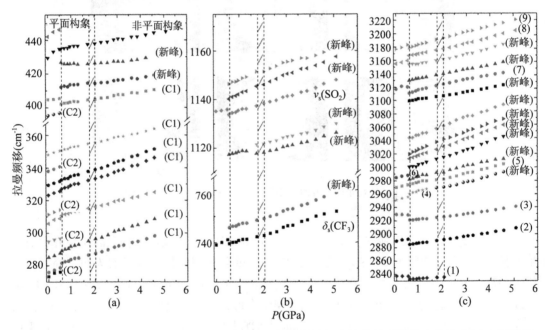

图 5-5　加压速度约 0.4 GPa/h 时，$[C_2mim][NTf_2]$ 的拉曼特征峰峰位随压强的变化关系 [(a) 阴阳离子构象，(b) $\delta_s(CF_3)$ 和 $\nu_s(SO_2)$，(c) 阳离子 $[C_2mim]^+$ 的 $\nu(CH)$]

与加压过程相比，降压速度较难控制。当降压速度约为 2 GPa/h 时，压强降至常压，拉曼光谱与常温常压时的初始光谱一致，样品腔重新变得透明，这表明整个相变过程是可逆的。

为了进一步证实[C₂mim][NTf₂]高压下的相变，进行了同步辐射 X 光衍射实验，如图 5-6 所示。当压强为 0.1 GPa 时，衍射图呈现光晕，图谱呈现宽的包络，说明样品处于无序的液态。当压强增加至 0.5 GPa 时，衍射图出现锐利的布拉格衍射峰，这说明样品发生了结晶。当压强进一步增加至 2.0 GPa 时，2θ 为 4°和 6.5°处出现新峰，这表明样品再次发生了相变。但是由于衍射图的主峰没有发生明显变化，这说明样品在结构上没有发生大的变化，2.0GPa 压强点附近发生的相变可能类似于等结构相变，结合拉曼光谱的分析结果，此处的相变可能与高压下分子间相互作用力的改变和[C₂mim]⁺的乙基链伸缩性导致的晶格畸变有关。

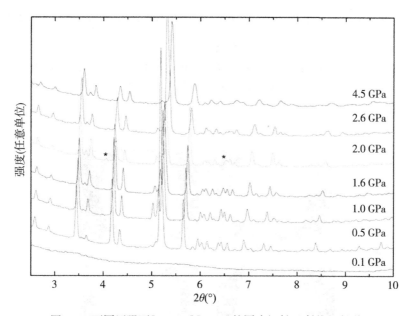

图 5-6 不同压强下[C₂mim][NTf₂]的同步辐射 X 射线衍射谱

研究中发现：在利用金刚石对顶砧对离子液体进行加压的实验中，加压速度对离子液体是否结晶具有明显的影响。在以上的实验中，逐步慢速地对样品进行加压，而在另一组实验中，设计了一个快速加压的过程，如图 5-7 所示。当样品处于常温常压时，样品处于液态，随后经过一次加压后压强增至 2.5 GPa，拉曼峰向高波数发生偏移，峰宽变宽，光谱的分辨率降低。高压下代表 $\delta_s(CF_3)$ 和 $\nu_s(SO_2)$ 的拉曼峰没有发生明显变化，这也从侧面说明氟原子和氧原子周围的分子间相互作用没有发生明显变化。样品腔仍然保持透明（图 5-8），这说明样品并未结晶。随后为了考察时间对样品结晶的影响，将样品在 2.5 GPa 放置 1 日和 4 日后分别采谱，发现拉曼光谱和样品腔照片并未发生变化，这说明样品仍未结晶。随后，再将样品一步加压至 5.5 GPa 并放置 1 日采谱，样品仍未结晶。这说明不仅是加压速度，而且是影响加压速度的步长对样品高压下的相态起到了重要的作用。

为进一步确定[C₂mim][NTf₂]高压下的相态，对红宝石荧光峰 R_1 线的半峰宽进行了分析，如图 5-9 所示。压强为 2.5 GPa 时，R_1 线的半峰宽发生明显展宽，这说明样品已经

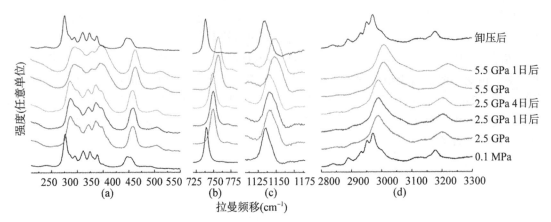

图 5-7 压强由常压一步增加至 2.5 GPa，保持 4 日后再一步加压至 5.5 GPa，不同压强和放置时间下[C_2mim][NTf_2]的拉曼光谱[(a)阴阳离子构象，(b)$\delta_s(CF_3)$，(c)$\nu_s(SO_2)$，(d)阳离子[C_2mim]$^+$的$\nu(CH)$]

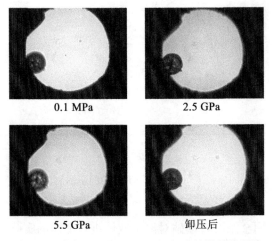

图 5-8 不同压强下[C_2mim][NTf_2]的样品腔照片

发生玻璃化转变，但是由于步长较大，并不能精确获得玻璃化转变的压强点。当放置不同的时间，半峰宽没有发生明显变化，这说明红宝石所处的应力环境没有发生明显变化，样品的状态基本稳定。压强为 5.5 GPa 时，R_1 线的半峰宽进一步展宽，这说明样品中的压强梯度更加明显。综上所述，不同于逐步慢速加压，一步式的快速加压方式使样品形成玻璃态。我们对于两种不同加压方式对高压下[C_2mim][NTf_2]结构和相变的影响，进行了多次实验，可获得相似的实验规律。

对于阴阳离子的构象而言，当样品在处于高压玻璃态时，其拉曼光谱与常温常压下相似，阴离子的 C1 构象和 C2 构象共存，阳离子的非平面构象和平面构象共存。为了进一步分析不同构象占比随压强变化而变化的趋势，选取相对较独立的拉曼峰代表不同构象。

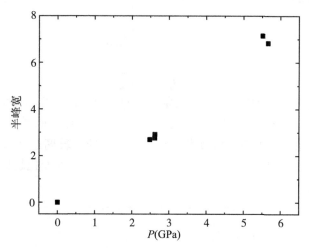

图 5-9 压强由常压一步增加至 2.5 GPa，保持 4 日后再一步加压至
5.5 GPa，不同压强和放置时间下，红宝石荧光峰 R_1 线的半峰
宽相对常压下半峰宽的变化量

常压下样品拉曼光谱的拟合图如图 5-10 所示，对于阴离子，选取 323 cm⁻¹ 和 405 cm⁻¹ 代表 C1 构象，338 cm⁻¹ 和 395 cm⁻¹ 代表 C2 构象；对于阳离子，选取 429 cm⁻¹ 和 442 cm⁻¹ 分别代表非平面构象和平面构象。

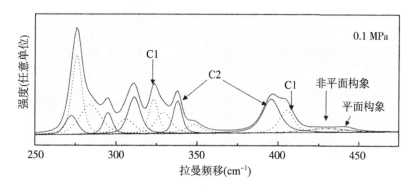

图 5-10 [C₂mim][NTf₂]反映阴阳离子构象的拉曼光谱拟合图

对于阴离子[NTf₂]⁻，每种构象的占比如式(5-1)、式(5-2)所示：

$$f_{C1} = \frac{I_{C1}}{I_{C1} + I_{C2}} \tag{5-1}$$

$$f_{C2} = \frac{I_{C2}}{I_{C1} + I_{C2}} \tag{5-2}$$

式中，I_{C1} 为代表 C1 构象的两个拉曼峰的峰面积之和；I_{C2} 为代表 C2 构象的两个拉曼峰的峰面积之和。

对于阳离子 $[C_2mim]^+$，每种构象的占比如式(5-3)、式(5-4)所示：

$$f_{nonplanar} = \frac{I_{nonplanar}}{I_{planar} + I_{nonplanar}} \tag{5-3}$$

$$f_{planar} = \frac{I_{planar}}{I_{planar} + I_{nonplanar}} \tag{5-4}$$

式中，$I_{nonplanar}$ 和 I_{planar} 分别为代表非平面构象和平面构象的拉曼峰的峰面积。

高压下阴阳离子不同构象的占比如图 5-11 所示。随着压强的增加，C1 构象和平面构象逐渐增多，C2 构象和非平面构象逐渐减少；当样品处于玻璃态之后，放置的时间对构象变化几乎没有影响；当样品在高压下形成玻璃态后，构象的变化趋势变缓。

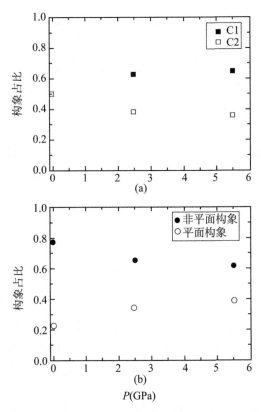

图 5-11　压强由常压一步增加至 2.5 GPa，保持 4 日后再一步加压至 5.5 GPa，
$[C_2mim][NTf_2]$ 阴阳离子不同构象的占比[(a)阴离子 $[NTf_2]^-$ 的 C1 构象和 C2 构象，(b)阳离子 $[C_2mim]^+$ 的非平面构象和平面构象]

Lassègues 等(2007)曾报道，当 $[C_2mim][NTf_2]$ 以 1 K/min 的速度慢速降温到 113 K 时，样品形成晶态，其为 C1 构象和非平面构象；当以 20 K/min 的速度快速降温至 113 K 时，样品形成亚稳的玻璃态，其各种构象共存，且 C2 构象和平面构象增多。当对 $[C_2mim][NTf_2]$ 加压时，逐步慢速加压获得的晶相也是 C1 构象和非平面构象，这与降温

速度较慢时获得的晶相一致;一步式快速加压获得的高压玻璃态 C1 和平面构象逐渐增多。这说明虽然降温在某种意义上等同于加压,不同的降温或加压速度能够使样品形成晶体或者玻璃态,但是快速加压与快速降温所形成的玻璃态有所不同。这可能是由于多种构象的共存增加了离子规则堆积的难度,只有在时间足够长的情况下才能实现规则堆积,而压强和温度对样品的影响不同,压强可有效地改变原子间距而不对样品施加热效应,这造成了降温和加压所形成的玻璃态的不同。

5.2 高压下[C₆mim][NTf₂]的结构与构象研究

为研究高压下[C$_n$mim][NTf₂]系列的结构和相变,Wu 等(2015)曾利用拉曼光谱技术和同步辐射 X 射线衍射技术对高压下[C₄mim][NTf₂]的固化进行了研究,研究表明[C₄mim][NTf₂]在约 1.8 GPa 由液态固化为玻璃态,对于阴离子的构象,C2 构象在高压下增加。对于 1-己基-3-甲基咪唑双(三氟甲烷磺酰)亚胺盐([C₆mim][NTf₂]),Ribeiro 等(2014)利用红宝石荧光峰 R_1 线的展宽获得其玻璃化转变压强约为 1.7 GPa,但该研究只在 3 GPa 的压强范围内对样品的相变进行了讨论,没有对高压下的结构及阴阳离子的构象变化做进一步的分析。

本次实验的[C₆mim][NTf₂]由中国科学院兰州化学物理所提供,纯度 99.5 wt%以上。所有测试前,样品在 353 K 下真空干燥至少 3 日以上,以减少水分和挥发性化合物至可忽略的含量。样品相对分子质量为 477.42,熔点为 272.03 K,室温下处于液态。

本实验所用高压装置为对称性金刚石对顶砧压机,砧面直径约为 350 μm。垫片为 T301 不锈钢片,垫片预压至约 150 μm,样品被密封于垫片中心的直径约 100 μm 的孔中。压强采用红宝石荧光技术标定。实验所用拉曼光谱仪为 Renishaw 公司 inVia 型拉曼光谱仪(Renishaw,英国),激发光源 532 nm,输出功率约 50 mW。同步辐射 X 射线衍射实验在高能所的 4W2 高压实验站完成,单色光波长为 0.6199 Å。

所有高压下的拉曼光谱测试均在室温(297 K)下完成。为了确保采谱时样品处于平衡状态,样品在每个压强点下保持 10 min 后进行采谱。在记录光谱数据的过程中,每次增加压强的时间间隔约为 30 min。实验的加压速度约为 0.4 GPa/h,加压至约 3 GPa,观察压强对[C₆mim][NTf₂]构象和结构的影响。

当加压速度约为 0.4 GPa/h 时,测试不同压强下的拉曼光谱,如图 5-12 所示。其中图 5-12(a)所示的拉曼光谱主要反映了阴离子[NTf₂]⁻的构象变化,对应的光谱拟合图如图 5-13(a)所示,其中拉曼峰 275 cm⁻¹、284 cm⁻¹、306 cm⁻¹、323 cm⁻¹、330 cm⁻¹、347 cm⁻¹和 403 cm⁻¹代表 C1 构象,拉曼峰 274 cm⁻¹、294 cm⁻¹、311 cm⁻¹、338 cm⁻¹和 394 cm⁻¹代表 C2 构象。图 5-12(b)所示的拉曼光谱主要反映了阳离子[C₆mim]⁺的构象,拉曼峰 597 cm⁻¹和 621 cm⁻¹分别代表 Gauche-Trans-Trans-Trans(GTTT)构象和 All-Trans(TTTT)构象,对应的拟合图如图 5-13(b)所示。图 5-12(c)和(d)中,拉曼峰 738 cm⁻¹和 1134 cm⁻¹分别代表 CF₃的对称变形振动[$\delta_s(CF_3)$]和 SO₂的对称伸缩振动[$\nu_s(SO_2)$]。图 5-12(e)所示的拉曼

光谱反映了阳离子[C₆mim]⁺的 C—H 伸缩振动[$\nu(CH)$]，其中光谱范围 2800~3050 cm⁻¹反映了烷基链的 $\nu(CH)$，光谱范围 3050~3200 cm⁻¹反映了咪唑环的 $\nu(CH)$。

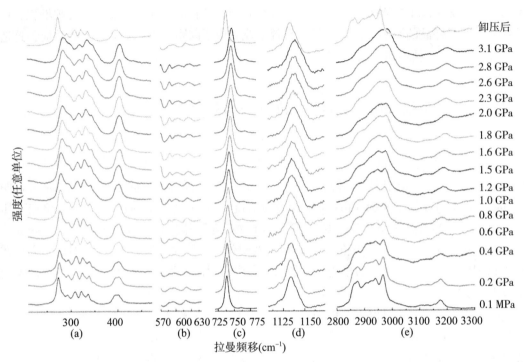

图 5-12　加压速度约 0.4 GPa/h 时，[C₆mim][NTf₂]的拉曼光谱[(a)阴离子[NTf₂]⁻构象，(b)阳离子[C₆mim]⁺构象，(c)$\delta_s(CF_3)$，(d)$\nu_s(SO_2)$，(e)阳离子[C₆mim]⁺的 $\nu(CH)$]

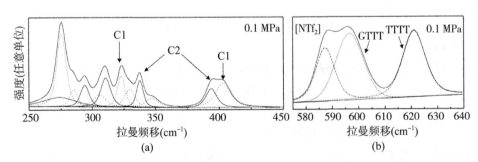

图 5-13　[C₆mim][NTf₂]反映阴阳离子构象的拉曼光谱拟合图[其中(a)阴离子[NTf₂]⁻构象，(b)阳离子[C₆mim]⁺构象]

　　随着压强的增加，样品主要特征峰峰位向高波数偏移，同时伴随峰宽的展宽，并没有新峰出现。高压下代表 $\delta_s(CF_3)$ 和 $\nu_s(SO_2)$ 的拉曼峰没有发生明显变化，这也从侧面说明氟原子和氧原子周围的分子间相互作用没有发生明显变化。为了更好地阐述高压下[C₆mim][NTf₂]的拉曼频移，其特征峰的峰位随着压强的变化如图 5-14 所示。峰位随压强的变化关系在约 1.8 GPa 出现拐点，这表明[C₆mim][NTf₂]可能在 1.8 GPa 附近发生了相变。

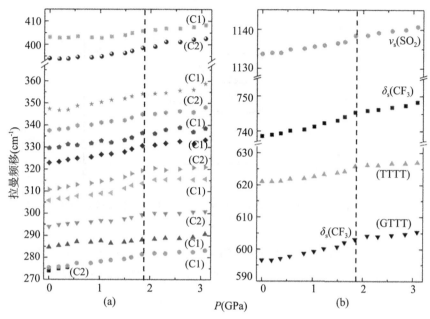

图 5-14 加压速度约 0.4 GPa/h 时，[C₆mim][NTf₂]的拉曼特征峰峰位随压强的变化关系[(a)阴离子[NTf₂]⁻构象，(b)阳离子[C₆mim]⁺构象、$\delta_s(CF_3)$ 和 $\nu_s(SO_2)$]

图 5-15 为不同压强下样品腔的照片，样品腔内并没有出现明显的晶体。为了确定高压下离子液体[C₆mim][NTf₂]的相态，我们对该样品进行了同步辐射 X 射线衍射测试，其结果如图 5-16 所示。衍射峰的图谱在 0~5 GPa 的压强范围内基本保持不变，衍射图呈现出光晕状，没有锐利的布拉格衍射峰，这说明样品为典型的液态或非晶态的结构，样品在给定实验条件下没有结晶。

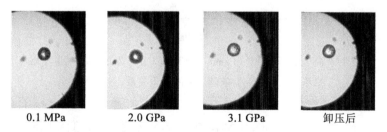

| 0.1 MPa | 2.0 GPa | 3.1 GPa | 卸压后 |

图 5-15 不同压强下[C₆mim][NTf₂]的样品腔照片

为了进一步确定[C₆mim][NTf₂]高压下所处的相态，通过测量红宝石荧光峰 R_1 线的半峰宽判断样品是否处于玻璃态，R_1 线高压下半峰宽和常压下半峰宽的差值随压强的变化

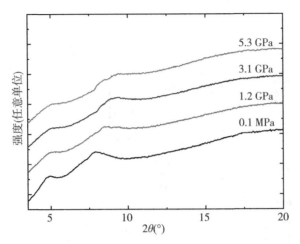

图 5-16　不同压强下 $[C_6mim][NTf_2]$ 的同步辐射 X 射线衍射谱

关系如图 5-17 所示。当压强增加至约 1.8 GPa 时，红宝石荧光峰 R_1 线的半峰宽开始迅速增加，由此可以推断，样品在约 1.8 GPa 由液态相变为玻璃态，这与以往文献报道的玻璃化压强相变点基本一致。

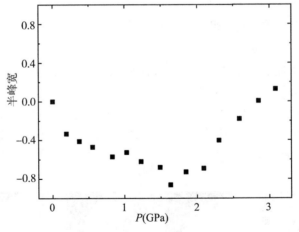

图 5-17　高压下离子液体 $[C_6mim][NTf_2]$ 红宝石荧光峰 R_1 线半峰宽与
常压下半峰宽的差值随压强的变化关系

为了进一步分析高压下 $[C_6mim][NTf_2]$ 的局部结构变化，我们对阴阳离子的构象占比进行了分析。对于阳离子 $[C_6mim]^+$，根据以往的研究，量子化学的理论计算说明阳离子处于 TTTT 构象或者 GTTT 构象，597cm^{-1} 和 621 cm^{-1} 分别代表 GTTT 和 TTTT 构象。为了进一步表征阳离子的构象，每种构象的占比如式(5-5)、式(5-6)所示：

$$f_{\text{GTTT}} = \frac{I_{\text{GTTT}}}{I_{\text{GTTT}} + I_{\text{TTTT}}} \tag{5-5}$$

$$f_{\text{TTTT}} = \frac{I_{\text{TTTT}}}{I_{\text{GTTT}} + I_{\text{TTTT}}} \tag{5-6}$$

式中，I_{GTTT} 和 I_{TTTT} 分别为代表 GTTT 构象和 TTTT 构象的拉曼峰的面积。

对于阴离子$[\text{NTf}_2]^-$，可以利用式(5-1)和式(5-2)计算构象占比。如图 5-18 所示，为$[\text{C}_6\text{mim}][\text{NTf}_2]$阴阳离子不同构象的占比随压强变化而变化的关系。对于阳离子的构象，随着压强的增大，GTTT 构象的数量逐渐增多。对于阴离子的构象，压强低于 1.8 GPa 时，C1 构象的数量逐渐增多；压强大于 1.8 GPa 时，C1 构象有减小的趋势；当压强在 3.1 GPa 附近时，C1 构象的占比与常温常压时基本保持一致。综上所述，阴阳离子的构象占比分别在 1.8 GPa 附近出现拐点，结合前面拉曼光谱和 X 射线衍射谱的分析以及红宝石荧光峰 R_1 线半峰宽的分析，可知$[\text{C}_6\text{mim}][\text{NTf}_2]$在约 1.8 GPa 固化为玻璃态。而对于高压下$[\text{C}_6\text{mim}][\text{NTf}_2]$的构象变化，相对于阴离子，阳离子的构象变化更加明显。

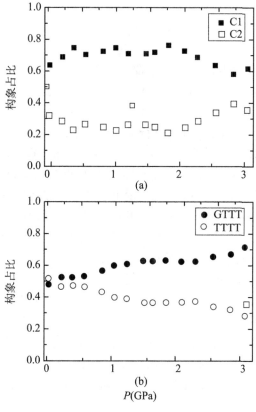

图 5-18　高压下$[\text{C}_6\text{mim}][\text{NTf}_2]$阴阳离子不同构象的占比[(a)阴离子$[\text{NTf}_2]^-$的 C1 构象和 C2 构象，(b)阳离子$[\text{C}_6\text{mim}]^+$的 GTTT 构象和 TTTT 构象]

5.3　高压下[C₁₂mim][BF₄]的结构与构象研究

随着室温离子液体研究的发展，越来越多的功能性离子液体被研究人员成功合成。Knight(1938)首次报道了几种离子液体(长烷基链的吡啶衍生物)具有液晶的特征(随着温度的升高，在偏光显微镜下可以观察到熔化后的吡啶衍生物变为黏稠液体，且具有双折射和各向异性等现象)。后来，人们将具有液晶特征的离子液体称为离子液晶。由于离子液晶不仅具有传统液晶的特性，还具备离子液体完全离子性的独特性质，所以吸引了众多研究人员的关注。到目前为止，已有大量的离子液晶被合成出来。常见的离子液晶包括季铵盐、季磷盐、咪唑盐和吡啶盐等。为了研究它们的相变和结构，研究人员采用了多种测试方法：差示扫描量热法(DSC)、偏光显微镜(POM)、电导率、红外光谱、拉曼光谱、小角和广角 X 射线衍射(S-WAXD)、准弹性中子散射(QENS)和 X 射线单晶衍射等。尽管如此，离子液晶仍然是一种神奇的化合物，需要来自不同领域的研究专家对其进一步深入研究。

离子液晶 1-烷基-3-甲基咪唑四氟磷酸盐([$C_n$mim][BF_4] (n = 12 ~ 18))在空气中较为稳定，已经引起了广大研究人员的关注。其中，1-十二烷基-3-甲基咪唑四氟磷酸盐([C_{12}mim][BF_4])是最具代表性的离子液晶，它的结构和相变行为被研究得相对较多。利用 POM 和 DSC 等测试手段，Holbrey 和 Seddon(1999)获得了[C_{12}mim][BF_4]的熔点和清亮点，分别为 26.4℃和 38.5℃。但是，Hodyna 等(2016)利用同样的测试方法却得到了不同的实验结果，他对[C_{12}mim][BF_4]进行了两次升温，在第一次升温过程中，该离子液体在 -24 ~ -16℃范围内发生了玻璃化转变；温度升高至 6.2℃附近，出现了一个放热峰，表明该离子液体转变成了晶体形态；继续升温至 28℃和 52℃附近，分别出现了一个较大和较小的吸热峰，表明[C_{12}mim][BF_4]先后发生了晶态—液晶态和液晶态—液态转变。在第二次升温过程中，除了出现类似于第一次升温过程中出现的放热峰和吸热峰，该离子液体还在 4℃附近(即玻璃化转变之后)出现了一个新的吸热峰，Hodyna 等(2016)认为该离子液体先熔化为近晶型液晶，但并未对其作出详细的解释。鉴于以上的研究结论，我们不难看出[C_{12}mim][BF_4]的相态转变行为非常复杂。

到目前为止，[C_{12}mim][BF_4]在不同相态情况下的结构依然不是很清楚。众所周知，拉曼光谱是研究物质结构变化和相态转变强有力的测试手段，然而关于[C_{12}mim][BF_4]的拉曼散射研究还很少。本研究首先利用 DSC 对[C_{12}mim][BF_4]样品进行热分析，确定其相转变行为；然后将拉曼光谱仪和控温装置结合使用，在降温和升温过程中原位研究[C_{12}mim][BF_4]的微观结构变化；最后通过改变降温和加压速率，研究[C_{12}mim][BF_4]的构象变化和相变动力学。

实验所用的[C_{12}mim][BF_4]样品购买于中国科学院兰州化学物理研究所，纯度为 99%，相对分子质量为 338.24。常温常压下该离子液体为液晶态。图 5-19 为[C_{12}mim][BF_4]的结构示意图。

实验使用的控温装置是目前使用最为广泛的英国 Linkam 公司生产的 THMS600 型冷热

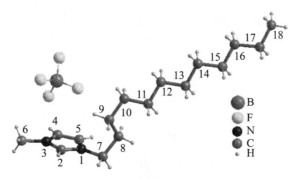

图 5-19　$[C_{12}mim][BF_4]$ 结构示意图

台。该仪器的温度控制范围为-196~600℃，升降温速率在 0.1~150℃/min 范围内连续可调。考虑实验过程中样品处于高温时会转变成液态，所以将 $[C_{12}mim][BF_4]$ 样品放置在石英材质的坩埚中进行实验。

实验使用的高压装置是配备电阻丝加热装置的四柱式金刚石对顶砧，金刚石砧面直径为 400 μm。$[C_{12}mim][BF_4]$ 样品被装在一个厚 100 μm、直径 200 μm 的材质为 T301 不锈钢片的密闭空间中。装载样品时，将一颗直径为 10 μm 的红宝石球一起放入该密闭空间内，根据红宝石荧光测压技术可以确定样品腔内压强大小。实验过程中观察到红宝石发出尖锐的荧光峰，表明实验样品处在一个静水压或者准静水压环境中。

热分析实验使用的是美国 TA 仪器公司生产的 DSC 250 型差示扫描量热仪，测温区间设置为-60~80℃，升降温速率设置为 10℃/min，气氛为 N_2(50 mL/min)，参比物为 Al_2O_3，环境温度为 20℃。

拉曼实验使用的是英国 Renishaw 公司生产的 inVia 型拉曼光谱仪。该拉曼光谱仪配备了半导体固体激光器，激光波长为 532 nm，激光功率为 50 mW。为了满足控温装置和高压装置与该仪器能够结合使用，拉曼光谱仪还配备了日本 OLYMPUS 公司生产的 50X 长焦镜头。该拉曼光谱仪整体性能优良，激光光斑约为 1μm×1μm，光谱分辨率约为 1 cm^{-1}。实验过程中将光谱仪狭缝设置为 65 μm，采集范围设置为 100~3500 cm^{-1}，采集时间设置为 10 s。

5.3.1　DSC 结果与分析

考虑现有文献对 $[C_{12}mim][BF_4]$ 的相态转变行为得出不同结论，我们首先对 $[C_{12}mim][BF_4]$ 样品进行了 DSC 测试，升降温速率设置为 10℃/min。图 5-20 为 $[C_{12}mim][BF_4]$ 在-60~80℃ 范围内的 DSC 测试结果。图中，先从 80℃ 开始降温，先后在 46.7℃ 和 5.4℃ 分别出现了较小和较大的放热峰，表明 $[C_{12}mim][BF_4]$ 在 46.7℃ 和 5.4℃ 先后发生了两次相变。根据焓变与结构变化关系理论，第一次相变放出的热量较少，表明相变前后物质的结构变化较小，所以将 46.7℃ 指认为 $[C_{12}mim][BF_4]$ 的浑浊点(液态—液晶态转变，或者 I—S_A)，第二次相变放出的热量较多，则表明相变前后物质的结构变化较大，所以将 5.4℃ 指认为[C_{12}mim][BF_4]的凝固点(液晶态—晶态转变，或者 S_A—C_1)。继续降温至实验最低温度-60℃，未发现新的相变信息，表明在 5.4℃ 至-60℃ 降温过程中[C_{12}mim][BF_4]晶体结构稳定。该结论与张世国等(Zhang et al，2012)的研究结果基本一致。

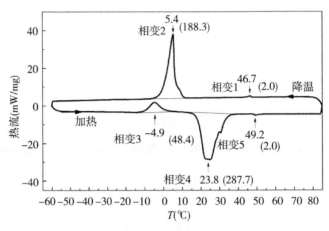

图 5-20　[C_{12}mim][BF_4]DSC 曲线

　　然后我们从-60℃ 开始升温，当温度升高到-4.9℃ 时，出现了一个明显的放热峰，表明[C_{12}mim][BF_4]发生了第三次相变。同时说明降温得到的[C_{12}mim][BF_4]晶体在-60~ -4.9℃升温过程中，其晶体结构依然稳定，直到升温至-4.9℃ 时[C_{12}mim][BF_4]再次释放热量，由低温状态的晶体结构(晶 I 相，或者 C_1)向高温状态的晶体结构(晶 II 相，或者 C_2)转变，显然与晶 I 相(C_1)相比，晶 II 相(C_2)的结构更加稳定，其分子结构能量更低。继续升温，发现在 23.8℃ 和 49.2℃ 分别出现了较大和较小的吸热峰，表明[C_{12}mim][BF_4]在 23.8℃ 和 49.2℃ 先后发生了两次相变。与降温过程相反，第四次相变吸收的热量较多，表明相变前后物质的结构变化较大，所以将 23.8℃ 指认为[C_{12}mim][BF_4]的熔点(晶态—液晶态转变，或者 C_2—S_A)；第五次相变放出的热量较少，则表明相变前后物质的结构变化较小，所以将 49.2℃ 指认为[C_{12}mim][BF_4]的清亮点(液晶态—液态转变，或者 S_A—I)。继续升温至实验最高温度 80℃，未发现新的相变信息，表明在 49.2~80℃ 升温过程中[C_{12}mim][BF_4]始终呈现液态。该结论与张世国等(Zhang et al，2012)的研究结果明显不同，但是与 Hodyna 等(2016)报道第一次加热过程的 DSC 测试结果非常相似，不同的是本次的测试结果未发现明显的玻璃化转变。为了验证本次实验结果的可靠性，我们以相同的升降温速率进行了多次实验，实验结果重复性较好。

　　我们详细分析整个 DSC 曲线的焓变情况(图 5-20)发现：相变 1(I—S_A)的焓变与相变 5(S_A—I)的焓变相等，表明[C_{12}mim][BF_4]在液态(I)与液晶态(S_A)之间相互转变时只存在一种焓变，说明液态(I)与液晶态(S_A)的结构比较稳定；相变 2(S_A—C_1)与相变 3(C_1—C_2)的焓变之和接近相变 4(C_2—S_A)的焓变，表明[C_{12}mim][BF_4]在晶态(C)与液晶态(S_A)之间相互转变时至少存在两种焓变可能，说明常压条件下[C_{12}mim][BF_4]至少存在两种晶体结构。

5.3.2 Raman 结果与分析

　　根据分子振动理论，组成物质的分子或离子在物体内部的振动主要有两种：①外模振动(分布在光谱的低波数区域)，主要由分子或离子之间的相对运动引起；②内模振动(分布在光谱的高波数区域)，主要由分子或离子自身的变形振动引起。其中，内模振动包含特征区和指纹区。特征区又称官能团区，主要由组成分子或离子的特征官能团(如$C\equiv C$，$C=C$，$C=O$，$C-H$，$O-H$，苯环，咪唑环等)伸缩振动引起。不同的官能团具有不同的振动频率，可以根据特征区内拉曼峰出现的位置鉴定物质内部是否存在某种官能团。指纹区内的拉曼峰可用于区别不同化合物结构上的微小差异或同种化合物因外界条件变化引起的微小结构变化。

　　图 5-21 为常压条件下-60℃时晶态$[C_{12}mim][BF_4]$的拉曼光谱图。对于离子液体$[C_{12}mim][BF_4]$而言，外模振动主要分布在 $0\sim200$ cm^{-1} 范围内，内模振动的指纹区主要分布在 $200\sim1500$ cm^{-1} 范围内，内模振动的特征区主要分布在 $1500\sim3250$ cm^{-1} 范围内，如图5-21所示。本小节主要研究$[C_{12}mim][BF_4]$内模振动随着温度变化情况。根据 Kim 等(1989)、Wickramarachchi 等(2007)和陈羿廷等(2010)，表 5-1 列出了$[C_{12}mim][BF_4]$拉曼峰的近似指认。

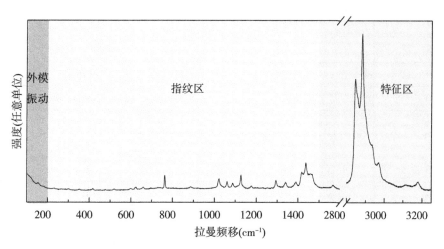

图 5-21　常压-60℃时$[C_{12}mim][BF_4]$晶体的拉曼光谱

表 5-1　　　　　　　　　　　　$[C_{12}mim][BF_4]$拉曼峰近似指认

序号	振动频率（cm^{-1}）	峰的指认
1	3175	$\nu(H-C(4))$，$\nu(H-C(5))$（面内）
2	3154	$\nu(H-C(4))$，$\nu(H-C(5))$（面外）

序号	振动频率（cm^{-1}）	峰的指认
3	3115	$\nu(H—C(2))$
4	2968	$\nu_a(CH_3)$
5	2935	$\nu_s(CH_3)$
6	2880	$\nu_a(CH_2)$
7	2845	$\nu_s(CH_2)$
8	1576	$\nu(C(4)—C(5))$
9	1567	$\nu_a(N(1)—C(2)—N(3))$
10	1452	$\delta_a(CH_3)$
11	1434	$\delta(CH_2)$
12	1416	$\delta(CH_2)_{ortho}$
13	1387	$\delta(CH_3)$
14	1303	$t(CH_2)$
15	1170	$\nu(C—C)$
16	1122	$\nu(C—C)_A$
17	1083	$\nu(C—C)_G$
18	1061	$\nu(C—C)_A$
19	1034	$\delta(ring)$
20	1020	$\nu(Et—N)$，$\nu(Me—N)$
21	887	$\gamma(C—H)$
22	869	$\gamma(C—H)$
23	844	$\gamma(C—H)$
24	819	$\gamma(C—H)$
25	762	$\nu_s(BF_4)$
26	696	$\nu(Et—N)$，$\nu(Me—N)$
27	658	$\gamma(Et—N)$，$\gamma(H—C(2))$
28	621	$\gamma(Me—N)$
29	597	$\nu(Et—N)$，$\nu(Me—N)$
30	518	$\delta(BF_4)$
31	415	$r(Et—N)$，$r(Me—N)$

序号	振动频率（cm⁻¹）	峰的指认
32	351	$\delta(\text{Et}-\text{N})$
33	278	$tors(\text{CH}_3)(\text{Et})$
34	208	$\gamma(\text{Et}-\text{N})$

注：ν，伸缩；δ，弯曲；w，摇摆；t，扭曲；r，扭摆；γ，面外；s，对称；a，反对称。

为了验证 DSC 测试结果，利用原位拉曼及显微照相技术对其进行了重复实验。图5-22为[C₁₂mim][BF₄]在2800~3050 cm⁻¹范围内的拉曼光谱及显微照片。根据 DSC 测试结果，图5-22中分别给出了降温过程中液态(a)、液晶态(b)、晶态(c)和升温过程中晶Ⅰ相(d)、晶Ⅱ相(e)、液晶态(f)、液态(g)的拉曼光谱及显微照片。仔细观察图中拉曼光谱的峰型，清晰可见液态(I)、液晶态(S_A)和晶态(C)存在明显差异，反映出不同相态具有不同的峰型特征。对比降温和升温过程中的液态(I)或液晶态(S_A)，清晰可见同种相态具有相同的峰型特征。特别值得注意的是，升温过程中晶态(C)的拉曼光谱的峰型存在两种特征，一种(晶Ⅰ相，或者C_1)与降温得到的晶态相同，而另一种(晶Ⅱ相，或者C_2)与降温得到的晶态相异。仔细观察图5-22中显微照片，发现降温过程的显微照片显示[C₁₂mim][BF₄]先从透明的液态转变为半透明的液晶态，然后再转变为透明的晶态；升温过程的显微照片显示[C₁₂mim][BF₄]先是晶态的透明度略有降低，然后转变为半透明的液晶态，最后转变为透明的液态。以上现象与 DSC 测试结果基本相符，证明了 DSC 测试结果的可靠性，同时也佐证了[C₁₂mim][BF₄]至少存在两种晶体结构。

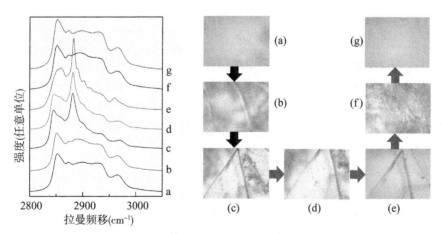

图5-22 [C₁₂mim][BF₄]的拉曼光谱(一)(降温过程：a.60℃，b.30℃，
c.-50℃。升温过程：d.-40℃，e.0℃，f.40℃，g.60℃)

根据 Venkataraman 等(2002)、Orendorff 等(2002)和 Casal 等(1985)的研究成果，[C₁₂mim][BF₄]在2800~3050 cm⁻¹范围内的拉曼峰主要来源于烷基链上甲基(—CH₃)和亚

甲基(—CH$_2$—)的伸缩振动，图 5-22 中展现的四个相对较强的拉曼峰分别为：亚甲基对称伸缩振动(~2845 cm^{-1})，亚甲基反对称伸缩振动(~2880 cm^{-1})，甲基对称伸缩振动(~2935 cm^{-1})，甲基反对称伸缩振动(~2968 cm^{-1})。Venkataraman 等(2002)指出亚甲基(—CH$_2$—)的反对称与对称伸缩振动的峰强比(I_{2845}/I_{2880})对于烷基链的构象非常敏感，能够反映烷基链的线性程度。Orendorff 等(2002)进一步指出 I_{2845}/I_{2880} 对于烷基链因旋转、缠绕、扭曲、弯曲而引起的构象变化也非常敏感。为了清晰地展现图 5-22 中 I_{2845}/I_{2880} 随温度变化的情况，图 5-23 列出了 I_{2845}/I_{2880} 随温度变化的关系。

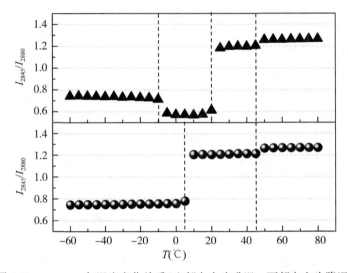

图 5-23　I_{2845}/I_{2880} 与温度变化关系(上部向右为升温；下部向左为降温)

由图 5-22 和图 5-23 可知，在降温过程中，[C$_{12}$mim][BF$_4$]初始状态为透明的液体(I)，I_{2845}/I_{2880} 约为 1.26。当[C$_{12}$mim][BF$_4$]转变为浑浊半透明的液晶(S_A)时，I_{2845}/I_{2880} 约为 1.21。当[C$_{12}$mim][BF$_4$]转变为透明的晶 I 相(C_1)时，I_{2845}/I_{2880} 约为 0.75。在随后的升温过程中，I_{2845}/I_{2880} 先保持不变，当[C$_{12}$mim][BF$_4$]从晶 I 相(C_1)转变为晶 II 相(C_2)时，透明度略有下降，同时 I_{2845}/I_{2880} 进一步降低，约为 0.57。继续升温，[C$_{12}$mim][BF$_4$]先后转变为半透明的液晶(S_A)和透明的液体(I)，相应的 I_{2845}/I_{2880} 先后升至约 1.21 和 1.26。Roche 等(2003)指出对于具有长烷基链的晶体物质，I_{2845}/I_{2880} 越小，则晶体结构中烷基链的线性程度越高。从微观角度来看，烷基链上相邻亚甲基的对位排列数目比邻位排列数目多，则烷基链的线性程度就越高。众所周知，通常物质按照液态—液晶态—晶态顺序变化时，分子或离子的运动自由度逐渐降低，结构有序程度逐渐增强。所以，我们认为 I_{2845}/I_{2880} 与烷基链线性程度规律的适用范围可以从晶态拓展到液态和液晶态。当[C$_{12}$mim][BF$_4$]处于液态(I)时，阴阳离子处于游离状态，呈现三维无序结构，此时 I_{2845}/I_{2880} 最大，表明十二烷基链的线性程度最低，烷基链上相邻亚甲基随机排列，邻位排列和对位排列的数目相当。当[C$_{12}$mim][BF$_4$]处于液晶态(S_A)时，阴阳离子的运动在一定程度上受到了限制，呈现一维或二维有序结构，此时 I_{2845}/I_{2880} 略有减小，表明十二烷基链的线性程度略有增加，烷基链上有少量的亚甲基由邻位排列向对位排列转变。

Gordon 等(1998)报道了与[C₁₂mim]⁺结构非常相似的[C₁₄mim]⁺在液晶态时的可能结构，该结构呈现层状，层内主要分布着咪唑环，层间主要分布着烷基链。此外，Mudring(2010)指出离子液体中存在亲水性结构和疏水性结构。从 Gordon 等(1998)给出的层状结构可以看出，阳离子的咪唑环部分具有亲水性，相邻咪唑环因亲水性相互吸引，有序排列成二维层状结构；阳离子烷基链部分具有疏水性，相邻烷基链因疏水性相互排斥，导致烷基链的自由度降低，运动空间受到限制，从而线性程度增强。当[C₁₂mim][BF₄]处于晶态(C)时，阴阳离子受到晶格限制，主要表现为振动或转动，呈现三维有序结构，此时I_{2845}/I_{2880}明显减小，表明十二烷基链的线性程度显著增加。其中，晶 I 相(C_1)的I_{2845}/I_{2880}约为 0.75，晶 II 相(C_2)的I_{2845}/I_{2880}约为 0.57，表明烷基链在晶 II 相(C_2)内比在晶 I 相(C_1)内具有更高的线性程度，烷基链上有更多的亚甲基由邻位排列向对位排列转变。

对比[C₁₂mim][BF₄]的降温和升温过程，我们发现液态(I)时I_{2845}/I_{2880}均为 1.26，且基本保持不变；液晶态(S_A)时I_{2845}/I_{2880}均为 1.21，也基本保持不变；而晶态(C)时I_{2845}/I_{2880}明显低于液态(I)或液晶态(S_A)。该实验现象表明[C₁₂mim][BF₄]在液态(I)、液晶态(S_A)和晶态(C)时具有不同的I_{2845}/I_{2880}特征值，暗示可以通过I_{2845}/I_{2880}的数值变化来帮助判断[C₁₂mim][BF₄]的相态及相态转变。同时，该实验现象与 Casal 等(1985)提出的[C₁₀H₂₁NH₃]Cl 和[C₁₀H₂₁NH₃]₂[CdCl₄]处于不同相态时拉曼光谱情况非常相似。[C₁₀H₂₁NH₃]Cl拉曼结果表明：晶体的I_{2845}/I_{2880}约为 0.46；液晶的I_{2845}/I_{2880}约为 0.96。[C₁₀H₂₁NH₃]₂[CdCl₄]拉曼结果表明：单斜晶体的I_{2845}/I_{2880}约为 0.60；六方晶体的I_{2845}/I_{2880}约为 0.69；液晶的I_{2845}/I_{2880}与[C₁₀H₂₁NH₃]Cl液晶相当，约为 0.96。同时，[C₁₀H₂₁NH₃]Cl或[C₁₀H₂₁NH₃]₂[CdCl₄]处于晶态时之所以具有较小的I_{2845}/I_{2880}，是因为烷基链以全反构象周期性密集排列。所以，若I_{2845}/I_{2880}数值较小，则预示该物质很可能为晶态。例如，Roche 等(2003)研究发现通过降温方法得到低温时[C₁₆mim][PF₆]的拉曼光谱显示I_{2845}/I_{2880}约为 0.73，利用 X 射线衍射技术证实此时的[C₁₆mim][PF₆]为晶体。因此，基本可以判断[C₁₂mim][BF₄]在熔点温度以下($I_{2845}/I_{2880}≈0.75$ 或 0.57)时为晶态。此外，Casal 等(1985)还指出[C₁₀H₂₁NH₃]Cl 晶体($I_{2845}/I_{2880}≈0.46$)比[C₁₀H₂₁NH₃]₂[CdCl₄]晶体($I_{2845}/I_{2880}≈0.60$)具有更低的I_{2845}/I_{2880}数值，是因为前者采用烷基链相互交叉方式排列，而后者则采用烷基链非相互交叉方式排列，显然不同的I_{2845}/I_{2880}数值代表不同的晶体结构。低温时[C₁₂mim][BF₄]的拉曼光谱显示两个不同的I_{2845}/I_{2880}数值($I_{2845}/I_{2880}≈0.75$ 和 0.57)，表明了[C₁₂mim][BF₄]存在两种晶体结构，该结论佐证了 DSC 测试结果。

根据分子振动理论，振动光谱的特征区包含了各种官能团(如双键、三键以及各种芳香环等)的特征振动，主要用于辨别物质内部是否存在各种官能团。而振动光谱的指纹区主要用来区别不同物质结构上的微小差异或者辨别同种物质结构变化前后的细小差别。因此，若想研究[C₁₂mim][BF₄]降温和升温过程中各种相态的结构或结构变化情况，分析指纹区的光谱变化是必不可少的。

Hayashi 等(2003)利用 X 射线衍射和拉曼散射技术发现[C₄mim]Cl 存在两种晶体结构，而且这两种晶体结构分别具有特征拉曼峰 600 cm⁻¹ 和 625 cm⁻¹。Ozawa 等(2003)利用密度泛函理论计算出拉曼峰 600 cm⁻¹ 对应[C₄mim]⁺的 GT 构象(本书表示为 GA 构象)，

625 cm^{-1}对应着[C$_4$mim]$^+$的 TT 构象(本书表示为 AA 构象)。Ozawa 等(2003)指出两种构象的差异主要表现在烷基链围绕 C7—C8 键旋转角度不同,或者理解为相邻亚甲基的排列方式不同。其中,600 cm^{-1}表示[C$_4$mim]$^+$中 C(7)H$_2$—C(8)H$_2$以邻位方式排列(G 构象),625 cm^{-1}表示 C(7)H$_2$—C(8)H$_2$以对位方式排列(A 构象)。Holomb 等(2008)将红外、拉曼等实验技术和理论计算相结合发现[C$_4$mim]$^+$至少有 4 种构象,分别为 AA 构象、AG 构象、GA 构象和 GG 构象。图 5-24 为[C$_4$mim]$^+$的 AA 构象、AG 构象、GA 构象和 GG 构象结构示意图。Holomb 等(2008)指出[C$_4$mim]$^+$的 AA 构象、AG 构象、GA 构象和 GG 构象还分别对应特征拉曼峰 905 cm^{-1}、883 cm^{-1}、825 cm^{-1}和 808 cm^{-1}。显然[C$_4$mim]$^+$结构中不仅 C(7)H$_2$—C(8)H$_2$存在 A 构象和 G 构象,C(8)H$_2$—C(9)H$_2$也同样存在 A 构象和 G 构象。根据该研究结果,我们可以推测[C$_n$mim]$^+$至少存在$(n-2)^2$种构象,那么[C$_{12}$mim]$^+$至少存在$(12-2)^2 = 100$种构象。然而,如此多的构象并非都能够从物质中找到,只有能量较低的构象才能稳定存在。Holomb 等(2008)通过理论计算发现[C$_4$mim]$^+$的 AA 构象能量最低,结构最稳定,其余 3 种构象按照 GA 构象(+2.36 kJ/mol)、AG 构象(+3.15 kJ/mol)、GG 构象(+5.78 kJ/mol)的顺序能量依次增加。

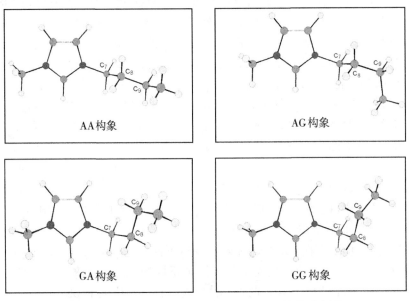

图 5-24　[Bmim]$^+$的 AA、AG、GA 和 GG 构象示意图

Russina 等(2011)利用原位高压拉曼技术对[C$_4$mim][PF$_6$]进行研究,并将实验结果与其他相关文献进行对比,发现较高压强时[C$_4$mim]$^+$以 GA 构象出现在[C$_4$mim][PF$_6$]中,较低压强时[C$_4$mim]$^+$则以 AA 构象出现在[C$_4$mim][PF$_6$]中。该研究结果用实验方法证明了 AA 构象和 GA 构象在 4 种可能存在的构象中能量相对较低,可以在物质中稳定存在,而且 AA 构象比 GA 构象更加稳定。Berg 等(2005)利用拉曼实验技术和理论计算结合的方法将[C$_4$mim]$^+$与[C$_6$mim]$^+$进行了对比研究,发现[C$_6$mim]$^+$存在两种最稳定结构,分

别为 AAAA 构象和 GAAA 构象。由此可推测，在[C₁₂mim]⁺可能存在的 100 种构象中，AAA…A 构象和 GAA…A 构象也可能是能量最低、结构最稳定的构象。如图 5-25 所示，(a)为[C₆mim]⁺的 AAAA 构象和 GAAA 构象的结构示意图，(b)为[C₁₂mim]⁺的 AAA…A 构象和 GAA…A 构象的结构示意图。

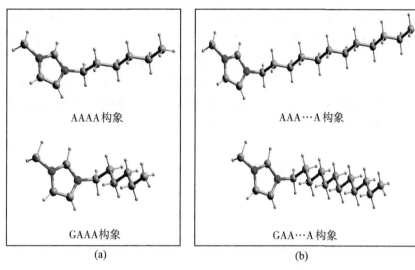

图 5-25　(a)[C₆mim]⁺AAAA 构象和 GAAA 构象示意图；
(b)[C₁₂mim]⁺AAA…A 构象和 GAA…A 构象示意图

　　经查阅大量文献，发现离子液体处于液态时存在多种构象共存现象。Umebayashi 等(2005)通过对[C₂mim][BF₄]、[C₂mim][PF₆]、[C₂mim][CF₃SO₃]和[C₂mim][N(CF₃SO₂)₂]等多种离子液体处于液态时的拉曼光谱进行研究，发现来源于[C₂mim]⁺非平面构象(NP 构象)的特征拉曼峰 241 cm⁻¹，297 cm⁻¹，387 cm⁻¹，430 cm⁻¹ 和平面构象(P 构象)的特征拉曼峰 448 cm⁻¹ 都同时出现，表明 NP 构象和 P 构象在这些离子液体处于液态时能够以一定的比例共同存在，达到某种程度的动态平衡。我们通过对处于液态的[C₄mim][X](X=Cl⁻、Br⁻和 I⁻)拉曼光谱进行研究，发现来源于[C₄mim]⁺GA 构象的特征拉曼峰 600 cm⁻¹ 和 AA 构象的特征拉曼峰 625 cm⁻¹ 也同时出现，表明 GA 构象和 AA 构象在这些离子液体处于液态时也能够以一定的比例共存，达到某种程度的动态平衡。而且我们还发现这 3 种离子液体中[C₄mim]⁺的构象平衡与球形阴离子(Cl⁻、Br⁻和 I⁻)的种类有关。Hatano 等(2011)研究发现[C₄mim]⁺的 AA 构象和 GA 构象在液态[C₄mim][X](X=CH₃COO⁻、SCN⁻、NO₃⁻、BF₄⁻和 PF₆⁻)中共存，通过对比发现[C₄mim]⁺的构象平衡与非球形阴离子(CH₃COO⁻、SCN⁻、NO₃⁻、BF₄⁻和 PF₆⁻)的种类无关。此外，Holomb 等(2008)发现[C₄mim]⁺的 4 种构象(AA 构象、AG 构象、GA 构象和 GG 构象)在液态[C₄mim][BF₄]中同时存在。

　　离子液体多种构象共存现象可能是离子液体不容易结晶，反而更容易形成过冷液体、液晶、塑晶或非晶等状态的原因之一。Holbrey 等(2003)通过研究[C₄mim]Cl 结晶过程，给出了多种构象共存导致离子液体结晶受阻的实验证据。Endo 等(2010)利用 DSC 和拉曼光谱研究[C$_4$mim][PF$_6$]相态转变时，发现液态[C$_4$mim][PF$_6$]通过降温未能结晶而是转变为非晶态，随后的加热过程使其先转变为过冷液态，然后才出现结晶现象；同时发现[C$_4$mim]$^+$的 GA 构象、AA 构象和 G′A 构象在液态、非晶态和过冷液态中始终共存，直到结晶后才出现单一构象。

图 5-26 为[C$_{12}$mim][BF$_4$]在 580~640 cm^{-1}范围内的拉曼光谱，当[C$_{12}$mim][BF$_4$]处于液态时，拉曼峰 600 cm^{-1}(指认为 C(7)H$_2$—C(8)H$_2$的 G 构象)和 625 cm^{-1}(指认为 C(7)H$_2$—C(8)H$_2$的 A 构象)同时出现，表明液态[C$_{12}$mim][BF$_4$]中[C$_{12}$mim]$^+$至少存在两大类构象，本书分别用符号"A(A/G)…构象"和"G(A/G)…构象"表示。其中，"A(A/G)…构象"是指烷基链中距离咪唑环最近的两个相邻亚甲基以确定的对位方式(A)排列，其余亚甲基以不确定的对位或邻位方式(A/G)排列。

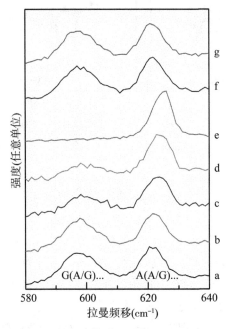

图 5-26　[C$_{12}$mim][BF$_4$]的拉曼光谱(二)(降温过程：a. 60℃，b. 30℃，c. 30℃，c. −50℃。升温过程：d. −40℃，e. 0℃，f. 40℃，g. 60℃)

Holomb 等(2008)指出 800~1000 cm^{-1}范围内的拉曼峰对于[C$_4$mim]$^+$的构象变化非常敏感，并将该范围内的拉曼峰 905 cm^{-1}、883 cm^{-1}、825 cm^{-1}和 808 cm^{-1}分别指认为 AA 构象、AG 构象、GA 构象和 GG 构象的特征峰。[C$_{12}$mim]$^+$与[C$_4$mim]$^+$具有相似结构，只是[C$_{12}$mim]$^+$比[C$_4$mim]$^+$拥有更长的烷基链，所以 800~1000 cm^{-1}范围内的拉曼峰对[C$_{12}$mim]$^+$的构象变化应该同样敏感。图 5-27 展示了[C$_{12}$mim][BF$_4$]在 800~1000 cm^{-1}范围内的拉曼光谱，[C$_{12}$mim][BF$_4$]在 800~1000 cm^{-1}范围内出现了 815 cm^{-1}、843 cm^{-1}、

868 cm⁻¹、888 cm⁻¹和922 cm⁻¹等强度较弱的宽的拉曼峰，这表明液态[C₁₂mim][BF₄]中[C₁₂mim]⁺的构象共存现象比液态[C₄mim][BF₄]中[C₄mim]⁺的构象共存现象更加复杂，[C₁₂mim][BF₄]中除了C(7)H₂—C(8)H₂和C(8)H₂—C(9)H₂同时存在A构象和G构象之外，C(9)H₂—C(10)H₂，C(11)H₂—C(12)H₂，…，C(16)H₂—C(17)H₂也可能同时存在A构象和G构象。对比液态[C₄mim][BF₄]中存在的4种[C₄mim]⁺构象[AA构象（905 cm⁻¹）、AG构象（883 cm⁻¹）、GA构象（825 cm⁻¹）和GG构象（808 cm⁻¹）]，我们推测液态[C₁₂mim][BF₄]中存在的A(A/G)…构象和G(A/G)…构象可以进一步细分为AA(A/G)…构象（922 cm⁻¹）、AG(A/G)…构象（888 cm⁻¹）、GA(A/G)…构象（868 cm⁻¹）和GG(A/G)…构象（843 cm⁻¹）这四类[C₁₂mim]⁺构象。其中，"AA(A/G)…构象"是指烷基链中距离咪唑环最近的三个相邻亚甲基以确定的对位方式(A)排列，其余亚甲基以不确定的对位或邻位方式(A/G)排列。

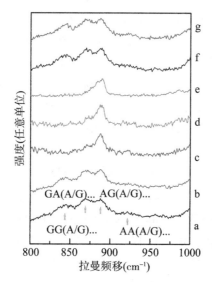

图5-27　[C₁₂mim][BF₄]的拉曼光谱（三）（降温过程：
a. 60℃，b. 30℃，c. -50℃。升温过程：d. -40℃，
e. 0℃，f. 40℃，g. 60℃）

　　在研究离子液体构象平衡以及外界条件对构象平衡的影响时，研究人员通常利用不同构象特征峰的强度比（I_{AA}/I_{GA}）或面积比（S_{AA}/S_{GA}）来表示它们之间的相对数量。本书也尝试用该方法研究[C₁₂mim][BF₄]相变时的构象变化。如图5-26和图5-27所示，当[C₁₂mim][BF₄]由液态(I)转变为液晶态(S_A)时，600 cm⁻¹与625 cm⁻¹的强度比以及800~1000 cm⁻¹范围内4个拉曼峰的相对强度均没有明显的变化，表明该相变并非由烷基链上C(7)H₂—C(8)H₂或C(8)H₂—C(9)H₂的构象变化引起。根据上文分析，[C₁₂mim][BF₄]由无序的液态(I)向层状结构的液晶态(S_A)转变时，阳离子烷基链部分因具有疏水性而相互排斥，导致烷基链的线性程度增强，相应的亚甲基对位排列数目增加。我们推测亚甲基

对位排列(A 构象)数目增加主要发生在除 C(7)H$_2$—C(8)H$_2$ 或 C(8)H$_2$—C(9)H$_2$ 以外的烷基链部分。当[C$_{12}$mim][BF$_4$]由液晶态(S_A)转变为晶 I 相(C_1)时，600 cm^{-1} 与 625 cm^{-1}的峰强比值显著减小，表明该相变与烷基链上 C(7)H$_2$—C(8)H$_2$ 的构象变化密切相关，而且是由 G 构象(对应的拉曼峰强度明显减弱)向 A 构象(对应的拉曼峰强度明显增强)转变。我们发现 800~1000 cm^{-1} 范围内只剩下两个拉曼峰，分别对应 GA(A/G)…构象和AG(A/G)…构象，而且前者拉曼峰强度明显较弱，后者拉曼峰强度明显较强，该现象与C(7)H$_2$—C(8)H$_2$ 的 G 构象较弱和 A 构象较强刚好吻合。当[C$_{12}$mim][BF$_4$]由晶 I 相(C_1)转变为晶 II 相(C_2)时，C(7)H$_2$—C(8)H$_2$ 的 G 构象完全消失，A 构象进一步增强，表明 G 构象完全转变为 A 构象。同时我们发现 800~1000 cm^{-1} 范围内 GA(A/G)…构象也完全消失，AG(A/G)…构象略有增强，该现象与 C(7)H$_2$—C(8)H$_2$ 的 G 构象消失和 A 构象增强再次吻合。

以上拉曼结果表明：当[C$_{12}$mim][BF$_4$]为液态(I)和液晶态(S_A)时，AA(A/G)…构象、AG(A/G)…构象、GA(A/G)…构象和 GG(A/G)…构象这四类[C$_{12}$mim]$^+$构象共存；当[C$_{12}$mim][BF$_4$]为晶 I 相(C_1)时，AG(A/G)…构象和 GA(A/G)…构象共存；而当[C$_{12}$mim][BF$_4$]为晶 II 相(C_2)时，只有 AG(A/G)…构象存在。

令人感到奇怪的是，[C$_{12}$mim][BF$_4$]通过降温得到的晶 I 相(C_1)中 AG(A/G)…构象和 GA(A/G)…构象同时存在，该现象与常见的离子液体结晶现象明显不同(通常离子液体结晶后只以一种构象形式在晶体中出现)。例如，Hayashi 等(2003)利用拉曼和 X 射线衍射技术研究[C$_4$mim]Cl 的熔体结晶过程，发现通过降温方法可以得到两种不同的[C$_4$mim]Cl 晶体。其中，一种晶体的拉曼特征峰为 625 cm^{-1}、730 cm^{-1} 和 790 cm^{-1}，后来证明该晶体中的[C$_4$mim]$^+$为 AA 构象；另一种晶体的拉曼特征峰为 500 cm^{-1}、600 cm^{-1} 和 700 cm^{-1}，后来证明该晶体中的[C$_4$mim]$^+$为 GA 构象。Endo 等(2010)利用 DSC 和拉曼光谱研究了[C$_4$mim][PF$_6$]温致相变过程，发现在升温过程中出现三种晶态(crystal α、crystal β 和 crystal γ)，分别对应着[C$_4$mim]$^+$三种构象(GA 构象、TA 构象和 G′A 构象)。因此，我们推测在[C$_{12}$mim][BF$_4$]晶体中出现多种构象的原因可能有两个：①降温得到的[C$_{12}$mim][BF$_4$]晶体(C_1)可能是单一相，含有 C(7)H$_2$—C(8)H$_2$ 的 G 构象的[C$_{12}$mim]$^+$和含有 C(7)H$_2$—C(8)H$_2$ 的 A 构象的[C$_{12}$mim]$^+$分别与[BF$_4$]$^-$形成离子对，分布在同一个晶胞内；② 降温得到的[C$_{12}$mim][BF$_4$]晶体(C_1)可能是混合相，即样品内可能存在两种晶体，一种是含有 C(7)H$_2$—C(8)H$_2$ 的 G 构象的[C$_{12}$mim]$^+$与[BF$_4$]$^-$结合形成的晶体，另一种是含有 C(7)H$_2$—C(8)H$_2$ 的 A 构象的[C$_{12}$mim]$^+$与[BF$_4$]$^-$结合形成的晶体。对于第一种推测，由于目前还未见到相关文献报道，所以我们认为可能性较小。第二种推测，我们认为可能性较大。

在对[C$_{12}$mim][BF$_4$]进行多次重复变温拉曼实验过程中，偶尔会在显微镜下观察到具有不同形貌特征的样品，并对其进行显微图像记录和拉曼光谱采集，如图 5-28 所示。从图中我们不难看出 A 区域和 B 区域的样品表面形貌差异明显。其中，A 区域晶粒较大且晶界清晰可见，在多次重复实验过程中比较罕见；B 区域晶粒较小且晶界不明显，在多次重复实验过程中比较常见。对比两个区域的拉曼光谱，发现 A 区域内不同位置的拉曼光谱基本一致，而 B 区域内不同位置的拉曼光谱不完全相同，而且 B 区域内拉曼光谱包含了 A 区域内拉曼光谱中出现的所有拉曼峰。根据以上现象，判断 A 区域和 B 区域内的样品分别为单一相和混合相。不仅如此，A 区域内样品的拉曼光谱中只出现了特征拉曼峰 625 cm^{-1}（C(7)H₂—C(8)H₂ 的 A 构象），与升温过程得到的晶 II 相（C_2）相同；B 区域内样品的拉曼光谱中同时出现了特征拉曼峰 600 cm^{-1}（C(7)H₂—C(8)H₂ 的 G 构象）和 625 cm^{-1}（C(7)H₂—C(8)H₂ 的 A 构象），与降温过程得到的晶 I 相（C_1）相同。因此，降温过程得到的晶 I 相（C_1）和升温过程得到的晶 II 相（C_2）分别为混合相晶体和单一相晶体。

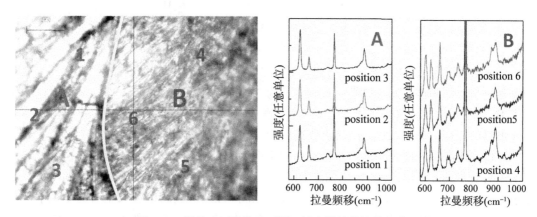

图 5-28 样品表面形貌及不同区域内样品的拉曼光谱

5.4 高压下[C₂mim][PF₆]的结构与构象研究

实验选用在常温常压条件下为晶态的 1-乙基-3-甲基咪唑六氯磷酸盐（[C₂mim][PF₆]）为研究对象。[C₂mim][PF₆]实验样品购买于中国科学院兰州化学物理研究所，熔点约为 60℃），相对分子质量为 256.06，纯度为 99%。为了去除离子液体中可能含有的少量水分和可挥发性残留物，实验前将离子液体样品放置在真空环境 3 日以上。图 5-29 为[C₂mim][PF₆]结构示意图。

高压实验所用的压力加载装置为金刚石对顶砧，其中金刚石砧面直径约为 500μm，密封垫片选用 T301 不锈钢片，垫片的初始厚度为 250μm，经过预压之后的厚度约为 60μm，在预压区域中心钻一个 200μm 直径的小孔作为样品腔。考虑[C₂mim][PF₆]在常温常压条件下为固态，为了满足静水压实验条件，故选用硅油（二甲基硅油）作为本次实验的传压介质。为了能够标定实验压强，实验前将经退火处理的红宝石球与实验样品一同装入样品腔内，利用红宝石荧光法确定实验过程中的压强值。所有实验都是在室温条件下完成的。

原位高压拉曼光谱是在英国雷尼绍公司生产的 Renishaw inVia 拉曼光谱仪上采集获得

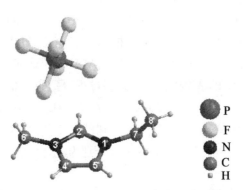

图 5-29　[C_2mim][PF_6]结构示意图

的，该光谱仪配备了 20 倍奥林巴斯长焦镜头以实现金刚石对顶砧内样品拉曼信号的采集，激发光由半导体固体激光器提供，激光波长为 532nm，输出功率为 50mW，该光谱仪还配备了 16 级激光功率衰减调节器，可满足不同的激光功率测试要求。每次实验前均使用标准的单晶硅特征拉曼峰 520 cm^{-1} 对仪器进行校准，该仪器的分辨率约为 1 cm^{-1}。

原位高压红外光谱是在德国布鲁克公司生产的 Bruker Vertex 70V 傅里叶变换红外光谱仪上采集获得的。该红外光谱仪的 CCD 探测器由液氮制冷，光谱分辨率为 2 cm^{-1}。每个光谱的采集时间为 64 s，光谱采集范围为 600~4000 cm^{-1}。在高压红外光谱的测试中，采用了 II_a 型金刚石构成的金刚石对顶砧，砧面直径为 350 μm，样品腔由 T301 不锈钢片预压钻孔后形成，直径为 100μm，厚度为 35μm。在进行红外光谱测试时，样品腔内填充 KBr 固体(常用的红外透光材料，尤其在中红外区域不产生红外吸收峰)。KBr 主要起到两个作用：一是降低样品量以免红外吸收过度而导致光谱信号饱和；二是作为提供静水压环境的传压介质。

原位高压同步辐射 X 射线衍射实验主要是在北京同步辐射装置(BSRF)的 4W2 beamline 的高压站上完成的。实验使用的单色光束波长为 0.6199 Å，光斑大小为 20μm×30μm。样品到检测器的距离和其他参数通过 CeO_2 校准。Mar 345 检测器用于收集样品的布拉格衍射环。考虑[C_2mim][PF_6]中含有轻元素(H、C、N 等)，采集每个压强下的光谱时设置曝光时间为 500 s，保证足够的信号强度。数据采用 Fit2D 软件进行处理，得到关于 XRD 信号强度对应 2θ 关系的谱线。

5.4.1　Raman 结果与分析

图 5-30 为常压条件下[C_2mim][PF_6]的拉曼光谱图，对于[C_2mim][PF_6]而言，外模振动主要分布在 0~200 cm^{-1} 范围内，指纹区主要分布在 200~1500 cm^{-1} 范围内，特征区主要分布在 1500~3250 cm^{-1} 范围内。本小节主要研究[C_2mim][PF_6]的内模振动随着压强变化的情况。根据 Katsyuba 等(2004)、Berg(2007)和 Endo 等(2010、2011)的研究成果，表 5-2 列出了[C_2mim][PF_6]主要拉曼峰的近似指认。

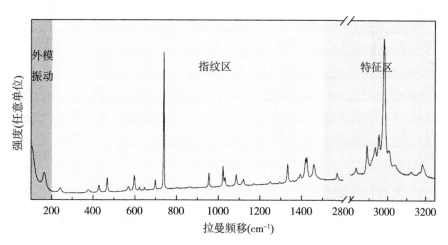

图 5-30 常压条件下［C_2mim］［PF_6］拉曼光谱

表 5-2 ［C_2mim］［PF_6］拉曼峰近似指认

序号	频率（cm^{-1}）	指　认
1	3190	$\nu(H—C(4))$, $\nu(H—C(5))$
2	3183	$\nu(H—C(4))$, $\nu(H—C(5))$（面内）
3	3165	$\nu(H—C(4))$, $\nu(H—C(5))$（面外）
4	3123	$\nu(H—C(2))$
5	3038	$\nu_{as}(CH_3)$
6	3005	$\nu_{as}(CH_3)$（Et）
7	2980	$\nu_{as}(CH_3)$（Me）
8	2953	$\nu_s(CH_3)$（Et）
9	2932	$\nu_{as}(CH_3)$（Me）
10	2917	$\nu_{as}(CH_2)$
11	2889	$\nu_s(CH_2)$
12	1575	$\nu(C(4)—C(5))$
13	1570	$\nu_{as}(N(1)—C(2)—N(3))$
14	1462	$\delta_{as}(CH_3)$（Et）
15	1458	$\delta_{as}(CH_3)$（Me）
16	1425	$\delta_s(CH_3)$
17	1419	$\delta(CH_2)$, $\nu(ring)$
18	1358	$w(CH_2)$
19	1333	$\nu(Et—N)$, $\nu(Me—N)$

序号	频率（cm^{-1}）	指　　认
20	1296	$r(\mathrm{H}-\mathrm{C}(4))$, $r(\mathrm{H}-\mathrm{C}(5))$, $t(\mathrm{CH_2})$
22	1170	$\nu(\mathrm{C}-\mathrm{C})$
23	1121	$\nu(\mathrm{C}-\mathrm{C})$
24	1085	$\nu(\mathrm{C}-\mathrm{C})$
25	1032	$\delta(\mathrm{ring})$
26	1023	$\nu(\mathrm{Et}-\mathrm{N})$, $\nu(\mathrm{Me}-\mathrm{N})$
27	956	$\gamma(\mathrm{H}-\mathrm{C}(2))$
28	865	$\gamma(\mathrm{C}-\mathrm{H})$
29	801	$r(\mathrm{CH_2})$, $r(\mathrm{CH_3})$ (Et)
30	741	$\nu_s(\mathrm{PF_6})$
31	698	$\nu(\mathrm{Et}-\mathrm{N})$, $\nu(\mathrm{Me}-\mathrm{N})$
32	647	$\gamma(\mathrm{Et}-\mathrm{N})$, $\gamma(\mathrm{H}-\mathrm{C}(2))$
33	621	$\gamma(\mathrm{Me}-\mathrm{N})$, g
34	597	$\nu(\mathrm{Et}-\mathrm{N})$, $\nu(\mathrm{Me}-\mathrm{N})$
35	569	$\nu_a(\mathrm{PF_6})$
36	468	$\delta(\mathrm{PF_6})$
37	428	$r(\mathrm{Et}-\mathrm{N})$, $r(\mathrm{Me}-\mathrm{N})$
38	378	$\delta(\mathrm{Et}-\mathrm{N})$
39	298	$tors(\mathrm{CH_3})$ (Et)
40	242	$\gamma(\mathrm{Et}-\mathrm{N})$

注：ν，伸缩；δ，弯曲；w，摇摆；t，扭曲；r，扭摆；γ，面外；s，对称；a，反对称。

图 5-31 为 $[\mathrm{C_2mim}][\mathrm{PF_6}]$ 在 0~15.8 GPa 范围内的拉曼光谱图。考虑 $[\mathrm{C_2mim}][\mathrm{PF_6}]$ 和硅油(传压介质)的内部都含有甲基成分，必然会有部分拉曼峰的重叠现象，所以图5-31 中同时列出了纯 $[\mathrm{C_2mim}][\mathrm{PF_6}]$ 和纯硅油在常压条件下的拉曼光谱，用于辨别实验获得高压下拉曼峰的归属。除此之外，为了判别硅油(传压介质)在整个高压实验过程中是否与样品发生反应，图 5-32 列出了样品腔内硅油的高压拉曼光谱图。从图 5-32 中清晰可见，整个实验过程中硅油的拉曼峰仅发生了因压强增加而引起的正常峰位蓝移和峰宽化等现象，并未出现新拉曼峰或拉曼峰分裂等现象，表明硅油没有与样品发生反应，可以作为该实验的传压介质。

由 $[\mathrm{C_2mim}][\mathrm{PF_6}]$ 结构示意图(图 5-29)可知，$[\mathrm{C_2mim}][\mathrm{PF_6}]$ 中含有甲基和亚甲基以及咪唑环等结构。根据 Katsyuba 等(2004)、Berg(2007)和 Endo 等(2010、2011)的研究成果，2800~3050 cm^{-1} 范围内的拉曼峰来源于烷基链上甲基和亚甲基中的 C—H 伸缩振动，3050~3250 cm^{-1} 范围内的拉曼峰来源于咪唑环上 C—H 伸缩振动。对于离子液体而言，

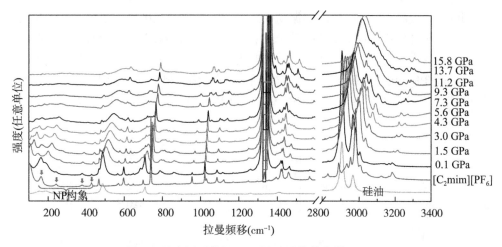

图 5-31　高压下的[C₂mim][PF₆]拉曼光谱(一)

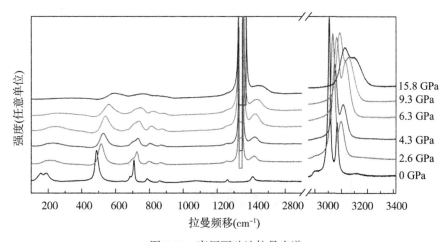

图 5-32　高压下硅油拉曼光谱

C—H 伸缩振动对于离子内部结构的变化非常敏感,研究人员经常利用此性质判断离子液体是否发生结构变化或相变。

图 5-33(a)和(b)分别展示了不同压强下烷基链和咪唑环 C—H 伸缩振动拉曼峰。同时,图 5-34 展示了 C—H 伸缩振动拉曼峰位与压强变化的关系。由于[C₂mim][PF₆]和硅油(传压介质)内部都有甲基基团,所以在特征区内这两种物质的拉曼峰有重叠,导致[C₂mim][PF₆]内部的部分较弱且与硅油重叠的拉曼峰无法分辨。尽管如此,从图中依然可以辨别部分较强拉曼峰的变化情况。如图 5-33 和图 5-34 所示,当压强从常压加至 1.5 GPa 时,代表烷基链 C—H 伸缩振动拉曼峰的区域出现了新峰 3005 cm⁻¹,代表咪唑环 C—H伸缩振动拉曼峰 3183 cm⁻¹ 消失;继续加压至 5.6 GPa 和 11.2 GPa 时,在这两个区域内分别出现了新峰 3012 cm⁻¹、3088 cm⁻¹、3213 cm⁻¹、3239 cm⁻¹ 和 3066 cm⁻¹、3084 cm⁻¹、

3251 cm^{-1}、3274 cm^{-1}、3288 cm^{-1}。根据分子振动理论,当分子或离子具有不同结构时,那么不同的分子或离子将拥有不同的振动模式,反映在拉曼光谱中则呈现不同的拉曼峰位。相反,当外界条件变化导致物质的拉曼光谱中有新拉曼峰出现或旧拉曼峰消失等现象时,意味着新振动模式产生或旧振动模式消失,同时也表明分子或离子的结构发生了改变。因此,推测[C$_2$mim][PF$_6$]在高压条件下可能存在 4 种不同结构的相态(标记为固相I、固相II、固相III和固相IV),并且在 1.5 GPa、5.6 GPa 和 11.2 GPa 附近先后发生三次相变。

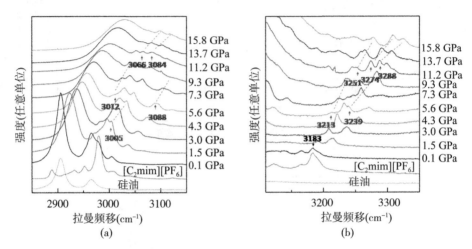

图 5-33 高压下[C$_2$mim][PF$_6$]烷基链上 C—H 伸缩振动(a)和咪唑环上 C—H 伸缩振动(b)

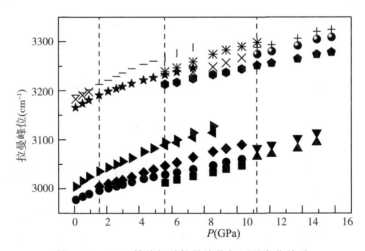

图 5-34 C—H 伸缩振动拉曼峰位与压强变化关系

图 5-35 为部分 C—H 伸缩振动拉曼峰峰位与压强的变化关系图。图中,3 个拉曼峰 2977 cm^{-1}、3004 cm^{-1} 和 3165 cm^{-1} 的峰位随着压强的增加而逐渐向高波数方向偏移,这是因为压强的增加导致原子间距缩短,键长缩短,键能增强。此外,我们还发现随着压强的增加,3 个拉曼峰在 1.5 GPa 和 5.6 GPa 附近出现了两个明显的拐点,并且当压强增至

11.2 GPa以上时全部消失不见。由此可知，由相同基团产生的振动模式在不同的结构中拥有不同的拉曼峰位，而且该拉曼峰位受外界条件(如温度、压强等)影响的程度也不相同。一般情况下，物质在高压作用下发生相变时，会有明显的结构变化或者结构重组。当压强不足够高时，某些基团在不同相态中依然保持稳定，只是在不同的分子或离子结构中存在，在拉曼光谱中则表现为随压强的变化，拉曼峰位的斜率有明显拐点。当压强达到一定程度时，某些化学键可能断裂或形成新的化学键，导致某些基团遭到破坏或转变成其他基团，如C≡C转变为C═C，C═C转变为C—C，苯环开环转变为烷烃等。因此，3个拉曼峰2977 cm⁻¹、3004 cm⁻¹和3165 cm⁻¹在[C₂mim][PF₆]的固相Ⅰ、Ⅱ和Ⅲ中出现，却在固相Ⅳ中全部消失的现象，表明产生该振动模式的基团在固相Ⅰ、Ⅱ和Ⅲ中保持稳定，而在固相Ⅳ中很可能遭到破坏或转变成新的基团。

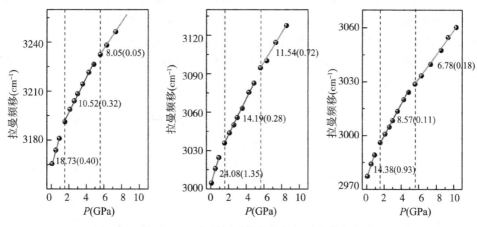

图 5-35 部分 C—H 伸缩振动拉曼峰位与压强的变化关系

为了更加清晰地展现2977 cm⁻¹、3004 cm⁻¹和3165 cm⁻¹在加压过程中峰位随压强变化的情况，对这3个拉曼峰在可能存在的几种相态压强范围内进行线性拟合。如图 5-35 所示，拉曼峰2977 cm⁻¹在固相Ⅰ、Ⅱ和Ⅲ中峰位随压强变化的斜率分别为14.38 cm⁻¹/GPa、8.57 cm⁻¹/GPa 和 6.78 cm⁻¹/GPa；拉曼峰3004 cm⁻¹在固相Ⅰ、Ⅱ和Ⅲ中斜率分别为24.08 cm⁻¹/GPa、14.19 cm⁻¹/GPa 和 11.54 cm⁻¹/GPa；拉曼峰3165 cm⁻¹在固相Ⅰ、Ⅱ和Ⅲ中斜率分别为18.73 cm⁻¹/GPa、10.52 cm⁻¹/GPa 和 8.05 cm⁻¹/GPa。显然，3个拉曼峰在固相Ⅰ、Ⅱ和Ⅲ中的斜率明显不同。这进一步证明了这3个拉曼峰的峰位随压强增加时在1.5 GPa和5.6 GPa附近出现拐点的事实。

综上所述，根据拉曼峰2977 cm⁻¹、3004 cm⁻¹和3165 cm⁻¹随压强变化而变化的情况，以及大量新拉曼峰出现和旧拉曼峰消失等现象，判断[C₂mim][PF₆]在1.5GPa、5.6 GPa 和11.2 GPa附近先后发生了3次相变。

图 5-36(a)展示了不同压强下咪唑环内 C—C 和 C—N 伸缩振动拉曼峰。同时，图 5-36(b)为咪唑环内 C—C 和 C—N 伸缩振动拉曼峰位与压强的变化关系图。如图所示，常压下[C₂mim][PF₆]中 C—C 和 C—N 伸缩振动清晰可辨，拉曼峰位分别为 1575 cm⁻¹ 和

1570 cm⁻¹，表明 C—C 和 C—N 的键长或键能差异明显，咪唑环为非正五边形环，符合五元杂环的特征。当压强增加时，C—C 和 C—N 伸缩振动拉曼峰逐渐向高波数方向移动，表明 C—C 和 C—N 的键长（或键能）在压强作用下逐渐减小（或增强）。当压强增加到 1.5 GPa 时，1575 cm⁻¹ 和 1570 cm⁻¹ 合并为一个拉曼峰 1578 cm⁻¹，表明此时的 C—C 和 C—N 的键长或键能非常接近或相等，咪唑环可能由平面结构转变为非平面结构，或者由非正五边形结构转变成正五边形结构，暗示[C₂mim][PF₆]在该压强下可能发生了结构相变。继续增加压强，1578 cm⁻¹ 依然保持一个峰并逐渐向高波数方向移动，表明该结构在高压下可以稳定存在。当压强增加至 5.6 GPa 时，1578 cm⁻¹ 分裂成两个拉曼峰 1583 cm⁻¹ 和 1590 cm⁻¹，表明 C—C 和 C—N 的键长或键能又出现明显差异，表明咪唑环可能又变成了非正五边形环或者非平面结构变形更加严重，暗示[C₂mim][PF₆]在该压强下又发生了一次结构相变。当压强增加至 11.2 GPa 以上时，1583 cm⁻¹ 和 1590 cm⁻¹ 逐渐消失，同时伴随两个新拉曼峰 1598 cm⁻¹ 和 1606 cm⁻¹ 的出现，表明[C₂mim][PF₆]发生了第三次结构相变。综上所述，咪唑环内 C—C 和 C—N 伸缩振动随压强的变化情况表明[C₂mim][PF₆]在 1.5 GPa、5.6 GPa 和 11.2 GPa 附近发生了三次结构相变。该结论与由 C—H 伸缩振动随压强的变化情况获得的结论一致。

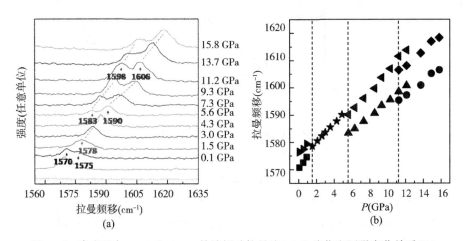

图 5-36　咪唑环内 C—C 和 C—N 伸缩振动拉曼峰（a）和峰位和压强变化关系（b）

　　图 5-37 展示了不同压强下阳离子[C₂mim]⁺指纹区拉曼光谱以及阴离子[PF₆]⁻特征振动拉曼峰。图中，从常压加压至 1.5 GPa 时，代表阴离子[PF₆]⁻的弯曲振动（471 cm⁻¹）、伸缩振动（568 cm⁻¹）和对称伸缩振动（741 cm⁻¹）附近均出现了新的拉曼峰 475 cm⁻¹、578 cm⁻¹ 和 752 cm⁻¹，表明阴离子[PF₆]⁻的结构发生了剧烈变化，可能出现了不同的键长和键角。根据 Grondin 等（2011）的研究结论，常压下[C₂mim][PF₆]内部的阴离子[PF₆]⁻近似于正八面体结构，如图 5-38 所示。在 1.5 GPa 压强的作用下正八面体很可能发生了变形。与此同时，分布于阴离子周围的阳离子[C₂mim]⁺也相应发生了变化，例如，在 833 cm⁻¹ 位置出现了新峰，Holomb 等（2008）报道指出 800～950 cm⁻¹ 范围内的拉曼峰对于[C₂mim]⁺和[C₄mim]⁺内部烷基链的结构非常敏感。第一性原理确定了[C₂mim]⁺的平面

构象(P 构象)的特征峰 448 cm⁻¹，以及非平面构象(NP 构象)的特征峰 241 cm⁻¹、297 cm⁻¹、387 cm⁻¹ 和 430 cm⁻¹。从图 5-31 中可以看出，$[C_2mim]^+$ 的 NP 构象的特征峰 241 cm⁻¹、297 cm⁻¹、387 cm⁻¹ 和 430 cm⁻¹ 依然存在，但未出现 P 构象的特征峰 448 cm⁻¹，表明与常压相比在 1.5 GPa 压强下 $[C_2mim]^+$ 的 NP 构象并未发生根本性变化。但是如图 5-37 所示，在 800~950 cm⁻¹ 范围内出现了新峰，则表明 $[C_2mim]^+$ 的 NP 构象中出现了新的振动模式，推测 NP 构象可能发生了变形。此外，上文提到在 1.5 GPa 附近 1575 cm⁻¹ 和 1570 cm⁻¹ 合并为 1578 cm⁻¹ 的现象，表明咪唑环在压强的作用下发生了变形，该现象也为 NP 构象发生变形提供了间接证据。综合以上阴阳离子拉曼峰的变化情况，判断 $[C_2mim][PF_6]$ 在 1.5GPa 附近发生的相变属于阴阳离子对重组式结构相变。

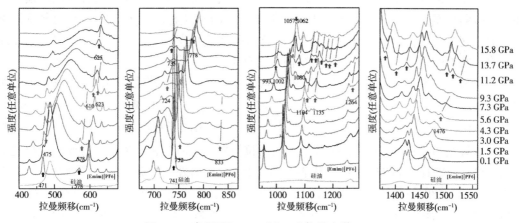

图 5-37 高压下［C₂mim］［PF₆］拉曼光谱(二)

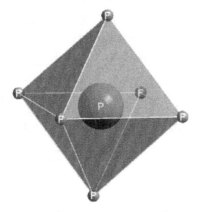

图 5-38 常压下［PF₆］⁻正八面体结构

图 5-37 中，继续加压至 5.6 GPa 时，仔细观察阴离子 $[PF_6]^-$ 的弯曲振动(471 cm⁻¹)、伸缩振动(568 cm⁻¹)和对称伸缩振动(741 cm⁻¹)附近的拉曼峰，没有发现类似新拉曼峰出现或者拉曼峰分裂等现象，表明阴离子结构没有发生剧烈变化，仅有压强增加导致的正常

体积缩小。从 1.5 GPa 加压至 9.3 GPa 的过程中，拉曼峰 752 cm^{-1} 强度逐渐增强，同时伴随拉曼峰 741 cm^{-1} 强度逐渐减弱，表明在压强作用下阴离子的正八面体向非正八面体转变是逐渐进行的。但是来自阳离子指纹区拉曼峰的变化却非常丰富。例如：当压强升至 5.6 GPa 时，代表烷基与咪唑环之间 C—N 伸缩振动的拉曼峰 597 cm^{-1} 和 698 cm^{-1} 附近分别出现了新的拉曼峰 610 cm^{-1}、623 cm^{-1} 和 724 cm^{-1}；代表—CH$_3$ 和—CH$_2$—摇摆振动的 1085 cm^{-1} 和 1121 cm^{-1} 附近分别出现了新的拉曼峰 1104 cm^{-1} 和 1135 cm^{-1}；代表咪唑环上 C—H 摇摆振动的 1250 cm^{-1} 附近分别出现了新的拉曼峰 1264 cm^{-1}；代表—CH$_3$ 弯曲振动的 1465 cm^{-1} 附近出现了新的拉曼峰 1476 cm^{-1}。上述现象表明阳离子的结构在 5.6 GPa 前后发生了剧烈变化。不仅如此，$[C_2mim]^+$ 的 NP 构象的特征峰 241 cm^{-1}、297 cm^{-1}、387 cm^{-1} 和 430 cm^{-1} 的强度在 5.6 GPa 前后明显减弱，而且拉曼峰强度随着压强继续增加而逐渐减弱直至完全消失，表明当压强增加至 5.6 GPa 以上时，$[C_2mim]^+$ 的构象特征逐渐减弱并完全消失。综合以上阴阳离子拉曼峰的变化情况，判断 $[C_2mim][PF_6]$ 在 5.6 GPa 附近发生的相变主要与阳离子的结构转变有关，属于构象转变式的结构相变。

图 5-37 中，继续加压至 11.2 GPa 时，代表 $[PF_6]^-$ 对称伸缩振动(741 cm^{-1})附近再次出现了新的拉曼峰 778 cm^{-1}，表明阴离子 $[PF_6]^-$ 的内模振动出现了新的对称伸缩振动，也就意味阴离子 $[PF_6]^-$ 的结构发生了剧烈变化。同时阳离子指纹区拉曼峰的变化更加丰富：代表烷基与咪唑环之间 C—N 伸缩振动的拉曼峰 597 cm^{-1} 和 698 cm^{-1} 附近再次出现了新的拉曼峰 625 cm^{-1} 和 735 cm^{-1}；代表咪唑环上 C—H 面外摇摆振动的拉曼峰 956 cm^{-1} 附近出现了两个新的拉曼峰 993 cm^{-1} 和 1002 cm^{-1}；代表咪唑环呼吸振动的拉曼峰 1023 cm^{-1} 附近出现了新的拉曼峰 1057 cm^{-1} 和 1062 cm^{-1}；代表咪唑环弯曲振动的拉曼峰 1032 cm^{-1} 附近出现了新的拉曼峰 1080 cm^{-1}；代表—CH$_3$ 和—CH$_2$—摇摆振动的拉曼峰(1100～1230 cm^{-1})以及—CH$_3$ 和—CH$_2$—弯曲振动的拉曼峰(1370～1550 cm^{-1})再次出现了明显的拉曼峰变化，出现了较多新的拉曼峰。综合以上阴阳离子拉曼峰的变化情况，我们判断 $[C_2mim][PF_6]$ 在 11.2 GPa 附近发生的第三次相变是由阴离子和阳离子的结构变化共同引起的，意味着这次相变又是一次阴阳离子对重组式结构相变。继续增加压强至 15.8GPa，$[C_2mim][PF_6]$ 的拉曼峰除了发生峰位蓝移和宽化之外基本保持不变，没有再出现新的拉曼峰等现象。综上所述，$[C_2mim][PF_6]$ 在 0～15.8 GPa 压强范围内连续发生了三次相变，相变压强点分别约为 1.5 GPa、5.6 GPa 和 11.2 GPa，在 1.5 GPa 和 11.2 GPa 附近发生的相变与阴阳离子对结构重组有关，而在 5.6 GPa 附近发生的相变与阳离子构象转变有关。

5.4.2　IR 结果与分析

图 5-39 为常压条件下离子液体 $[C_2mim][PF_6]$ 的红外吸收光谱图。由于红外光谱与拉曼光谱一样，都能提供物质内部的分子振动信息，所以红外光谱也有指纹区和特征区。如图 5-39 所示，600～1500 cm^{-1} 范围内的红外光谱属于指纹区，1500～3300 cm^{-1} 范围内的红外光谱属于特征区。根据 Kiefer 和 Noack 等(2016)，Kiefer 和 Fries 等(2007)，Dhumal 和 Kim 等(2011)，Dhumal 和 Noack 等(2010)以及 Buffeteau 等(2010)的研究成果，表 5-3 列

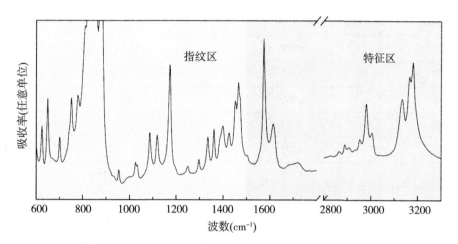

图 5-39 常压条件下离子液体$[C_2mim][PF_6]$的红外吸收光谱

出了$[C_2mim][PF_6]$主要的红外吸收峰近似指认。

表 5-3 $[C_2mim][PF_6]$红外吸收峰近似指认

序号	频率（cm⁻¹）	指 认
1	3180	$\nu(H-C(4))$, $\nu(H-C(5))$（面内）
2	3167	$\nu(H-C(4))$, $\nu(H-C(5))$（面外）
3	3135	$\nu(H-C(2))$
4	3005	$\nu(CH_2)$
5	2980	$\nu_{as}(CH_3)$ (Me)
6	2953	$\nu_{as}(CH_3)$ (Et)
7	2934	$\nu_s(CH_2)$
8	2908	$\nu_s(CH_3)$ (Me)
9	2890	$\nu_s(CH_3)$ (Et)
10	1613	$\nu(C(4)-C(5))$
11	1574	$\nu_{as}(N(1)-C(2)-N(3))$
12	1472	$\delta_{as}(CH_3)$ (Et), $\delta_{as}(CH_3)$ (Me)
13	1465	$\delta_{as}(CH_3)$ (Et), $\delta_{as}(CH_3)$ (Me)
14	1452	$\delta_s(CH_2)$, $\delta_{as}(CH_3)$ (Et), $\delta_{as}(CH_3)$ (Me)
15	1425	$\delta(CH_3)$, $\delta(CH_2)$, $\nu(ring)$

序号	频率（cm^{-1}）	指　认
16	1399	$w(CH_2)$，$\delta_s(CH_3)$（Et）
17	1387	$\delta_s(CH_3)$（Et）
18	1360	$w(CH_2)$
19	1334	ν(Et—N)，ν(Me—N)
20	1297	r(H—C(4))，r(H—C(5))，$t(CH_2)$
21	1250	r(H—C(2))
22	1172	ν(Et—N)，ν(Me—N)
23	1118	$r(CH_3)$，$r(CH_2)$
24	1087	$r(CH_3)$
25	1032	$\delta(CH_2)$
26	1026	ν(Et—N)，ν(Me—N)
27	955	γ(H—C(2))
28	751	γ(H—C(4))，γ(H—C(5))
29	742	γ(H—C(4))，γ(H—C(5))
30	701	ν(Et—N)，ν(Me—N)
31	649	γ(Et—N)，γ(H—C(2))
32	624	γ(Me—N)

注：ν，伸缩；δ，弯曲；w，摇摆；t，扭曲；r，扭摆；γ，面外；s，对称；a，反对称。

图 5-40 为[C_2mim][PF_6]在 0~15 GPa 压强范围内指纹区（600~1500 cm^{-1}）和特征区（1500~3300 cm^{-1}）的红外吸收光谱图。根据 Kiefer 和 Noack 等（2016），Kiefer 和 Fries 等（2007），Dhumal 和 Kim 等（2011），Dhumal 和 Noack 等（2010）以及 Buffeteau 等（2010）的研究成果，阴离子[PF_6]$^-$的伸缩振动吸收峰在 831 cm^{-1}附近，图 5-40 中显示 800~900 cm^{-1}范围内的红外吸收非常强致使信号饱和，所以图中无法呈现出阴离子伸缩振动的变化情况。尽管如此，阳离子[C_2mim]$^+$的红外吸收信号则非常好，能够充分展现其随着压强增加的变化情况。

如图 5-40 所示，当压强从常压增加至 1.1 GPa 时，代表咪唑环上 C—H 面外摇摆振动的一个吸收峰 742 cm^{-1}消失；代表—CH$_3$和—CH$_2$—摇摆振动和弯曲振动的吸收峰 1399 cm^{-1}和 1425 cm^{-1}附近出现了新的吸收峰 1398 cm^{-1}和 1424 cm^{-1}；随着压强增加，代表—CH$_2$—伸缩振动的吸收峰 3005cm^{-1}的强度明显降低。以上现象表明从常压增加至 1.1 GPa时，[C_2mim]$^+$的结构发生了变化，而且该变化与烷基结构变化密切相关。继续加压至 5.9 GPa 时，代表咪唑环上 C—H 面外摇摆振动的吸收峰 751 cm^{-1}附近出现了一个新

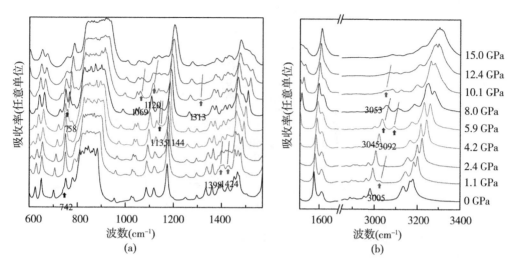

图 5-40　高压下[C₂mim][PF₆]指纹区(a)和特征区(b)红外吸收光谱

的吸收峰 758 cm⁻¹；代表—CH₃ 和—CH₂—摇摆振动的吸收峰 1118 cm⁻¹ 附近出现了新的吸收峰 1135 cm⁻¹ 和 1144 cm⁻¹；代表烷基链上 C—H 伸缩振动的红外吸收区域出现了新的吸收峰 3045 cm⁻¹ 和 3092 cm⁻¹。以上现象表明[C₂mim][PF₆]在 5.9 GPa 附近再次发生了相变。继续加压至 10.1 GPa 时，代表—CH₂—弯曲振动的吸收峰 1032 cm⁻¹ 附近出现了新的吸收峰 1069 cm⁻¹；代表—CH₃ 摇摆振动的吸收峰 1087 cm⁻¹ 附近出现了新的吸收峰 1120 cm⁻¹；代表咪唑环上 C—H 面内摇摆振动的吸收峰 1097 cm⁻¹ 附近出现了新的吸收峰 1313 cm⁻¹；代表烷基链上 C—H 伸缩振动的红外吸收区域出现了新的吸收峰 3053 cm⁻¹。以上现象表明 [C₂mim] [PF₆] 在 10.1 GPa 附近第三次发生了相变。综上所述，[C₂mim][PF₆]在 0~15 GPa 压强范围内连续发生了三次相变，相变压强点分别在 1.1 GPa、5.9 GPa 和 10.1 GPa 附近，该结论与拉曼测试结果基本相符。

5.4.3　XRD 结果与分析

Fuller 等(1994)首次利用 X 射线单晶衍射实验技术发现常温常压下[C₂mim][PF₆]晶体属于单斜晶系，并利用 SHELXTL 软件解析出了该单斜晶体的空间群为 P2₁/c，z=4，晶胞参数：$a = 8.757$ Å，$b = 9.343$ Å，$c = 13.701$ Å，$\beta = 103.05°$，$V = 1092.02×10^{-30}$ m³。由于氢原子的质量较小，几乎不会对 X 射线产生衍射作用，很难通过 X 射线衍射技术获得氢原子的结构排列信息，所以我们在解析晶体结构时忽略了氢原子对整个晶体结构的影响。随着实验技术的发展和进步，实验解析出包含氢原子在内的[C₂mim][PF₆]晶体结构，实验结果表明[C₂mim][PF₆]晶体结构依然属于单斜晶系，空间群为 P2₁/c，z=4，但是晶胞参数略有不同：$a = 8.627$ Å，$b = 9.035$ Å，$c = 13.469$ Å，$\beta = 101.92°$，$V = 1027.2×10^{-30}$ m³。图 5-41 为常温常压条件下[C₂mim][PF₆]的晶体结构图。

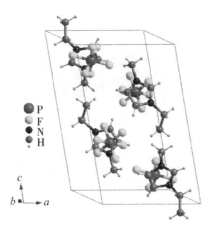

图 5-41　常温常压条件下 $[C_2mim][PF_6]$ 晶体结构(单斜晶系，空间群 $P2_1/c$)

　　对于晶体而言，判断该晶体在高压作用下是否发生相变，原位高压 X 射线衍射实验技术是最有力的检测手段。所以为了研究高压下 $[C_2mim][PF_6]$ 的相变行为，我们进行了原位高压同步辐射角散 X 射线衍射实验。在进行高压实验之前，为了验证样品是否含有杂质，首先对样品进行了常温常压条件采谱。图 5-42 展示了常压条件下 $[C_2mim][PF_6]$ 样品的同步辐射 X 射线粉末衍射谱。我们利用 GSAS 软件对该衍射谱进行结构精修，精修结果和 Reichert 等(2007)的研究结果符合较好，表明图 5-42 中观察到的所有衍射峰都可以被指认为单斜晶系 $[C_2mim][PF_6]$ 的衍射峰(CCDC No. 653108)，样品中没有杂质，可以进行高压实验研究。

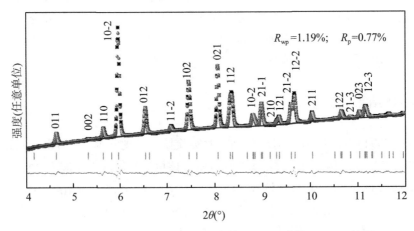

图 5-42　常压条件下 $[C_2mim][PF_6]$ 的 ADXRD 谱的 Rietveld 精修
(星号为实验谱，圆点为模拟谱，底部黑色细线为背底拟合误差)

　　图 5-43(a)展示了 $[C_2mim][PF_6]$ 在加压过程中不同压强下的 X 射线衍射谱，其中 0

GPa表示常压条件。为了清晰地展现图5-43(a)中衍射峰的变化情况，图5-43(b)列出衍射峰位与压强的变化关系。图中，从常压增至1.4 GPa时，衍射峰发生明显变化，在$2\theta=$ 9.83°，10.02°，10.23°等角度位置出现新的衍射峰，同时$2\theta=$7.09°，8.07°，8.80°，9.35°，9.60°，9.67°，10.04°等角度位置的衍射峰消失，表明样品发生了结构相变。继续加压至5.1 GPa时，在$2\theta=$4.93°，7.38°，7.88°，10.00°等角度位置出现新的衍射峰，表明样品再次发生了结构相变。继续加压至11.9 GPa时，在$2\theta=$7.71°和7.84°等角度位置出现新的衍射峰，表明样品第三次发生了结构相变。综上所述，[C₂mim][PF₆]在0~15.8 GPa压强范围内连续发生了三次相变，相变压强点分别在1.4 GPa、5.1 GPa和11.9 GPa附近，该结论与拉曼光谱和红外吸收光谱测试结果基本相符。观察整个实验压强范围内[C₂mim][PF₆]的X射线衍射谱，我们发现始终以尖锐的衍射峰出现，满足典型的晶体结构布拉格衍射特征，表明[C₂mim][PF₆]在0~15.8 GPa范围内始终以有序的晶体结构形式存在。由衍射峰的变化情况，可以断定在1.4 GPa，5.1 GPa，11.9 GPa压强下出现了3种新的晶体结构。

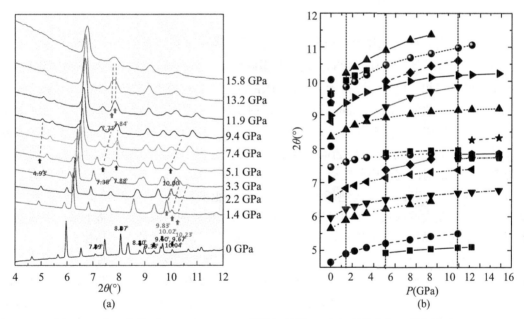

图5-43　高压条件下[C₂mim][PF₆]X射线衍射谱(a)和衍射峰位与压强的关系(b)

经过查阅大量文献，我们发现报道离子液体晶体结构的文献非常少，关于高压下离子液体晶体结构信息的文献报道就更少了。导致这种现象出现主要有3个方面原因：一是因为很多离子液体利用传统的熔体结晶方法很难结晶，极易形成玻璃态，即使有一部分离子液体可以结晶，也很难获得质量较好的单晶颗粒，所以增加了利用单晶衍射实验技术解析其晶体结构的难度；二是因为离子液体通常是由有机阳离子与无机阴离子组成，阴阳离子中含有的原子数目较多，然而目前常用的结构预测软件只能预测原子数目相对较少的结构，所以利用软件对离子液体的结构进行预测非常困难；三是因为目前原位高压单晶衍射实验技术运用难度还非常大，尽管原位高压粉末衍射实验技术相对成熟，但是粉末衍射与单晶衍射相比缺失了很多晶体结构信息，增加了晶体结构解析的难度。

目前，现有文献报道的 $[C_2mim][PF_6]$ 晶体结构只有单斜相。但是，具有相似化学成分的 $[C_2mim][NbF_6]$ 和 $[C_2mim][TaF_6]$ 却存在正交相 $(P2_12_12_1)$。根据相似性原理，我们尝试将 $[C_2mim][PF_6]$ 的高压相指认为正交相，做了简单的结构替代，用 P 替代 $[C_2mim][NbF_6]$ 或 $[C_2mim][TaF_6]$ 正交相（空间群：$P2_12_12_1$）中 Nb 或 Ta 的位置。随后，利用这个结构模型分别对高压下 $[C_2mim][PF_6]$ 的 3 个相态进行了结构精修，精修的结果都不理想，说明 $[C_2mim][PF_6]$ 的 3 个高压相都不是 $P2_12_12_1$ 结构。尽管我们无法解析出 $[C_2mim][PF_6]$ 的 3 个高压相到底是什么晶体结构，但至少可以断定 $[C_2mim][PF_6]$ 在 1.4 GPa、5.1 GPa 和 11.9 GPa 附近发生的相变均为有序—有序结构相变，这些信息对于有限的离子液体高压相变研究来说也是非常重要的。

5.5　加压速率对结构和构象的影响

Lassègues 等（2007）利用密度泛函理论与拉曼光谱测试相结合的方法研究了降温速率对 $[C_2mim][TFSI]$ 结晶过程的影响，发现缓慢降温获得 $[C_2mim]^+$ 的 NP 构象和 $[TFSI]^-$ 的 C_1 构象组成的晶相，快速降温得到主要由 $[C_2mim]^+$ 的 P 构象和 $[TFSI]^-$ 的 C_2 构象组成的亚稳相。由此，我们推测 $[C_{12}mim][BF_4]$ 结晶时出现单一相和混合相的原因可能与降温速率有关。当温度降至结晶温度时，液晶态 $[C_{12}mim][BF_4]$ 内所有的 $[C_{12}mim]^+$ 构象（多种构象共存）都向某一种能量较低的构象转变。若温度较慢地越过结晶温度时，所有的构象可能都有足够的时间完成构象转变，最终只保留一种构象，形成单一的晶核，然后有序排列成单一的晶相；若温度较快地越过结晶温度时，能量差较小的构象转变可能很容易完成，而能量差较大的构象转变则可能没来得及进行，相应的构象将被保留下来，形成不同的晶核。不同的晶核各自生长并相互竞争，最后形成生长在一起的混合晶相。

为了探究降温速率对 $[C_{12}mim][BF_4]$ 结晶过程是否产生影响，采用两种差异较大的降温速率对其进行研究。图 5-44 展示了 $[C_{12}mim][BF_4]$ 以不同降温速率获得的样品显微图像和拉曼光谱。其中，A_1 为样品以速率 1℃/min 降温得到的固态，A_2 为样品以速率 100℃/min 降温得到的固态。对比图 5-44 与图 5-28 中样品表面形貌，我们不难判断 A_1 和 B_1 分别与 A 和 B 具有相同的形貌特征，初步判断 A_1 和 B_1 分别为 $[C_{12}mim][BF_4]$ 的单一晶相和混合晶相。对比 A_1 区域内不同位置的拉曼光谱，我们发现所有的拉曼光谱基本相同，而且与图 5-38 中 A 区域内的拉曼光谱也相同，所有光谱中只出现了 625 cm^{-1}（$C(7)H_2$—$C(8)H_2$ 的 A 构象），所以判断以速率 1℃/min 降温得到的晶体为单一晶相。对比 B_1 区域内不同位置的拉曼光谱，发现所有光谱中同时出现了 600 cm^{-1}（$C(7)H_2$—$C(8)H_2$ 的 G 构象）和 625 cm^{-1}（$C(7)H_2$—$C(8)H_2$ 的 A 构象），而且不同位置的拉曼光谱中 I_{600}/I_{625}（600 cm^{-1} 与 625 cm^{-1} 拉曼峰强度比值）差异明显，所以判断以速率 100℃/min 降温得到的晶体为混合晶相，而且不同位置的晶体混合比例也不相同。

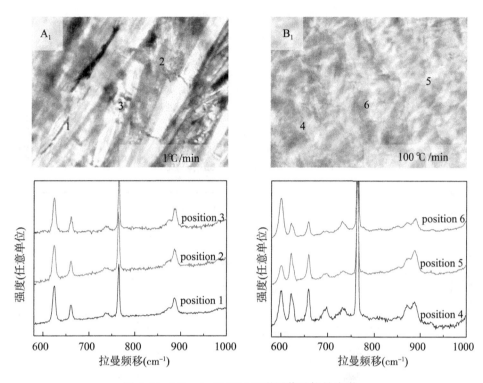

图 5-44 [C$_{12}$mim][BF$_4$]显微图像及拉曼光谱，

(A$_1$)降温速率为 1℃/min 和(B$_1$)降温速率为 100℃/mim

由于压强与温度一样都是基本的热力学参数，鉴于降温速率对[C$_{12}$mim][BF$_4$]结晶过程能够产生影响，所以推测加压速率也可能对[C$_{12}$mim][BF$_4$]结晶过程有类似的作用效果，为此我们采用两种差异较大的加压速率对其进行研究。如图 5-45 所示，展示了[C$_{12}$mim][BF$_4$]以不同加压速率获得的样品显微图像和拉曼光谱。其中，A$_2$为样品以速率 0.01 GPa/s(等效于用 1min 使样品的压强升高 0.6 GPa)加压得到的固态；B$_2$为样品以速率 1 GPa/s(等效于用 1s 使样品的压强升高 1 GPa)加压得到的固态。对比图 5-45 与图 5-28 中样品表面形貌，我们不难看出 A$_2$和 B$_2$分别与 A 和 B 具有相似的形貌特征，初步判断 A$_2$和 B$_2$分别为[C$_{12}$mim][BF$_4$]的单一晶相和混合晶相。对比 A$_2$区域内不同位置的拉曼光谱，我们发现所有位置的拉曼光谱基本相同，而且只出现了 625cm^{-1}(C(7)H$_2$—C(8)H$_2$的 A 构象)，表明以速率 0.01 GPa/s 加压得到的晶体为单一相晶体；对比 B$_2$区域内不同位置的拉曼光谱，发现所有的拉曼光谱中都出现了 600 cm^{-1}(C(7)H$_2$—C(8)H$_2$的 G 构象)和 625 cm^{-1}(C(7)H$_2$—C(8)H$_2$的 A 构象)，表明以速率 1 GPa/s 加压得到的晶体也是混合相晶体。

对比由慢速降温(1 ℃/min)或慢速加压(0.01 GPa/s)得到单一相晶体的拉曼光谱，我们发现两者并不完全相同，尤其两者的 I_{625}/I_{660}(625 cm^{-1} 与 660 cm^{-1} 拉曼峰强度比值)差异明显。我们推测虽然慢速降温和慢速加压都能得到单一相晶体，而且都只含有[C$_{12}$mim]$^+$ 的 AG(A/G)…构象(C(7)H$_2$—C(8)H$_2$都是 A 构象和 C(8)H$_2$—C(9)H$_2$都是 G 构象)，但

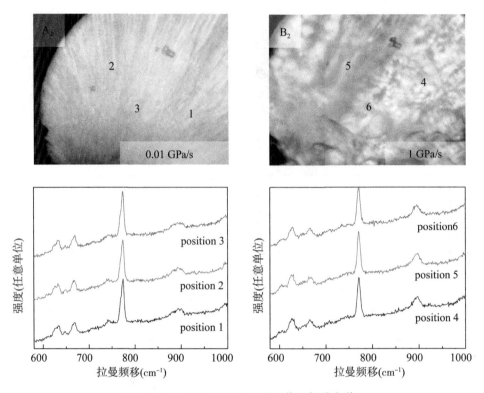

图 5-45　$[C_{12}mim][BF_4]$ 显微图像及拉曼光谱，
(A_2) 降温速率为 0.01GPa/s 和 (B_2) 降温速率为 1GPa/s

是两者的 $[C_{12}mim]^+$ 中除 $C(7)H_2$—$C(8)H_2$ 和 $C(8)H_2$—$C(9)H_2$ 以外的相邻亚甲基的排列方法可能不同。对比由快速降温（100℃/min）和快速加压（1 GPa/s）得到的 B_1 和 B_2 区域内的拉曼光谱，B_1 区域内的 I_{600}/I_{625} 随光谱采集位置变化明显，表明 B_1 区域内的混合相晶体的均匀性较差；B_2 区域内的 I_{600}/I_{625} 基本不随光谱采集位置变化，表明 B_2 区域内混合相晶体的均匀性较好。由此推测 $[C_{12}mim][BF_4]$ 可能具有较差的导热性和较好的传压性。

5.6　小结

本研究中，利用差示扫描量热法（DSC）和拉曼光谱研究了离子液晶 $[C_{12}mim][BF_4]$ 在-60～80℃温度范围内降温和升温过程的相行为。DSC 结果表明：降温过程中，$[C_{12}mim][BF_4]$ 经历了液态—液晶态相变(I—S_A)和液晶态—晶态相变(S_A—C_1)；随后的升温过程中，$[C_{12}mim][BF_4]$ 先经历了晶态—晶态相变(C_1—C_2)，然后经历了晶态—液晶态相变(C_2—S_A)和液晶态—液态相变(S_A—I)。拉曼光谱结果表明：$[C_{12}mim]^+$ 至少存在AA(A/G)…，AG(A/G)…，GA(A/G)…和GG(A/G)…四类构象；$[C_{12}mim][BF_4]$ 处于液态(I)和液晶态(S_A)时，这四类构象共存；降温得到的晶 I 相(C_1)是混合相晶体，含有 AG(A/G)···和 GA(A/G)···两类构象；升温得到的晶 II 相(C_2)是单一相晶体，只含有 AG(A/G)···构象。此外，我们对[C_{12}mim][BF_4]进行了变速降温和变速加压实验，发现快速降温(100℃/min)或快速加压(1 GPa/s)得到的晶体是混合相，而缓慢降温(1℃/min)或缓慢加压(0.01 GPa/s)得到的晶体是单一相，这表明降温速率或加压速率都对[C_{12}mim][BF_4]的结晶过程具有重要影响作用。该实验结果提醒我们今后利用降温或加压方式使[C_{12}mim][BF_4]从熔体中结晶时，应该尽可能地降低速率，为结晶过程发生的构象转变提供足够的时间。由于[C_{12}mim][BF_4]是离子液晶[$C_n$mim][BF_4]($n=12\sim18$)中典型的代表之一，所以该实验结果对其余的[$C_n$mim][BF_4]($n=12\sim18$)熔体结晶过程具有重要参考价值。

本研究利用原位拉曼光谱技术和同步辐射 X 射线衍射技术研究了不同加压方式对[C_2mim][NTf_2]相变的动力学效应。当样品以较低的加压速度(约 0.4 GPa/h)逐步加压时，样品在 0.6 GPa 附近和 1.7~2.0 GPa 发生连续相变，出现两个结晶相，两个结晶相都呈现 C_1 和非平面构象。但两个结晶相的 X 射线衍射谱只存在微小差异，主峰没有发生明显变化，这说明样品的结构没有发生较大的变化，晶相的改变可能与高压下分子间相互作用力的变化和[C_2mim]⁺中乙基链的伸缩性导致的晶格畸变有关。当样品以一步加压至 2.5 GPa 时，样品不发生结晶而是固化为玻璃态，即使在 2.5 GPa 和 5.5 GPa 下放置足够长的时间，样品仍不发生结晶，这说明加压速度，尤其是影响加压速度的加压步长对离子液体高压下的相态起到不可忽视的作用。

利用原位拉曼光谱技术和同步辐射 X 射线衍射技术研究了高压下[C_6mim][NTf_2]结构、相变以及阴阳离子的构象平衡。结合拉曼光谱和 X 射线衍射谱的分析以及红宝石荧光峰 R_1 线的展宽，样品在约 1.8 GPa 由液态相变为玻璃态。相对于阴离子，高压下阳离子的拉曼光谱和构象占比的变化都更加明显，这说明由于阳离子烷基链可伸缩性，其高压下结构变化更加明显。

我们利用高压拉曼、高压红外和高压同步辐射等原位测试技术研究了[C_2mim][PF_6]在常温、15 GPa 以下压强范围内的压致相变行为。高压拉曼和高压红外测试结果表明[C_2mim][PF_6]先后在 1.5 GPa、5.6 GPa 和 11.2 GPa 附近发生了三次相变。高压同步辐射测试结果表明三次相变均为有序—有序结构相变。通过对[C_2mim][PF_6]的拉曼光谱演变情况分析，发现[C_2mim][PF_6]在 1.5 GPa 和 11.2 GPa 附近发生的相变都属于阴阳离子对重组式结构相变，而在 5.6 GPa 附近发生的相变则属于阳离子构象转变式结构相变。

第6章 高压下离子液体的黏度研究

黏度是流体的重要物理性质之一,反映了液体分子在运动过程中相互作用的强弱。黏度研究能用来探索液体的结构、流动的机理和分子间的相互作用力等,并可以为工业设计提供理论依据。温度和压强是影响黏度的两个重要因素。相对于变温情况下的黏度实验研究,高压黏度实验研究相对较少。然而,高压下液体的黏度数据具有巨大的实践和理论意义。高压下的黏度参数可以判定弹性润滑剂在临界极限条件下的有效性。在石油工程方面,作为储存条件(如温度和压强)的函数,石油的动力学黏度和石油的成分同等重要。在地学方面,由于黏度可以直接反映熔体的结构变化,因此高压下的黏度数据对于人们了解各类矿物的形成以及地球内部的结构有着重要的意义。

6.1 黏度及黏度测量方法

6.1.1 黏度

黏度(η)又称为黏滞系数,它是由流体内部存在的一种能够阻碍其相对运动的力(黏滞力)产生,是物质的一种物理性质,是流体物质的重要性能指标。对于各种润滑油而言,黏度研究对其进行质量鉴别和用途确定具有非常重要的意义;对于各种燃料用油而言,黏度研究为确定其燃烧性能及用度等具有决定意义;对于一般液态物质而言,黏度研究可以探测其结构、流动机理和分子间相互作用等,能够为实际应用提供理论基础。目前,黏度研究结果已经在物理学、化学、水利、生物工程、医疗、机械润滑、液压传动和航空航天等诸多领域有了广泛的应用。

黏度作为液体的重要性能指标之一,反映了液体分子在运动过程中相互作用的强弱。流体的黏度是对由剪切应力或拉伸应力逐渐变形的抵抗力的量度。假设有两块平行平板,两平板间距离为y,其间距充满液体且非常小,下板被固定,对上板施加一个平行于平板的外力,使此平板以速度u做匀速运动。此时位于两平行平板间的液体会被分成无数平行的薄层运动,紧贴上板上的一层液体以速度u运动,其下各层液体速度依次降低,粘附在下板表面的液层速度为零,其速度分布如图6-1所示。在宏观上,黏度是流体黏滞性的一种量度,在微观上,黏度反映了液体分子的组成与结构特征。黏度的大小由物质的种类、组成成分、浓度比例、温度、压强等因素决定,其值可由实验测量,也可由理论预测。黏度研究可用于探索液体结构、流动机理和分子间的相互作用等，并为工业设计提供重要的理论依据。

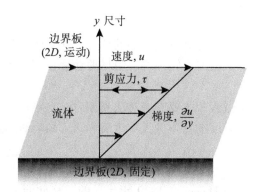

图 6-1 流体的黏度受力原理示意图

黏度通常可分为动力黏度、运动黏度和条件黏度。动力黏度也被称为动态黏度、绝对黏度或简单黏度，其是由液体运动时分子间内摩擦力的大小决定的。在层流状态下，分子间内摩擦力 F 的大小与液体的成分有关；一般情况下，在压强很小时，不大于 4 MPa 时，可认为与压强无关；对于性质相同的液体，内摩擦力的大小与两液层交界面的面积 S 和速度梯度成正比，可以表示为

$$F = \eta \frac{dv}{dl} S \text{ 或 } \tau = \frac{F}{S} = \eta \frac{dv}{dl} \tag{6-1}$$

式中，F 为两液层之间的内摩擦力（或称剪切力），N；S 为两液面之间的接触面积，m^2；τ 为两液层单位接触面积之间的内摩擦力，N/m；dv 为两液层之间相对运动速度，m/s；dl 为两液面之间的距离，m；η 为内摩擦系数，即该液体的动力黏度，Pa·s。

运动黏度又称为动黏度，动力黏度 η 可直接表示液体的黏性大小，而运动黏度则没有明确的物理意义。它只是指液体的动力黏度 η 与同温度下该液体密度 ρ 之比，用符号 ν 表示：

$$\nu = \frac{\eta}{\rho} \tag{6-2}$$

动力黏度和运动黏度可以用旋转黏度计、毛细管黏度计或落球式黏度计等测定。条件黏度又称为相对黏度，是指采用不同的特制黏度计，所测得的以条件单位表示的黏度。常用的条件黏度有以下几种：恩氏黏度、赛氏黏度、雷氏黏度。综上所述，利用不同黏度计测定的黏度，其单位和表示方法各不相同，但它们之间可以进行换算。

黏度是离子液体最基本的，也是最重要的物理参数之一。根据黏度产生的机理，离子液体的黏度是由氢键、范德华力和阴阳离子间的库仑力决定的。温度上升会使阴阳离子间距增大，相应的作用力减小，导致离子液体黏度降低。压强与温度刚好相反，随着压强的增加会使阴阳离子间距减小，相应的作用力增大，导致离子液体黏度升高。所以温度和压强是影响离子液体黏度的两个重要因素，液体的黏度一般随温度的升高而减小，随压强的

增加而增大。在很多领域，经常会要求测量特定温度、压强条件下的黏度。

6.1.2　常压下液体黏度测量

由于黏度对于材料的物性研究有特别重要的意义，众多研究者设计了不同的黏度测量装置。常压下黏度测量的方法主要有转桶法、阻尼振动法、杯式黏度计法、毛细管法和落球法等。

常压下，在黏度的测定过程中主要有绝对法和相对法。绝对法可测定未知物质的绝对黏度，而相对法需要用已知黏度的物质进行标定后再测未知物质的黏度。

1. 毛细管法

第一套毛细管黏度计是由 Hagen 在 1839 年建立的，从此便成为应用最为广泛的黏度测量方法之一。其基本原理是通过在一毛细管两端造成压差，使其里面的液体产生流动，测出毛细管里液体的流速，由 Hagen-Pciseuille 公式计算出黏度。毛细管法是基于黏度定义获得的，是一种绝对黏度测量方法，因此可用于液体的绝对黏度测量，但也常用于液体的相对黏度测量。毛细管黏度计可做到非常精密，其误差最小可在 1% 左右或更小，是液体黏度测量精确度最高的一种方法，所以其他类型的黏度计常用它来校验。

2. 振动丝法

振动丝黏度计是在 20 世纪 70 年代出现的一种黏度计，其原理比较简单。金属丝在液体中做扭转运动时，受到液体黏滞阻尼的作用，其振幅会衰减，其振幅衰减与液体的黏度和密度有关，可根据振动丝衰减状况求得其黏度或密度。开始时由于振动丝黏度计工作方程的不准确性，它的应用受到了限制。后来，Retsina 等经过严格的数学推导，在 20 世纪 80 年代末期，建立了可以精确计算的工作方程，促使人们对这种新型黏度计的研制产生了极大的兴趣。20 世纪 90 年代，英国帝国大学研制成功了第一台振动丝黏度密度计，可同时测定密度和黏度。如果以测定密度为主时可称为振动丝密度计，其密度的测量精度高达 0.1%，此时黏度的测量精度为 2.0%；如果以准确测量黏度为目的，则可改造为振动丝黏度计，其测量精度也可高达 0.5%。

3. 旋转法

旋转式黏度计的测量原理遵循牛顿黏性定律，是在两个同轴的圆柱体之间放入待测液体，使两圆柱发生相对旋转运动，因此会使两柱之间的液体形成一稳定的环流场，可以通过测定转速与扭矩来测定黏度。旋转法简单方便，并且对所有的液体都适用，特别适用于黏度比较大的流体或非牛顿流体。缺点是测量误差比较大。

4. 落球法

落球法黏度计的基本原理是，球体在被测液体中下落，会受到液体的作用，通过测量球体在待测液体中的下落速度进而求得液体的黏度。如果下落的球体换为柱体，则被称为落柱式黏度计。落球法黏度计理论上可测定液体的绝对黏度，但往往也被作为一种间接法使用。落球法黏度计的测量精度一般低于毛细管黏度计。

6.1.3 高压下液体黏度测量

在石油化工、化学工业、机械工业及材料工程等领域中都需要知道不同压强下液体的黏度。液体黏度在低压及中压范围内变化很小，当压强越高时其黏度增加越大，压强在数百兆帕以上时其黏度会有数量级的增加。压强对黏度的影响还与温度有关。液体温度越低时，压强对其黏度的影响越大。对于不同液体，压强对其黏度的影响也不一样。一般而言，对于分子越复杂的液体，压强对黏度的影响越大。目前还没有比较成熟的理论能描述一般液态物质的黏度随压强的变化关系，在实际应用中仍主要以经验关联为主。高压下的黏度数据具有重要的理论和实践意义，例如：高压下的黏度参数可用于判定弹性润滑剂在临界极限条件下的有效性；在石油工程方面，作为储存条件（如温度和压强）的函数，石油的动力黏度与石油成分同等重要；在地学方面，由于黏度可以直接反映出熔体的结构变化，因此高压下的黏度数据对于了解各类矿物的形成及地球内部结构有着重要的意义。

温度和压强是影响黏度的两个重要因素。由于变温条件易于实现，因此变温情况下的黏度研究相对较多；而高压下黏度测量装置商业化的标准仪器缺乏且高压装置不易搭建，因此高压黏度的实验研究相对较少。常压下黏度测量技术与高压装置相结合可实现高压下液体黏度的测量。

1. 毛细管法

首先是利用一种新的半自动毛细管黏度计，装置示意图如图 6-2 所示。黏度计主要由毛细管单元（D）、波纹管单元（F）、电循环泵（P）和流量检测电极（B）组成。不锈钢毛细管 L 位于相同材料的同轴厚管（K）中。由于在毛细管的一端处留有开口，样品液体能渗透到管之间的窄间隙中，因此毛细管的内部和外部具有相同的压强。用一套聚四氟乙烯波纹管，将样品液体与用作传压介质的乙醇分离，以确保汞与电极很好地接触。黏度计的主要部分放置在恒温的水浴（C）中。温度和压强分别用相关仪器进行测量。并利用该装置测量了 303 K、323 K 温度下，0.1~30 MPa 压强范围内甲醇和 2-甲基-2-丙醇混合物的黏度。

在此基础上设计了一种下落式毛细管黏度计，黏度计由玻璃管、毛细管、阀门、不锈钢盘、圆盘塞和水银球组成。压力是由活塞压力传动液加压玻璃管的样品产生的。利用此黏度计测量了 273 K、276 K、278 K 温度下，0.1~30 MPa 压强范围内 CO_2 水溶液的黏度。Kashefi K 等（2013）将毛细管黏度计与不锈钢材料制成的高温高压装置相结合，测量了 323.15~473.15 K 温度范围内，压强为 34.5~138 MPa 范围内的甲烷/庚烷，甲烷/癸烷，甲烷/甲苯和天然气、凝析油合成的三个多组分混合物的黏度。毛细管黏度计安装于配备有检测压力和温度的深层油气储藏条件下的液体相性质的高温高压装置中。毛细管的两端连接两个小容量的腔体，这些腔体安装在可控温的空气浴中。每个腔体的基座连接到推拉电动机驱动泵的两侧，负责将测试液体围绕设备流动。其中一个单元的顶部安装有一个观

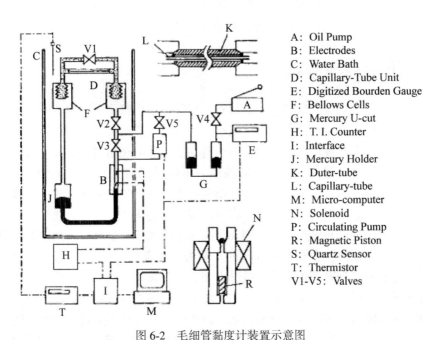

图 6-2　毛细管黏度计装置示意图

察镜，以及用于目视观察和记录的放大系统和摄像机。压力由将样品装载到高温高压设备中的汞柱手动泵产生和维持。高压传感器用于监测设备各个部分的压力，并用于估算毛细管黏度计上产生的压差。毛细管法是测量黏度精确度最高的一种方法，毛细管法与高压装置相结合测定压强下液体的黏度也是研究得相对较多的，在高压条件下，其测量精度还与搭建的高压装置有关。

2. 振动丝法

Assael 等（2013）设计了一种新的振动丝黏度计，此黏度计装置示意图如图 6-3 所示，上盖悬挂的黏度计在由 SS 304L 制成的压力容器内部。两根连接导线从上部封闭端接出，在压力容器底部连接有加压系统，利用空气驱动泵加压。利用该黏度计分别测量了 293 K、363 K 温度下压强从 0.1~18 MPa 范围内邻苯二甲酸二异癸酯的黏度。利用扭转振动石英晶体黏度计测量了 298.15 K、323.15 K、348.15 K、373.15 K 温度下，常压到 200 MPa 压强范围内甲苯和苯的黏度。振动石英晶体黏度计的主体是一个在侧面上附有 4 个薄金电极的石英圆柱体。施加到电极的正弦波产生与激发波相同频率的扭转振动，经晶体周围的液体衰减。衰减幅度由晶体的电阻抗的变化来测量，反映了周围液体的黏度和密度。扭转振动波严重衰减，在远离晶体表面几微米处完全消失。换能器周围厚约 0.004 m 薄层的液体，足以完成液体黏度的测量。利用振动丝黏度计测量了 303~333 K 温度范围内，0.1~18 MPa 压强范围内二丙基己二酸（DPA）的黏度，以及 303~373 K 温度范围内，0.1~65 MPa 压强范围内二丁基己二酸（DBA）的黏度。新的振动丝式传感器由 99.95% 纯度和标称直径 300 mm 的钨丝制成。传感器的所有金属部件均采用不锈钢 316L。顶部的传感器由聚四氟乙烯绝缘。为了避免因温度变化造成的影响，用钨棒作为间隔。振动丝黏度计的优点和毛细管黏度计一样，都是测量精确度高，为高压下测量液体黏度常用的方法之一，但目前高压黏度测量装置的压强最高到 200 MPa。由于毛细管黏度计和振动丝黏度计测量原理的限制，搭建高压(>200 MPa)下的黏度测量装置不易实现。

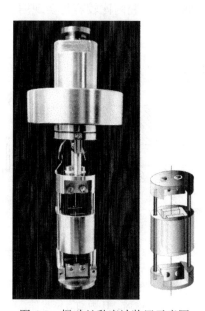

图 6-3　振动丝黏度计装置示意图

3. 落球法

落球法黏度计是一种圆筒下落式黏度计，该黏度计装置由下落管附件的可视腔体和体积可调部分组成，它们都被封闭在空气加热炉中。落球式黏度计动态黏度的测量由球体在垂直管内自由下落的时间确定。该装置主要包含一个开放的圆柱管的高压圆柱形腔体，球体在圆柱管内穿过待测液体。内筒是垂直放置的容器，它的内部和外部都有加压的液体。这种配置的主要目的是为了减少压力以维持恒定的管内壁和铅坠之间的狭窄管的几何形状。利用 3 个线性变量差动变压器线圈测得圆柱铅锤的下降时间来完成黏度测量。通过线性变量差动变压器线圈实时监测活塞的运动情况，可以测量黏度计体积变化进而完成密度测量。该黏度计有两个蓝宝石窗，可用于观察液体。当需要时，可借助外部电磁搅拌器、再循环泵或两者结合来混合腔体内的物质。利用该装置获得了 310~450 K 温度范围内，0.1~70 MPa 压强范围内正构烷烃的黏度数据。常压下利用毛细管黏度计结合落球式高压黏度计测量了 283.15~353.15 K 温度范围内，0.1~100 MPa 压强范围内碳酸二甲酯、碳酸二乙酯、三甘醇二甲醚、四甘醇二甲醚四个纯液体化合物的黏度。利用落球式黏度计测量了 293.15~353.15 K 温度范围内，0.1~200 MPa 压强范围内癸酸盐($C_{11}H_{22}O_2$)和乙癸酸盐($C_{12}H_{24}O_2$)的黏度。

Mattischek 和 Sobczak（1994）基于斯托克斯落球法原理设计了一种磁力落球法黏度计，

装置示意图如图 6-4 所示，该装置由加热元件、热电偶、两个检测线圈和压力发生器构成。可由高级钢材料达到 100 MPa 的压强。压力是由固定的压力腔产生的，压力发生器通过钢毛细管与腔体连接。压力发生器由动态密封件和螺杆组成。为了产生所需的压强，螺杆用扭矩扳手移动。利用该装置获得了 293～342 K 温度范围内，0.1～100 MPa 压强范围内的硅油黏度数据。由于落球法在压腔内比较容易实现测量，因此其已成为测量压强下液体的黏度最重要的方法之一。

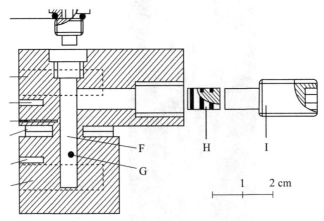

图 6-4　落球法黏度计装置示意图
(F 为样品腔，G 为铁球，H 为动态密封件，I 为螺杆)

　　落球式黏度计没有毛细管法黏度计和振动丝黏度计的测量精确度高，但由于其测量原理简单且在高压装置中易于实现，因此是高压下测量黏度最常用的方法。

　　与落球法原理一致，滚球法也常被用来测量高压下液体的黏度。我们利用滚球黏度计测量了 293.15～353.15 K 温度范围内，0.1～20 MPa 压强范围内，离子液体[Bmim][PF$_6$]和[Bmim][BF$_4$]的黏度。该黏度计装置的玻璃管上部开口，以便使玻璃管的内部和外部产生相同的压力。利用传压介质，通过活塞在黏度计较低位置的运动来调节压力。利用石英温度计测量恒温器的温度。利用滚球高压黏度计获得了 273.15～373.15 K 温度范围内，0.1～60 MPa 压强范围内癸二酸酯的黏度。压力下的黏度是利用一个滚球式黏度计测量的。在整个黏度范围内，应考虑适当的角度和球体的直径进行测量。两传感器测量压强，一个差压压力计和压力绝对压力计，压强可分别达到 45 MPa 和 70 MPa。利用 X 射线照相法结合落球法测量研究 FeS 和 Fe 溶液高压下的黏度。Fe 和 FeS 粉末作为起始原料，被压实成具有规定尺寸的圆柱体并在熔化之前压缩在聚乙烯腔体中。

　　上面 3 种测量方法是测量高压下黏度的主要方法，是直接法，同时也是机械测量方法。除此之外，有研究者利用其他的方法测量高压下的黏度，如超声波法、动态光散射法。超声波黏度计其原理是在待测液体中发射一定频率的超声波，测出超声波在液体中的振荡衰减，并与液体的黏度相关联。利用声波波面法测量计算出室温下 0.1～350 MPa 压强范围内甘油二酯(DAG)石油的黏度。实验装置包括一组红外二极管和一组锁相探测器，其允许在高压腔体中检测光，同时最小化外部干扰。光学腔体是观察相变的合适工具。液体的可压缩性和黏度变化可在与液压机一起工作的圆柱形腔体中测量。将该腔体放置在恒温槽中，连接到外部恒温器。黏度传感器利用 Bleustain-Gulyaev（B-G）表面声波导致的衰减测量黏度。动态光散射也被称为时间相关光散射，由于样品中的粒子发生相互作用而引起光强随时间的起伏变化，因此其光强度的变化携带有粒子相互作用的信息。我们利用动态光散射方法测量得到了 298 K 温度下的 0.1~400 MPa 压强范围内水的黏度数据。其实验设备由高压系统和 DLS 系统组成。高压系统通过柱塞泵和 0.1~400 MPa 的压力发生器来控制腔体的压强。水作为传压介质。高压腔体配有 4 个蓝宝石窗口。使用波长为 632.8 nm 或 405 nm 的激光器作为光源。激光束通过蓝宝石窗口传播并聚焦在高压腔体中的测试腔的中心。然后，散射光通过分束器，透镜和狭缝之后将光信号转换成电信号的光电倍增管来检测。这两种方法属于间接法，是通过测量与黏度相关的声学量和光学量的方法获得液体的黏度。

由于材料的限制，自制的高压黏度装置也受到一定的限制，其测量压强一般到 200 MPa，不适用于超高压强下黏度的测量。在许多方面，研究高压强的黏度有重要的理论和实践意义。例如：研究高压下石油的黏度数据对于石油开采和运输有重要意义；测量地球内部高温高压下各矿物液态时的黏度对研究地壳运动有重要的作用。目前，一种新的高压装置——金刚石对顶砧（DAC）已成为高压下研究物质物性的主要装置，广泛应用于高压科学研究领域。压强是除温度外对材料性质影响较为重要的一个物理参量。随着 DAC 的应用，压强已经可方便、有效地调控，使可达到的实验压强极限提高了几个数量级，以前一些难以进行的研究得以开展。将光学测角器和摄像机结合，利用落球法设计了一种金刚石压砧中液体黏度测量装置，并使用该装置测量了甲醇和乙醇的混合液黏度。Herbst 等（1992）在 DAC 中利用动态光散射法获到了 296 K 温度下，0.1~2.9 GPa 范围内的甲醇黏度数据。Cook 等（1993）利用旋转原理设计了一种离心力 DAC 黏度计，测量了甲醇、邻苯二甲酸二丁酯、丙二醇、丙三醇不同压强下的黏度。目前，国内尚没有人利用 DAC 研究高压下液体的黏度。

4. 高压落球法

高压黏度实验装置也是在这几种方法的基础上改进而来的。我们查阅文献发现虽然离子液体的黏度数据并不算少，但绝大多数是常压条件下的黏度数据。高压等极端条件下的离子液体黏度数据非常少，而且现有文献报道的离子液体黏度主要集中在 0~300 MPa 压强范围内。在此基础上，设计出一种新的振动丝黏度计装置，并分别测量了 293 K 和 363 K 温度下在 0.1~18 MPa 范围内邻苯二甲酸二异癸酯的黏度。利用一种新的半自动毛细管黏度计装置测量了 303 K 和 323 K 温度下 0~30 MPa 压强范围内甲醇的黏度。利用一种下落式毛细管黏度计测量了 273 K、276 K、278 K 温度下的 0~30 MPa 范围内含有 CO_2 水溶液的黏度。Kiran 和 Sen（1992）设计了一种圆筒下落式黏度计装置，得到了 310~450 K 温度下、0~70 MPa 范围内正构烷烃的黏度数据。基于斯托克斯落球法原理设计了一种磁力黏度计，得到了 20~70℃温度范围内，0~100 MPa 压强范围内的硅油黏度数据。落球法结合同步辐射进行高压下黏度的原位测量装置，并且得到了碳酸盐熔体的高温高压黏度数据。利用落球法原理，利用高分辨率 X 射线 CCD 摄像机结合大腔体多砧装置，设计了一种能原位进行记录小球下落位置的装置，进而获得黏度数据，并测量得到了钠长石熔体的黏度数据。本实验中，利用滚球式高压黏度计仅在 0.1 ~ 20 MPa 压强范围内对 $[C_4mim][PF_6]$、$[C_6mim][PF_6]$、$[C_8mim][PF_6]$ 和 $[C_4mim][BF_4]$ 进行了黏性研究；利用振动式高压黏度计仅在 0.1 ~ 126 MPa 压强范围内对 $[C_2mim][NTf_2]$、$[C_6mim][NTf_2]$、$[C_{10}mim][NTf_2]$、$[C_6mim][BF_4]$、$[C_6mim][PF_6]$ 和 $[C_4mim][PF_6]$ 进行了黏性研究；利用落体式高压黏度计在 0.1 ~ 300 MPa 压强范围内对 $[C_4mim][PF_6]$、$[C_6mim][PF_6]$、$[C_8mim][PF_6]$、$[C_4mim][BF_4]$、$[C_8mim][BF_4]$ 和 $[C_4mim][NTf_2]$ 进行了黏性研究。对比以上研究工作所用到的黏度测量工具，我们不难发现以上所有黏度测量实验都是在传统的大腔体压力产生装置中进行的，因此获得的离子液体黏度数据难以突破 300 MPa 的压强限制。

随着高压实验技术不断的进步和发展，先进的高压实验技术和实验装置越来越多，所能达到的压强极限值也越来越高。以金刚石对顶砧为例，该压力产生装置所能达到的压强条件早已突破百万大气压值，然而先进的超高压产生装置却很少用于离子液体的黏性研究。实际上，超高压条件下液体的黏性研究已有文献报道。例如：Piermarini 等(1978)将落球黏度测量方法引入金刚石对顶砧内，获得了甲乙醇混合物(体积比为 4 : 1)在 0 ~ 7 GPa 超高压范围内的黏度数据。King 等(1992)在此基础上进行了改进，利用滚球黏度测量方法在金刚石对顶砧内完成了 5 种液体(包括三氯甲烷、水、八甲基三硅氧烷、正戊醇和双(2-乙基己基)癸二酸酯)的高压原位黏度测量。Cook 等(1993)将离心力牵引小球滚动技术与配备外加热装置的金刚石对顶砧相结合，获得了丙三醇和酞酸二丁酯在高温高压条件下的黏度数据。然而截至目前，关于离子液体更高压强条件下的黏度数据几乎没有相关文献报道。通过对比金刚石对顶砧在高压条件下对离子液体结构和相变研究产生的显著推动作用，我们不难发现其在离子液体性质研究方面几乎没有发挥作用。因此我们认为利用金刚石对顶砧技术对离子液体进行高压黏性研究非常有必要，而且也有相应的实验技术作支撑。目前，在金刚石对顶砧基础上发展起来的高压黏度测量方法主要有 3 种：落球法(黏度测量范围 10^{-1} ~ 10^7 cP)、动态光散射法(黏度测量范围 10^{-1} ~ 10^2 cP)和离心力法(黏度测量范围 10^5 ~ 10^9 cP)。其中，落球法相对简单方便，而且黏度测量范围更加符合大多数液体的黏度测量要求。(注：1cP = 1mPa·s)

6.1.4　高压下黏度测量原理

当一个小球在液体中下落时，那么该小球将受到 3 个力作用：向下的重力 $G_球 = m_球 g = \rho_球 V_球 g$、向上的浮力 $F_浮 = G_排 = \rho_液 gV_排 = \rho_液 gV_球$ 和向上的黏滞阻力 $f_阻$(图 6-5)。当小球所处的液体为理想情况(液体在各方向是无限广延的且无旋涡产生)时，小球所受到的黏滞阻力与速度关系将满足斯托克斯公式：

$$f_阻 = 6\pi\eta_液 v_球 r_球 \tag{6-3}$$

式中，$f_阻$ 为小球下落时受到的黏滞阻力；$\eta_液$ 为液体黏度；$v_球$ 为小球下落速度；$r_球$ 为小球半径。当小球由静止开始下落，由于小球的速度 $v_球$ 较小，所以黏滞阻力 $f_阻$ 也较小。在小球重力的作用下，小球速度 $v_球$ 将逐渐增大，$f_阻$ 也随之增大。当小球速度增加至最大值并且不再发生变化时(小球做竖直向下的匀速直线运动)，小球所受到的 3 个力 $G_{球}$、$F_{浮}$ 和 $f_{阻}$(图 6-5)将达到平衡，则满足下列等式关系：

图 6-5　小球受力情况

$$\rho_{球} V_{球} g = \rho_{液} g V_{球} + 6\pi\eta_{液} v_0 r_{球} \tag{6-4}$$

此时小球做匀速直线运动，运动速度为 v_0，也称为收尾速度。

将 $V_{球} = \dfrac{4\pi r_{球}^3}{3}$ 代入式(6-4)得：

$$\eta_{液} = \frac{(\rho_{球} - \rho_{液}) V_{球} g}{6\pi v_0 r_{球}} \tag{6-5}$$

$$\eta_{液} = \frac{(\rho_{球} - \rho_{液})(2 r_{球})^2 g}{18 v_0} \tag{6-6}$$

由于本研究的目的是为了原位测量高压条件下离子液体的黏度，需要将该黏度测量方法运用到金刚石对顶砧的样品腔内，所以小球将在圆柱形状的样品腔内做匀速下落运动。圆柱形状的样品腔毫无疑问不是无限广延的空间，不符合理想情况下斯托克斯定律的要求，因此必须考虑小球所处有限空间的边界效应，即黏度计算公式需要进行适当地修正，修正后的黏度计算公式为

$$\eta_{液} = \frac{(\rho_{球} - \rho_{液})(2 r_{球})^2 g}{18 v_0} \gamma \tag{6-7}$$

式中，γ 为修正因子。

6.1.5　高压黏度测量系统

实验中使用的高压原位黏度测量系统是基于金刚石对顶砧和落球黏度测量方法，并参考了文献中报道的仪器结构，在普通显微镜的基础上改装而成的。该系统主要由金刚石对顶砧、显微系统、直角翻转支架、高速摄像头、视频采集软件和计算机等组成，如图 6-6 所示。其中，金刚石对顶砧用来提供高压测试环境，其压力砧面直径约为 500 μm；显微系统用来对微小样品腔及其内部的下落小球进行放大，便于观察小球的运动情况；直角翻

转支架可以使整个样品腔从水平状态变换为竖直状态，为小球提供竖直方向下落的条件（图 6-7）；高速摄像头用来记录小球在样品腔内下落过程的视频；视频采集软件用来对视频参数进行设置和调整（如分辨率和帧频等）。

图 6-6　高压原位黏度测量系统实物照片

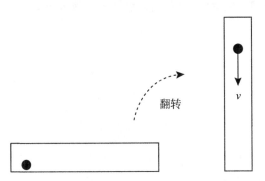

图 6-7　仪器翻转 90 度前后样品腔状态

实验用于黏度测量的样品腔是由上下两个平行的金刚石压力砧面与厚度均匀的密封垫片提供的环形侧壁共同组成的，其形状为圆柱状。所以实验之前需要事先在密封垫片上加工出一个尽量标准的圆柱形状的孔洞。实验选择 T301 不锈钢片作为密封垫片为样品腔提供侧壁，垫片厚度约为 250 μm。考虑实验过程中需要测量液体的体积，为了便于测量体积，要求样品腔的形状尽可能地加工成标准的圆柱体。实验采用手工钻孔的方法对样品腔进行精细处理。

实验采用红宝石荧光测压方法确定样品腔内压强大小。红宝石荧光光谱是在英国雷尼绍公司生产的 Renishaw inVia 拉曼光谱仪上采集获得的。考虑常温常压条件下的离子液体通常具有较高的黏性，所以实验选择密度较大的钨球作为实验用球。

6.1.6　高压黏度测量过程

（1）装填样品：调整好金刚石对顶砧至正常状态（确保金刚石两个压力砧面平行），先将液态样品装入样品腔内，再将直径约为 10 μm 的红宝石球或红宝石碎片(压强标定物)与直径约为 50μm 的金属钨球一起放入样品腔内，最后将样品腔密封待测。图 6-8 为装好样品后的样品腔显微照片。

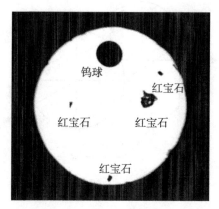

图 6-8　样品腔显微照片

(2) 视频记录：将装好样品的金刚石对顶砧固定在专用载物台上，连接好数据线和电源线。打开视频采集软件，根据样品腔的直径大小，选择合适的放大倍数；根据金属小球下落速度，设置合适的视频参数(帧频)。调整金属小球初始位置，翻转样品腔进行视频采集，为了获得最接近真实的小球下落速度，多次重复实验。

(3) 数据记录：由黏度计算式(6-6)可知，若想获得高压下样品黏度 $\eta_{液}$ 结果，需要先后测量并计算出样品腔压强值 P、样品密度 $\rho_{液}$、金属小球密度 $\rho_{球}$、金属小球直径 $2r_{球}$ 和金属小球收尾速度 v_0，具体做法如下所示。

P：利用红宝石荧光峰 R_1 线的峰位压强标定方法获得压强值。实验过程中，对红宝石进行荧光光谱采集。

$\rho_{液}$：随着压强增加，样品质量 $m_{液}$ 不发生变化(样品始终被密封在样品腔内)，样品体积 $V_{液}$ 不断被压缩。根据公式 $\rho_{液}=m_{液}/V_{液}$，可知样品密度 $\rho_{液}$ 将不断增大。若能通过实验测量出不同压强下样品的体积 $V_{液}$(包括常压下样品的体积 V_0)，同时也能获得常压下样品密度 ρ_0，则可以根据公式 $\rho_{液}=\rho_0 V_0/V_{液}$ 求出高压下样品的密度 $\rho_{液}$。高压下样品体积即为样品腔体积，形状近似为圆柱体(图 6-9)，可以利用公式 $V_{液}=\pi R^2 \times 2L$ 近似求解。其中，样品腔长度 $2L$ 的测量方法是：利用显微镜分别聚焦两个金刚石压力砧面，获得载物台上下调节旋钮的刻度差值，该刻度差值近似等于样品腔的长度 $2L$。样品腔直径 $2R$(或半径 R)测量方法是：利用图像处理软件获知样品腔直径(或半径)所占有的像素数量 n，然后利用测微尺确定每个像素代表的长度 a，最后利用公式 $2R=na$(或 $R=na/2$)可以计算出样品腔直径(或半径)。实验过程中，对样品腔两个底面(金刚石砧面)分别聚焦并记录调节旋钮刻度值(或刻度差值)，对各个压强条件下样品腔进行图像采集。

$\rho_{球}$：钨球密度通常是液体样品密度的数十倍，压缩样品腔导致钨球的体积变化量大约是样品体积变化量的数十分之一，故钨球体积变化量可以忽略。在加压的过程中，钨球

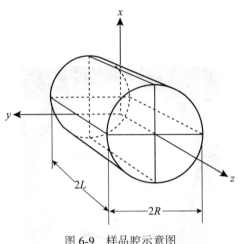

图 6-9 样品腔示意图

质量不发生变化。当压强不太高时，压强对钨球密度的影响可以忽略不计。查表得知常温常压条件下钨球密度为 19.35 g/cm^3，即高压下可以近似取值 $\rho_球 = 19.35\ g/cm^3$。

$2r_球$：钨球直径 $2r_球$ 的测量方法与样品腔直径 $2R$ 测量方法相同。由于高压导致的钨球体积变化量可以忽略，因此钨球直径变化量也可以忽略不计，所以测量出任何压强条件下钨球直径均可。实验过程中，在常压或任意压强条件下对钨球进行图像采集。

v_0：为了获得金属小球下落速度，需要用视频记录金属小球的下落过程。具体做法：翻转整个显微镜，使样品腔转动 90° 至测量状态（图 6-7），记录金属小球在液体中的下落视频。Munro 等（1979）指出由于有限空间边界效应的影响，金刚石对顶砧样品腔的正中心位置测得的收尾速度最快，而且最接近无限广域空间情况下的真实收尾速度，因此实验多次测量金属小球在样品腔中心或附近位置的下落速度，最后选择速度最大值作为最终的收尾速度。

6.1.7 数据处理

利用红宝石荧光峰 R_1 线的峰位确定压强值。利用图像处理软件确定金属小球直径 $2r_球$ 和样品腔直径 $2R$。根据实验记录的载物台刻度值确定样品腔长度 $2L$。根据公式 $V_液 = \pi R^2 \times 2L$ 确定样品体积 $V_液$。根据公式 $\rho_液 = \rho_0 V_0 / V_液$ 确定高压下样品的密度 $\rho_液$。根据实验记录的金属小球下落视频，利用视频处理软件按照帧频参数将该视频拆分成若干图像，选取一段时间 t（可以根据帧频参数和图像编号计算）内第一张和最后一张图像。图 6-10 显示了金属小球在样品腔内的下落视频第 600 帧和第 4200 帧显微照片，其中帧频参数为 60 帧/秒。利用图像处理软件确定两张图像中小球的位置和小球在时间 t 内移动的距离 S，根据公式 $v = S/t$ 可求出钨球的收尾速度 v_0。

针对金刚石对顶砧样品腔内利用落球黏度测量方法，Munro 等（1979）对小球处于有限空间存在边界效应而引起的修正因子 γ 进行了专门的研究，并给出了修正因子 γ 的计算公

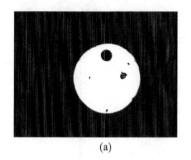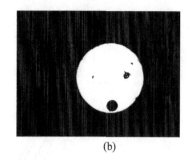

(a)　　　　　　　　　　　　　　　(b)

图 6-10　第 600 帧(a)和第 4200 帧(b)显微图像(60 帧/秒)

式(适用范围：$R/L > 0.6$)：

$$\gamma(r/L,\ R/L) - \gamma(r/L,\ 1.0) = \Gamma(r/L)\{1 - \exp[-\alpha(r/L)(R/L - 1)]\} \quad (6\text{-}8)$$

$$\Gamma(r/L) = 1 - r/L - \gamma(r/L,\ 1.0) \quad (6\text{-}9)$$

$$\alpha(r/L) = 1.197 - 1.344(r/L) + 0.313(r/L)^2 \quad (6\text{-}10)$$

$$\gamma(r/L,\ 1.0) = [1 - 1.695(r/L) + 2.719(r/L)^2 - 4.359(r/L)^3 + 2.195(r/L)^4 +$$
$$0.149(r/L)^5]\exp[-2.719(r/L)^2] \quad (6\text{-}11)$$

式中，金属小球直径为 $2r$，圆柱体样品腔直径为 $2R$，圆柱体样品腔长度为 $2L$，如图 6-9 所示。由式(6-8)～式(6-11)可知，修正因子(γ)与小球直径($2r$)、样品腔直径($2R$)和长度($2L$)密切相关：当 $2R$ 和 $2L$ 一定时，$2r$ 越大，边界效应影响越大，γ 越小；当 $2r$ 和 $2R$ 一定时，$2L$ 越长，边界效应影响越小，γ 越大；当 $2r$ 和 $2L$ 一定时，$2R$ 越大，边界效应影响越小，γ 越大。Munro 等(1979)还给出了几种常见径长比(R/L)样品腔的修正因子(γ)随金属小球直径与样品腔长度比值(r/L)的变化关系(图 6-11)，并且对 $R/L = 1.2$ 和 $R/L = 3.0$ 两种径长比的样品腔进行了实验验证，结果表明修正后比修正前的黏度结果更接近真实黏度(图 6-12)，测量值偏差度控制在 30% 以内。

为了使高压下离子液体的黏度测量值更加接近真实黏度，实验设计之初就考虑了修正因子的确定方法，所以实验前要求尽可能将样品腔处理成标准的圆柱体形状，以便确定各个压强条件下样品腔的尺寸大小。实验过程中，测量并记录各个压强条件下样品腔的直径($2R$)、厚度($2L$)和金属小球的直径($2r$)等数据。将以上实验记录数据代入式(6-8)～式(6-11)，求解各个压强条件下的修正因子数值。

采用金刚石对顶砧(DAC)技术可获得很高的压强，部分研究者试图利用金刚石对顶砧测量高压下液体的黏度。Herbst 等(1992)在金刚石对顶砧中用动态光散射方法测量得到了 23℃温度下的 0～2.9GPa 压强范围内的甲醇黏度数据。Cook 等(1993)利用旋转原理设计了一种离心力金刚石对顶砧黏度计，测量了甲醇、邻苯二甲酸二丁酯、丙二醇、丙三醇不同压强下的黏度。Piermarini 等(1978)将光学测角器和摄像机结合，利用落球法设计了一种金刚石压砧中液体黏度测量装置，并使用该装置测量了甲醇和乙醇的混合液黏度。本研究通过改造和加工现有的显微镜装置，将金刚石对顶砧与 CCD 探测器相结合，采用落球法，设计了一种高压下液体黏度测量装置。该测量装置结构简单，使用方便。

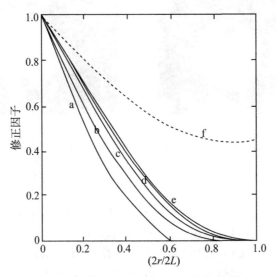

图 6-11　修正因子 γ 与 $2r/2L$ 变化关系

(a. $R/L=0.6$; b. $R/L=0.8$, c. $R/L=1.0$, d. $R/L=1.2$, e. $R/L=1.4$.)

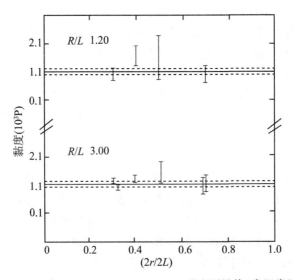

图 6-12　DAC 内 Dow-corning fluid No. 200 黏度测量值(常温常压下)

(实线：黏度标准值。虚线：不确定度)

6.2　高压下[C₄mim][BF₄]的黏度研究

利用金刚石对顶砧技术和落球黏度测量方法相结合，本研究对两种典型的离子液体$[C_4mim][BF_4]$和$[C_6mim][BF_4]$在更高压强条件下的黏度进行了原位测量。

实验所用的$[C_4mim][BF_4]$和$[C_6mim][BF_4]$样品均购买于中国科学院兰州化学物理研究所。在常温常压条件下,两种离子液体均为无色透明液体,熔点、密度和黏度等物性参数详见表6-1,所有数据均由实验样品的生产者提供。

表6-1 样 品 参 数

样品名称	$[C_4mim][BF_4]$	$[C_6mim][BF_4]$
相对分子质量	226. 02	254. 08
纯度(wt%)	>99. 0	>99. 0
熔点(℃)	-81	-81
密度(g/cm³)	1. 26	1. 15
黏度(cP)	140(20℃)	266(20℃)
热分解温度(℃)	403	358
电导率(mS/cm)	4. 09(20℃)	1. 55(20℃)
电化学窗口(V)	4. 6	>4
表面张力(mN/m)	44. 7(25℃)	36. 5(20℃)
折光指数	1. 4155	1. 4243

利用高压原位黏度测量系统对$[C_4mim][BF_4]$进行黏度测量,测试过程中记录并计算相关数据:样品密度$\rho_{液}$、金属小球密度$\rho_{球}$、金属小球直径$2r_{球}$、金属小球收尾速度v_0、修正因子γ和样品黏度$\eta_{液}$等(详见表6-2~表6-5)。实验环境温度为20℃。

表6-2 $[C_4mim][BF_4]$的体积和密度(20℃)

P (GPa)	$2R$ (μm)	$2L$ (μm)	$V_{液}$ (μm³)	$\rho_{液}$ (g/cm³)
0	224	245	$9.65×10^6$	1. 26
0. 06	224	243	$9.58×10^6$	1. 27
0. 11	223	242	$9.45×10^6$	1. 29
0. 21	222	240	$9.29×10^6$	1. 31
0. 32	221	239	$9.17×10^6$	1. 33
0. 52	219	238	$8.97×10^6$	1. 36
0. 62	219	238	$8.97×10^6$	1. 36
0. 80	218	237	$8.85×10^6$	1. 37

续表

P （GPa）	$2R$ （μm）	$2L$ （μm）	$V_{液}$ （μm³）	$\rho_{液}$ （g/cm³）
0.99	218	237	8.85×10⁶	1.37
1.15	218	236	8.81×10⁶	1.38

注：P：利用红宝石荧光峰 R_1 峰位确定。$2R$：利用图像处理软件确定。$2L$：利用显微镜分别聚焦两个金刚石压力砧面获得载物台微调旋钮的刻度差值。0GPa 时 $[C_4mim][BF_4]$ 样品密度 1.26 g/cm³ 由生产厂家提供。样品腔体积利用公式 $V=\pi R^2 \times 2L$ 确定。其他压强条件下 $[C_4mim][BF_4]$ 样品密度利用公式 $\rho_{液}=\rho_0 V_0/V_{液}$ 确定。

表 6-3 　　　　　　　　　　　样品腔中钨球的收尾速度（20℃）

P （GPa）	S （μm）	t （s）	v_0 （μm/s）
0	106.313	1	106.313
0.06	116.842	2	58.4212
0.11	118.695	3	39.5650
0.21	114.347	8	14.2934
0.32	91.5668	20	4.57834
0.52	95.4234	180	0.53013
0.62	88.3262	360	0.24535
0.80	101.232	2400	0.04218
0.99	18.9143	3600	0.00525
1.15	5.41324	7200	0.00075

注：P：利用红宝石荧光峰 R_1 峰位确定。S：利用图像处理软件确定。t：利用视频处理软件确定。v_0：选取多次测量获得的 v_{max}。

表 6-4 　　　　　　　　　样品腔边界效应引起的修正因子（20℃）

P （GPa）	$2r$ （μm）	$2R$ （μm）	$2L$ （μm）	γ
0	53	224	245	0.623
0.06	53	224	243	0.621
0.11	53	223	242	0.619
0.21	53	222	240	0.617

续表

P (GPa)	$2r$ (μm)	$2R$ (μm)	$2L$ (μm)	γ
0.32	53	221	239	0.615
0.52	53	219	238	0.613
0.62	53	219	238	0.613
0.80	53	218	237	0.611
0.99	53	218	237	0.611
1.15	53	218	236	0.610

注：P：利用红宝石荧光峰R_1峰位确定。$2r$和$2R$：利用图像处理软件确定；$2L$：利用显微镜分别聚焦两个金刚石压力砧面获得显微镜微调旋钮的刻度差值。γ：利用式(6-8)~式(6-11)计算确定。

表 6-5 $[C_4mim][BF_4]$的黏度(20℃)

P (GPa)	$\rho_{球}$ (g/cm³)	$\rho_{液}$ (g/cm³)	$2r_{球}$ (μm)	v_0 (μm/s)	γ	$\eta_{液}$ (cP)	lgη (cP)
0	19.35	1.26	53	106.313	0.623	1.62×10^2	2.21
0.06	19.35	1.27	53	58.4212	0.621	2.94×10^2	2.47
0.11	19.35	1.29	53	39.5650	0.619	4.32×10^2	2.64
0.21	19.35	1.31	53	14.2934	0.617	1.19×10^3	3.07
0.32	19.35	1.33	53	4.57834	0.615	3.70×10^3	3.57
0.52	19.35	1.36	53	0.53013	0.613	3.18×10^4	4.50
0.62	19.35	1.36	53	0.24535	0.613	6.88×10^4	4.84
0.80	19.35	1.37	53	0.04218	0.611	3.98×10^5	5.60
0.99	19.35	1.37	53	0.00525	0.611	3.20×10^6	6.51
1.15	19.35	1.38	53	0.00075	0.610	2.24×10^7	7.35

如表 6-5 所示，我们利用高压原位黏度测量系统测量得到在 20℃、常压条件下$[C_4mim][BF_4]$的黏度值约为 $\eta = 162$ cP。该测量值与样品生产商提供的标准值($\eta = 140$ cP，20℃)相比，测量值略高。测量结果出现偏差可能原因有：样品腔直径或厚度测量存在误差；金属小球直径测量存在误差；无法保证金属小球在样品腔的正中心位置做匀速下落运动等。尽管测量结果存在偏差，但该黏度测量系统的偏差度约为 15.7%，明显低于 Munro 等(1979)提出的 30%的仪器偏差度。这一结果的出现可能与精细处理样品腔形状和图像处理技术较为成熟等有关。此外，从表 6-5 我们不难发现，从常压增加至

1.15 GPa过程中，$[C_4mim][BF_4]$样品的黏度从 1.62×10^2 cP 增加至 2.24×10^7 cP，跨越了 5 个数量级，表明压强对$[C_4mim][BF_4]$的黏度影响非常大。

依据表 6-5 中$[C_4mim][BF_4]$的高压黏度测量结果，图 6-13 为 20℃，0～1.15 GPa 压强范围内$[C_4mim][BF_4]$的黏度与压强之间的关系图。同时，图 6-13 中还给出了 Harris 等（2007）使用传统大腔体压力产生装置测得的$[C_4mim][BF_4]$黏度数据。从图 6-13 中，我们不难看出两组数据的黏度对数与压强都存在近似线性关系，因此对其各自进行线性拟合处理，拟合结果如下：

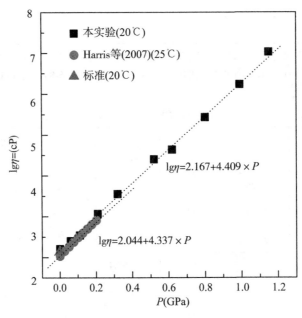

图 6-13　$[C_4mim][BF_4]$黏度与压强变化关系

测量结果：$\lg\eta = 2.167+4.409\times P$（$R^2=99.87\%$）（压强范围：0～1.15 GPa）
文献报道：$\lg\eta = 2.044+4.337\times P$（$R^2=99.96\%$）（压强范围：0～0.20 GPa）

该结果表明：利用金刚石对顶砧和落球黏度测量方法测量得到的$[C_4mim][BF_4]$黏度结果与 Harris 等（2007）报道的实验结果基本相符。

6.3　高压下$[C_6mim][BF_4]$的黏度研究

利用高压原位黏度测量系统对$[C_6mim][BF_4]$进行黏度测量，测试过程中记录并计算相关数据：样品密度 $\rho_{液}$、金属小球密度 $\rho_{球}$、金属小球直径 $2r_{球}$、金属小球收尾速度 v_0、修正因子 γ 和样品黏度 $\eta_{液}$ 等（详见表 6-6 ～表 6-9）。实验环境温度为 20℃。

表 6-6　　　　　　　　　　[C₆mim][BF₄]体积和密度(20℃)

P(GPa)	2R(μm)	2L(μm)	V_液(μm³)	ρ_液(g/cm³)
0	203	246	7.96×10⁶	1.15
0.09	201	245	7.77×10⁶	1.18
0.17	200	245	7.70×10⁶	1.19
0.23	199	245	7.62×10⁶	1.20
0.3	198	244	7.51×10⁶	1.22
0.39	198	243	7.48×10⁶	1.22
0.45	197	243	7.41×10⁶	1.24
0.58	197	242	7.38×10⁶	1.24
0.66	196	242	7.30×10⁶	1.25
0.71	196	241	7.27×10⁶	1.26
0.86	195	241	7.20×10⁶	1.27
0.95	195	240	7.17×10⁶	1.28

注：P：利用红宝石荧光峰 R_1 峰位确定。$2R$：利用图像处理软件确定。$2L$：利用显微镜分别聚焦两个金刚石压力砧面获得载物台微调旋钮的刻度差值。0GPa 时[C₆mim][BF₄]样品密度 1.15 g/cm³ 由生产厂家提供。样品腔体积利用公式 $V=\pi R^2\times 2L$ 确定。其他压强条件下[C₆mim][BF₄]样品密度利用公式 $\rho_液=\rho_0 V_0/V_液$ 确定。

表 6-7　　　　　　　　　　样品腔中钨球收尾速度(20℃)

P(GPa)	S(μm)	t(s)	v₀(μm/s)
0	103.082	2	51.5412
0.09	97.5615	5	19.5123
0.17	74.4422	10	7.44422
0.23	66.5428	20	3.32714
0.3	73.1592	60	1.21932
0.39	72.9732	120	0.60811
0.45	71.7948	360	0.19943
0.58	69.9722	1200	0.05831
0.66	57.4563	2400	0.02394
0.71	35.7122	3600	0.00992
0.86	8.02832	3600	0.00223
0.95	5.83224	7200	0.00081

注：P：利用红宝石荧光峰 R_1 峰位确定。S：利用图像处理软件确定。t：利用视频处理软件确定；v_0：选取多次测量获得的 v_{max}。

表 6-8　　　　　　　　样品腔边界效应引起的修正因子（20℃）

$P(\text{GPa})$	$2r(\mu m)$	$2R(\mu m)$	$2L(\mu m)$	γ
0	51	203	246	0.625
0.09	51	201	245	0.623
0.17	51	200	245	0.622
0.23	51	199	245	0.621
0.3	51	198	244	0.620
0.39	51	198	243	0.619
0.45	51	197	243	0.618
0.58	51	197	242	0.617
0.66	51	196	242	0.616
0.71	51	196	241	0.615
0.86	51	195	241	0.615
0.95	51	195	240	0.614

注：P：利用红宝石荧光峰 R_1 峰位确定。$2r$ 和 $2R$：利用图像处理软件确定。$2L$：利用显微镜分别聚焦两个金刚石压力砧面获得载物台微调旋钮的刻度差值。γ：利用式（6-8）~式（6-11）计算确定。

表 6-9　　　　　　　　$[\text{C}_6\text{mim}][\text{BF}_4]$ 样品黏度（20℃）

$P(\text{GPa})$	$\rho_{球}$ (g/cm^3)	$\rho_{液}$ (g/cm^3)	$2r_{球}(\mu m)$	$v_0(\mu m/s)$	γ	$\eta_{液}(\text{cP})$	$\lg\eta(\text{cP})$
0	19.35	1.15	51	51.5412	0.625	3.12×10^2	2.49
0.09	19.35	1.18	51	19.5123	0.623	8.21×10^2	2.91
0.17	19.35	1.19	51	7.44422	0.622	2.15×10^3	3.33
0.23	19.35	1.20	51	3.32714	0.621	4.80×10^3	3.68
0.3	19.35	1.22	51	1.21932	0.620	1.31×10^4	4.12
0.39	19.35	1.22	51	0.60811	0.619	2.61×10^4	4.42
0.45	19.35	1.24	51	0.19943	0.618	7.95×10^4	4.90
0.58	19.35	1.24	51	0.05831	0.617	2.71×10^5	5.43
0.66	19.35	1.25	51	0.02394	0.616	6.60×10^5	5.82
0.71	19.35	1.26	51	0.00992	0.615	1.59×10^6	6.20
0.86	19.35	1.27	51	0.00223	0.615	7.06×10^6	6.85
0.95	19.35	1.28	51	0.00081	0.614	1.94×10^7	7.29

如表6-9所示，利用高压原位黏度测量系统测得在20℃、常压条件下 [C₆mim][BF₄] 的黏度值约为 $\eta = 312$ cP。该测量值与样品生产商提供的标准值($\eta = 266$ cP，20℃)相比，测量值略高。通过计算得知该黏度测量系统的偏差度约为17.3%，也明显低于 Munro 等(1979)提出的30%的仪器偏差度。此外，从表 6-9 中我们不难发现，在从常压增加至 0.95 GPa 过程中，[C₆mim][BF₄]样品的黏度从 3.12×10^2 cP 增加至 1.94×10^7 cP，与[C₄mim][BF₄]相似，也跨越了 5 个数量级，表明压强对[C₆mim][BF₄]的黏度影响也非常大。

依据表 6-9 中[C₆mim][BF₄]的高压黏度测量结果，图 6-14 给出了 20℃，0~0.95 GPa 压强范围内[C₆mim][BF₄]的黏度与压强之间的关系。同时，图 6-14 中还给出了 Ahosseini 等(2008)使用传统大腔体压力产生装置测得的[C₆mim][BF₄]黏度数据。从图6-14中不难看出，两组数据的黏度对数与压强都存在近似的线性关系，因此对其各自进行线性拟合处理，拟合结果如下：

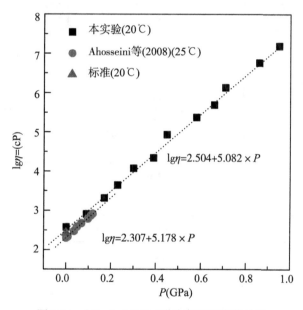

图 6-14 [C₆mim][BF₄]黏度与压强变化关系

测量结果：$\lg\eta = 2.504 + 5.082 \times P$ ($R^2 = 99.83\%$)(压强范围：0~0.95 GPa)
文献报道：$\lg\eta = 2.307 + 5.178 \times P$ ($R^2 = 99.57\%$)(压强范围：0~0.12 GPa)
该结果表明：利用金刚石对顶砧和落球黏度测量方法测量得到的[C₆mim][BF₄]黏度结果与 Ahosseini 等(2008)报道的实验结果基本相符。

6.4 高压下[C₂mim][BF₄]的黏度研究

黏度是流体的重要物理性质之一，在各种类型化工生产装置的工业设计中都需要加以考虑。液体的黏度反映了液体分子在受到外力作用而发生流动时分子间所呈现的内摩擦力，与液体的流体力学特征密切相关。目前，文献研究主要集中在温度对黏度的影响，而压强作为影响黏度的另一个重要因素，关于其对黏度的影响的研究相对较少。

通过改造显微镜，将金刚石对顶砧压机与 CCD 探测器相结合，设计了一种高压下液体黏度测量装置，利用该装置通过落球法测量了高压下 $[C_2mim][BF_4]$ 的黏度，其测量值 η_A 如表 6-10 所示。高压下，压腔中的液体和金属微球受到压强的影响，两者的密度会随压强的增加而增加，其对实验结果的影响较为复杂。Piermarini 等(1978)分析了两者密度改变造成的误差，确定了由微球密度和液体密度导致的测量误差小于 2.3%，整体测量误差小于 10%。

表 6-10　　　常温(298 K)下，不同压强下 $[C_2mim][BF_4]$ 黏度的测量值和修正值

$P(GPa)$	$\eta_A(mPa \cdot s)$	$\eta(mPa \cdot s)$
0.0001	43	30
0.06	58	39
0.13	64	44
0.26	80	55
0.34	122	84
0.41	151	104
0.55	206	141
0.62	268	184
0.72	458	314
0.81	726	498
0.92	1286	881
1.06	2055	1408
1.11	2661	1823
1.16	5045	3457
1.34	14714	10082

为了提高黏度测量的精度，我们进一步分析了在金刚石对顶砧压腔中使用落球法所存在的边界效应。本实验中，样品腔的直径 $2R$ 为 320 μm，深度 $2L$ 为 250 μm，所用金属球钨球的直径 $2r$ 为 51.45 μm。根据文献报道，当 $R/L \geq 0.6$ 时，修正系数 γ 可由下式计算获得：

$$\gamma(r/L, R/L) = \Gamma(r/L)\{1 - \exp[-\alpha(r/L)(R/L - 1)]\} + \gamma(r/L, 1.0) \quad (6-12)$$

其中

$$\Gamma(r/L) = 1 - r/L - \gamma(r/L,\ 1.0) \tag{6-13}$$
$$\alpha(r/L) = 1.197 - 1.344(r/L) + 0.313(r/L)^2 \tag{6-14}$$
$$\gamma(r/L,\ 1.0) = [1 - 1.695(r/L) + 2.719(r/L)^2 - 4.359(r/L)^3 + 2.195(r/L)^4 +$$
$$0.140(r/L)^5]\exp[-2.719(r/L)^2] \tag{6-15}$$

将 $r=25.725\ \mu m$，$L=125\ \mu m$，$R=160\ \mu m$ 代入上式，获得修正系数 γ 为 0.685。由于最高压只有 1.34 GPa，样品腔的深度和直径与钨球直径的变化并不明显，因此可以认为高压下修正系数 γ 保持不变，从而进一步获得高压下[C_2mim][BF_4]的黏度值，如表6-10所示。Nishida 等(2003)研究中测得常温(298 K)常压条件下[C_2mim][BF_4]的黏度为37 mPa·s。修正后的黏度和文献中的测量值基本近似，说明本方法的可靠性。

Piermarini 等(1978)提出了一种压强与黏度关系的渐近线表达式，将液体高压下的黏度和玻璃化转变压强点进行了关联，其简化形式如下：

$$\eta = A\left(1 - \frac{P}{P_g}\right)^{-\nu} \tag{6-16}$$

式中：η 为不同压强 P 下的黏度值；P_g 为玻璃化转变压强点；A 和 ν 为系数。经过拟合得到 A 为 11.9 mPa·s，ν 为 11.0，P_g 为 2.9 GPa，拟合曲线与实验值如图 6-15 所示。对于[C_2mim][BF_4]，通过拟合所获得的玻璃化转变压强点与 Yoshimura 等(2013)研究中利用红宝石荧光峰 R_1 线展宽获得的玻璃化转变压强点(2.8 GPa)基本一致。

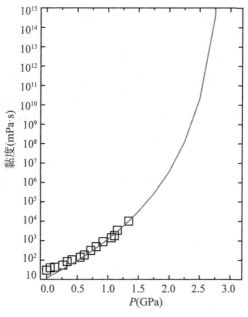

图 6-15 常温(298 K)下，不同压强下[C_2mim][BF_4]的黏度，曲线为利用式(6-16)计算得到的曲线

6.5 高压下丙三醇的黏度研究

常见的离子液体黏度一般都比较大，是传统有机溶剂的数百乃至数千倍。例如，$[C_4mim][BF_4]$ 在室温下的黏度值为 180 mPa·s(25℃)，而丙酮的黏度值仅为 0.3 mPa·s (25℃)。一方面，离子液体的高黏度特性给化工操作过程带来了很多负面影响。例如：离子液体作为溶剂使用时，高黏度特性将使溶质在溶解过程中传递效率大大降低；离子液体作为萃取剂使用时，高黏度特性将使离子液体的分离过程变得非常缓慢。离子液体通常被人们称为"可设计者溶剂"，这是因为通过适当地选择阴离子种类或微调阳离子烷基链的长度，可以对离子液体的熔点、密度或黏度等性质进行目标设计。为了提高生产效率，需要选择或设计出黏度比较适合的离子液体作为溶剂或萃取剂应用于工业生产中，此时离子液体的黏度数据以及黏度与结构之间的关联研究就显得格外重要。另一方面，离子液体的高黏度特性可能使其在某些特殊领域具有很高的应用价值。例如：离子液体作为大型工程机械装备(如处于高压环境的深井钻头等)的润滑油使用时，高黏度特性将有助于降低摩擦损耗，从而提高机械设备的使用寿命和工作效率。已有研究证明压强会使离子液体的黏性发生变化，如果搞清楚压强影响离子液体黏性的规律，将有助于选择或设计出性能指标更加优异的润滑油产品，因此高压条件下离子液体的黏性研究非常必要。

基于落球法的高压黏度测量技术路线：①首先搭建基于落球法的高压黏度测量装置；②对已知黏度数据样品进行黏度测量并对结果进行比较；③如果测量的实验黏度数据与已知样品黏度数据吻合较好则可以进行其他样品的黏度测量。

本实验采用的金属微球是自制的金属钨球。制作微型金属球的关键技术问题之一是需要制作出符合实验要求的金属微球。实验采用的金属微球一般要求其较圆且表面光滑。如果金属微球不圆或表面不光滑时，在液体中下落，受到的阻力会变大，会影响金属微球的下落速度进而影响实验结果。通常采用的制作金属微球较为简便、易行的方法是大电流熔融法。其制作原理是，当金属细丝通过大电流时产生的高温会使其发生瞬态熔融并且由于其存在表面张力作用而形成微球，此次金属微球具体制作方法如下：

(1)选用金属材料的细丝，制成均匀较圆且表面光滑的金属微球，此次选择直径为 15 μm 的钨丝；

(2)选取合适的电压制成半径约 20 μm 的金属钨球。

在制作金属微球时，需要注意通过不同的电压可以制成半径不同的金属钨球。当电压过小时，由于电流较小，不能使钨丝熔断。当电压过大时，能使钨丝熔断。由于不同金属的电阻差异，需要调整合适的电压才能使金属丝发生高温瞬态熔融。在本实验中，选用 200 V、220 V、240 V 三个不同的电压值，制备出半径约为 20 μm 的金属钨球。由于不同电压制备出的金属微球的半径不同，因此，在做实验选取金属钨球时，需要选出表面光滑且较圆的微球并且微球的半径大小符合实验要求。

在 DAC 压腔的液体样品中放置一微型金属钨球。通过测量微球的下落速度获得液体的黏度。液体的黏度与微球的密度、下落速度和滚动面倾角等参数的关系为：

$$\eta = \frac{2\gamma R^2 (\rho_s - \rho_0) g}{9v} \sin\theta \qquad (6\text{-}17)$$

式中，η、ρ_0 分别为液体的黏度和密度；R、ρ_s、v 分别为金属微球的半径、密度和金属微球在待测液体中的下落速度；g 为重力加速度；θ 为下落面与水平面之间的夹角；γ 是由于墙壁效应增加阻力的校正因子。本装置采用直角底座，因此 θ 为 90°。

利用激光作用于红宝石产生的散射进行压强标定。其原理是红宝石荧光峰 R_1 线，在高压下将发生红移，因此可以用作 DAC 实验时的压强标定。红宝石的拉曼峰如图 6-16 所示。利用红宝石标压的优点是其峰的强度较大，矿物用量少且容易测量，压强可达到数百万大气压。缺点是荧光强，在较低压强下压强测定的误差较大，也不能用于含水体系的压强测量。为了标定压强，将红宝石和金属钨球共同装入 DAC 压腔中，金属微球在待测液体中运动会受红宝石的影响，因此需要选取大小合适的红宝石。另外，红宝石尽量放置在待测液体的一侧，但不能靠近边缘。因为当红宝石处于边缘时，加压过程中红宝石会受到垫片内沿给它的作用力，它受到的将不再是静水压，因此测量的压强误差会很大。红宝石靠近一侧，能避免金属微球在运动过程中碰到红宝石或受红宝石较大影响，使测量结果更准确。

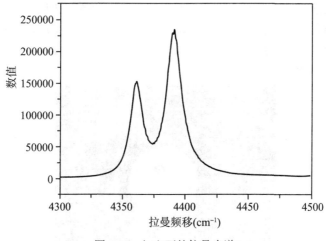

图 6-16　红宝石的拉曼光谱

利用基于落球法的液体高压黏度测量技术测量高压下黏度的具体实验步骤如下：①将待测液体样品、红宝石和金属钨球共同装入 DAC 中，利用拉曼光谱仪测量红宝石的拉曼峰，通过红宝石的拉曼峰偏移标定压强。②将 DAC 固定在支撑架上，通过调节显微镜使支撑架上下移动，使金属钨球的边缘能在视频中清晰地显示，如图 6-17(a) 所示。然后将直角底座 90° 转置，如图 6-17(b) 所示，压腔内金属微球在重力的作用下向下运动，CCD探测器记录微球的运动轨迹，并将视频数据传输至计算机。③运用图像处理软件对实验数据进行处理。

CCD 探测的显微镜下金属微球的图像如图 6-18 所示。根据像素法可确定垫片中心孔

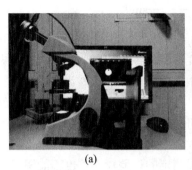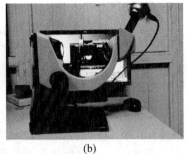

图 6-17 高压黏度测量装置图(a)黏度测量前(b)黏度测量中

径的大小、金属钨球的半径及一定时间内微球运动的距离,进而计算出金属钨球在压腔的液体样品中的运动速度。具体为由标尺确定每个像素代表的实际长度,然后测量垫片中心孔径和金属钨球直径占据的像素数,可以计算出垫片中心孔径和金属钨球的实际大小。确定压腔中液体样品中金属钨球运动速度的具体方法如下:①首先对由 CCD 探测器拍摄的视频进行截图处理;②根据图片中金属微球的运动轨迹找到对应的大致匀速运动阶段;③利用金属微球匀速运动阶段图片进行像素标定,找到微球匀速运动阶段一定时间内运动的距离,由于知道每个像素代表的实际长度,可以确定出金属微球匀速运动阶段运动的实际距离,进而可以计算出金属钨球匀速运动阶段的实际运动速度。

图 6-18 CCD 探测的显微镜下金属微球的图像

为了验证自行研制的高压黏度测量技术的可靠性,我们选择丙三醇作为待测样品,丙三醇由天津市风船化学试剂科技有限公司生产,其纯度为 99.0%。在常温(298.0 K)高压条件下测量丙三醇的高压黏度,压强范围为 0~2.29 GPa。由于常温下丙三醇的压强固化点超过 5 GPa,因此在本实验的压强范围内不需要考虑丙三醇的固化对黏度测量的影响。在本实验中,垫片的初始厚度为 250 μm,钻孔半径为 180 μm,微球半径为 21.2 μm,环境温度为 298.0 K。对于每个测试点,均在加压后 15 min 后测量压强,然后测量微球的下落速度，并根据式(6-17)计算黏度，最终的黏度数据为3次测量的平均值。压强由红宝石荧光峰标定。红宝石的荧光峰通过 Renishaw inVia 显微拉曼光谱测定。

6.6 基于落球法的液体高压黏度测量结果与分析

图6-19展示了0.23 GPa下金属微球的下降距离随时间变化的关系，从图中我们可以看出：装置刚转置后微球有一段很短的加速过程，这是由于开始时微球在重力的作用下开始运动，其下落速度较小，黏性阻力也较小，微球做加速运动，此外装置的转置也会对微球速度产生一定的影响；经历短暂的加速过程后，微球的重力和液体作用于微球的浮力以及黏滞阻力三个力达到平衡，这时，微球基本开始做匀速运动。可以选用匀速运动阶段计算金属微球的下落运动速度，由匀速运动阶段的斜率可求得金属微球的下落速度。微球在下落过程中最后有一段减速过程，这是由于垫片内壁对微球的作用使其减速。微球在下落的过程中，有时会观察到其运动轨迹存在缓慢变化，变化之前和之后的速度是相同的(图6-20)。这可能由于微球在下落过程中，与小块碎片或球体表面上的不规则物体摩擦，因此中间速度急剧变化的过程在计算过程中必须剔除，否则会产生较大误差。

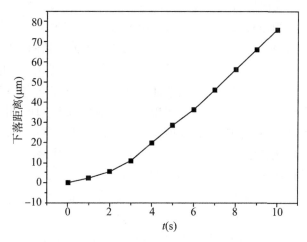

图6-19　0.23 GPa压强下微球的下落距离随时间变化的关系

高压时，压腔中的液体和金属微球会受到压强的影响，液体密度和微球密度会随压强的增加而增加，其对实验结果的影响较为复杂。受当前实验条件的限制，计算黏度时，将常压下丙三醇的密度代入式(6-17)直接计算，同时忽略了高压下金属微球的密度变化，这些因素将直接导致出现测量误差。Piermarini 等(1978)对此类测量误差进行了分析，确定了由微球密度和液体密度导致的测量误差小于2.3%，整体测量误差小于10%。为了提高测量精度，今后可利用高压声学测量装置测量高压下液体的密度，进一步分析墙壁效应，从而减小测量误差。

斯托克斯定律仅对于在无限大范围的流体介质中的运动球体是准确的，所以在特定腔

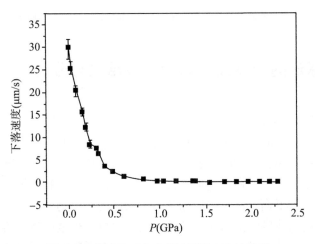

图 6-20 微球的下落速度随压强变化的关系

体中对金属微球的受限运动进行系统边界条件的修正是必要的。研究者已经针对各种边界条件(如圆柱形和无限平行壁)研究了墙壁效应对高压黏度测量的影响,但并没有研究准确描述出垫片及砧面的几何形状对黏度测量的影响。金属微球在 DAC 压腔的液体样品中运动时,Grocholski 等(2005)假设金属微球被限制在一个较大刚性球体内,即同心球模型。由同心球模型可知边界条件选取对修正因子的影响较大。从同心球模型还可知影响黏度数据的重要参量是 DAC 上下砧面之间的距离和金属垫片中心孔径的大小。因此每次黏度测量时,不同的实验条件会得到不同的修正因子。Grocholski 等(2005)将修正因子 γ 参数结合到斯托克斯方程中,发现其不具有简单的功能函数形式,而是由已知液体常压下的黏度来确定。Herbst 等(1993)的研究也表明 γ 不随黏度或者压强等参数改变。

金属微球和丙三醇在各压强点下的密度用常压下的密度代替。考虑 DAC 腔体的墙壁效应,我们并对其进行修正。由常压下丙三醇的黏度可知其修正因子,常压下丙三醇的黏度由数显黏度计测得。将微球速度、金属微球密度、金属微球半径及丙三醇的密度和相关参数代入式(6-17),可计算出不同压强下丙三醇的黏度。

图 6-21 所示为常温(298.0 K)下 0.1~2.29 GPa 压强范围内丙三醇黏度随压强变化的曲线。为便于对比,图 6-21 还给出了 Cook 等(1994)基于离心力 DAC 黏度计测得丙三醇在常温(295.5 K)高压下的黏度数据。从图中可以看出:两组黏度数据随压强的变化趋势相同,受测量温度的影响,本研究获得的黏度值比 Cook 等(1994)的黏度值略低,从侧面验证了本实验装置的可靠性。

本实验提出了一种基于落球法的液体高压下黏度测量技术。并通过改造的显微镜,将 DAC 与 CCD 探测器相结合,设计了一种高压下液体黏度测量装置,通过落球法可简单方便地实现不同压强下液体黏度的测量。采用该测量技术,测量了丙三醇高压下的黏度,与 Cook 等(1994)的数据进行比较,本实验的黏度数据与文献上的数据随压强变化的趋势一致,吻合较好,从而验证了本实验技术的可靠性和准确性。

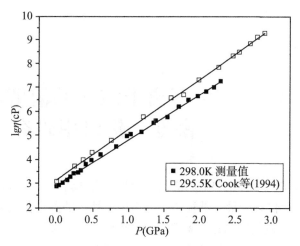

图 6-21　丙三醇的黏度随压强变化的关系

6.7　小结

　　基于金刚石对顶砧技术和落球黏度测量方法搭建而成的高压原位黏度测量系统,本章对 $[C_4mim][BF_4]$ 和 $[C_6mim][BF_4]$ 在高压条件下的黏度进行了测量。首先利用该系统得到了 $[C_4mim][BF_4]$ 和 $[C_6mim][BF_4]$ 在 20℃,常压条件下黏度结果,将该结果与样品生产者提供的黏度标准值进行对比,得到了该黏度测量系统的偏差度为 15%～18%。在 20℃,0～1.0 GPa 压强范围内的黏度测试结果表明：$[C_4mim][BF_4]$ 和 $[C_6mim][BF_4]$ 的黏度与压强关系分别为 $\lg\eta = 2.167 + 4.409 \times P$ 和 $\lg\eta = 2.504 + 5.082 \times P$,都与 Harris 等(2007)和 Ahosseini 等(2008)报道的低压范围内的结果相符。从黏度对数值与压强的线性函数关系看,两种离子液体的黏度与压强的变化速率都在 10^5 cP/GPa 左右,表明压强对两种离子液体的黏度影响都比较大。对比两者的斜率大小,显然压强对 $[C_6mim][BF_4]$ 的黏度影响更大,表明阳离子烷基链长度变化会对该类型离子液体的黏度产生影响,烷基链长度越长,受压强影响程度越高。

　　实验受到离子液体高黏度性质和落球黏度测量方法对黏度测量范围的限制,对 $[C_4mim][BF_4]$ 和 $[C_6mim][BF_4]$ 的高压黏度测量只进行到 1GPa 附近。本章的重要贡献是利用金刚石对顶砧技术和落球黏度测量方法首次对 $[C_4mim][BF_4]$ 和 $[C_6mim][BF_4]$ 在 0～1.0 GPa 压强范围内进行了黏性测量,将离子液体黏性测量的最高压强值从 0.3 GPa 提高到了 1.0 GPa。虽然测量结果的准确度不如各种常压或低压黏度测量仪器,但与目前离子液体高压黏度数据极其匮乏的现状相比,已经获得了很大的进步。测量结果将为未来离子液体在高压条件下的应用提供重要的参考数据。

第7章 高压下离子液体的溶解度、密度、折射率研究

目前，离子液体在科学研究和工业应用方面都具有非常大的潜力。对于高压下咪唑类离子液体的性质，目前仅有少量文献报道，其高压下性质的测量普遍采用现有的商业仪器设备，而且可测量的压强范围有限。高压下的 PVT 数据作为物态方程的重要组成部分，在化工热力学中占有重要地位，是离子液体应用于工业化所必须获得的，其中液体的密度不但直接决定容器(反应器、塔器、储罐等)的大小及管道直径，而且在流体力学、传热、传质过程计算中也必不可少。利用金刚石对顶砧和活塞圆筒装置作为高压装置，结合相应的测量方法，极大地拓展了获取咪唑类离子液体性质的压强范围，丰富了离子液体这种特殊物质高压下的性质数据，有助于促进离子液体在极端条件下的应用。

7.1 高压下[C₂mim][PF₆]在甲醇溶液中的溶解度

离子液体在有机溶剂中的溶解度也是离子液体重要的性质之一。高压下固-液平衡线不仅对利用高压实现离子液体的结晶和纯化技术有重要意义，而且有利于研究多元系统的热力学性质。

在常压条件下从 290 K 到离子液体熔点或沸点范围内，Domańska课题组(2003、2004、2004)研究了一系列离子体在有机溶剂中的溶解度。例如，[C₂mim][PF₆]在各种醇中和1-丁基-3-甲基咪唑，1-癸基-3-甲基咪唑氯盐([C₄，C₁₀mim]Cl)在各种醇中的溶解度。Domańska课题组(2003、2004、2004)还获得了高压下离子液体和有机溶剂的二元混合物的固液平衡线，例如{[C₂mim][TOS]+环己烷或苯}等二元体系在最高压强 900 MPa、温度 328~363 K 范围内的固液平衡线。他们所采用的实验装置为活塞圆筒装置，结合水浴加热装置，通过 P-V 曲线的拐点判断固-液相变点。整个实验装置复杂，实验操作繁复。此外，实验过程中不可避免地出现"过压"效应，这种效应影响了拐点测量的准确性。

本章提出了一种利用拉曼光谱和金刚石对顶砧定量测量高压下离子液体溶解度的新方法。相较于传统活塞圆筒的方法，本方法更加简单易操作。通过这种方法，获得了高压下[C₂mim][PF₆]在甲醇溶液中的溶解度。

本实验使用的[C₂mim][PF₆]购自河南利华制药有限公司，纯度 99.5 wt%以上。所有测试前，样品在 353 K 下真空干燥至少 3 日以上，以减少水分和挥发性化合物至可忽略的

含量。样品相对分子质量为 256.13，熔点为 331~333 K。甲醇为中国国药集团化学试剂有限公司产品，纯度 99.5 wt%以上。本实验所用高压装置为四柱型金刚石对顶砧，升温的实验通过电阻丝加热的方法对样品腔进行加热。金刚石砧面直径约为 500 μm。垫片材质为 T301 不锈钢，垫片预压至 100 μm，样品被密封于垫片中心的直径约 200 μm 的孔中。压强采用红宝石荧光技术标定。实验所用拉曼光谱仪为 Renishaw 公司 inVia 型拉曼光谱仪（Renishaw，英国），激发光源 532 nm。

一般来说，样品拉曼峰的强度与样品中分子或离子的数量成正比，这可以作为一种定量测定浓度的方法。但是拉曼强度的波动受到激光的强度、激发波长、扫描时间以及样品的散射截面的影响，这些因素都可能降低这种定量测量浓度方法的可靠性。

对于液相中具有拉曼活性的两种组分 a 和 b，相对浓度 C（如 mol%）与各组分的拉曼峰面积 S 的关系可以表示为

$$S_a/S_b = (C_a/C_b)(\sigma_a/\sigma_b)(\eta_a/\eta_b) = (C_a/C_b)(F_a/F_b) \tag{7-1}$$

式中，σ、η 和 F 分别表示拉曼散射截面、仪器效率和拉曼量化因子。

对于甲醇与[C₂mim][PF₆]构成的溶液，首先对比了常温（297 K）常压条件下，甲醇、[C₂mim][PF₆]和[C₂mim][PF₆]含量为 10 wt%的甲醇溶液的拉曼光谱，如图 7-1(a)所示。其中 738 cm⁻¹ 处的拉曼峰代表[C₂mim][PF₆]的 P—F 对称伸缩振动，而 2834 cm⁻¹ 处的拉曼峰代表甲醇的 C—H 对称伸缩振动。此外还配置了一系列不同浓度（2 wt%，5 wt%，8 wt%，10 wt%，20 wt%）的溶液，[C₂mim][PF₆]和甲醇的拉曼峰面积比与相对浓度（mol%）之间的关系如图 7-1(b)所示。通过线性拟合，拉曼峰面积比与相对浓度之间的关系可表示为

$$S_{[C_2mim][PF_6]}/S_{甲醇} = 0.71152 C_{[C_2mim][PF_6]}/C_{甲醇} \tag{7-2}$$

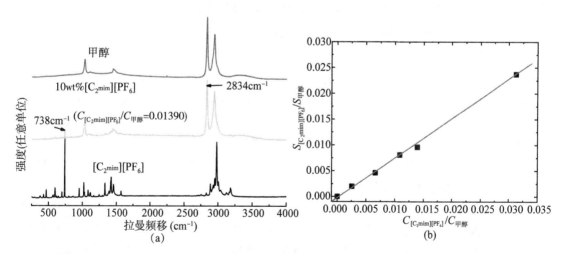

图 7-1　(a)甲醇、[C₂mim][PF₆]和[C₂mim][PF₆]含量为 10 wt%的甲醇溶液的拉曼光谱，

(b)[C₂mim][PF₆]和甲醇的拉曼峰面积比与相对浓度(mol%)之间的关系

为了增加这种定量测量浓度方法的可靠性，需要验证拉曼峰面积比与相对浓度之间的关系是否受压强和温度的影响。常温下将一定浓度的不饱和溶液封存在金刚石对顶砧中，不同压强对 $[C_2mim][PF_6]$ 与甲醇的拉曼峰面积比的影响如图 7-2(a) 所示。由图可知，常温下 $S_{[C_2mim][PF_6]}/S_{甲醇}$ 随着压强的增加保持不变。此外，将一定浓度的不饱和溶液封存在金刚石对顶砧中，同时使样品腔中存在空气泡，气泡的存在说明样品腔中为常压。随着温度的增加，空气泡不断减小但仍存在，说明样品腔内的压强一直保持常压。在这个过程，不同温度对 $[C_2mim][PF_6]$ 与甲醇的拉曼峰面积比的影响如图 7-2(b) 所示。由图可知，常压下 $S_{[C_2mim][PF_6]}/S_{甲醇}$ 随着温度的增加保持不变。因此，在压强 0.1 MPa~1.6 GPa、温度 297~313 K 范围内，压强和温度对式 (7-2) 的影响可忽略不计，可以利用式 (7-2) 计算不同压强和温度条件下的相对浓度。

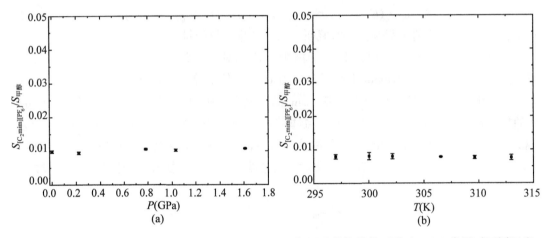

图 7-2   (a) 常温 (297 K) 时不同压强下 $[C_2mim][PF_6]$ 与甲醇的拉曼峰面积比，(b) 常压时不同温度下 $[C_2mim][PF_6]$ 与甲醇的拉曼峰面积比

在室温条件 (297 K) 下，将饱和的 $[C_2mim][PF_6]$ 甲醇溶液密封于金刚石对顶砧中。如第 3 章的结晶结果显示，通过压腔内的晶体可以证明溶液处于饱和状态。随着压强的增加，将激光聚焦在饱和溶液的 4 个不同位置上测试拉曼光谱，直至拉曼峰面积比保持稳定。这保证了测量光谱时样品已处于平衡状态，此时拉曼峰面积比可以表征整个样品腔中的平均值。通过获取溶液的拉曼光谱，根据拉曼峰面积比与相对浓度之间的关系，就可以获得高压下 $[C_2mim][PF_6]$ 在甲醇溶液中的溶解度，溶解度以相对浓度 $C_{[C_2mim][PF_6]}/C_{甲醇}$ 的形式表征，如图 7-3(a) 所示。在加压的初始阶段，溶解度迅速下降，但是在 0.9~1.4 GPa 的压强范围内基本保持不变。如第 3 章的结晶学研究结果所示，样品腔的显微照片也为高压下 $[C_2mim][PF_6]$ 在甲醇溶液中的溶解度提供了证据。随着压强的增加，$[C_2mim][PF_6]$ 逐渐从溶液中结晶析出，在加压的初始阶段，晶体生长迅速，但当压强大于 0.9 GPa 时，晶体的尺寸几乎保持不变，这与图 7-3(a) 中高压下 $[C_2mim][PF_6]$ 在甲醇溶液中的溶解度变化规律基本一致。当压强低于 0.9 GPa 时，形成高密度的晶体，因此溶

解度迅速下降。当压强高于0.9 GPa时，[C$_2$mim][PF$_6$]在甲醇溶液中处于溶解平衡状态，因此溶解度保持不变。

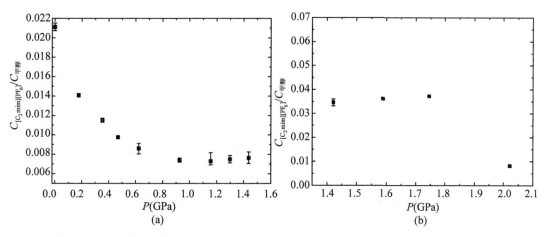

图7-3 常温(297 K)时，不同压强下[C$_2$mim][PF$_6$]在甲醇溶液中的溶解度[(a)加压过程，(b)重结晶过程]

而在重结晶过程中，[C$_2$mim][PF$_6$]在甲醇溶液中的溶解度如图7-3(b)所示。当压强增加至1.7 GPa时，[C$_2$mim][PF$_6$]一直未从溶液中结晶析出，溶解度保持不变；当压强增加至2.0 GPa，[C$_2$mim][PF$_6$]突然从溶液中重结晶析出晶体，此时溶解度迅速减小。

此外，常温下将饱和的[C$_2$mim][PF$_6$]甲醇溶液密封于金刚石对顶砧中，随后将样品腔加热至309 K，此时样品腔中的晶体仍然存在，说明溶液仍处于饱和状态。通过同样的方法获得309 K时不同压强下[C$_2$mim][PF$_6$]在甲醇溶液中的溶解度，如图7-4所示。随着压强的增加，[C$_2$mim][PF$_6$]逐渐从溶液中结晶析出，晶体生长迅速，溶解度迅速下降。同时，309 K时不同压强下[C$_2$mim][PF$_6$]在甲醇溶液中的溶解度高于常温(297 K)时不同压强下的溶解度。

利用活塞圆筒装置通过 P-V 曲线的拐点判断固-液相变点，从而获得高压下的溶解度。与这种方法相比，利用金刚石对顶砧压机结合拉曼光谱定量测量高压下溶解度具有以下优势。首先，本方法中选取金刚石对顶砧为高压实验装置，可获取更高压强下的溶解度。其次，活塞圆筒的方法装样一次只能获取一个固液相变点，而本方法装样一次可获取多个压强点下的溶解度，因此本方法更加简单方便。再次，金刚石对顶砧压机使用透明的金刚石，可利用光学显微镜对样品腔进行原位观察，从而为固液平衡提供直接证据。最后，从微观的角度看，结晶是逐步发生的，可以分为成核和晶体生长过程。Domańska 等(2003、2004)利用 P-V 曲线的拐点判断液-固相转变点的实验过程中发现，结晶开始的压强点高于相变平衡的压强点，这种现象称为"过压"效应。实际上"过压"效应是一种过饱和效应，本次研究中也曾出现类似问题。如果在金刚石对顶砧中装入饱和溶液而没有少量晶体析出，当对样品加压时，[C$_2$mim][PF$_6$]不能立刻从

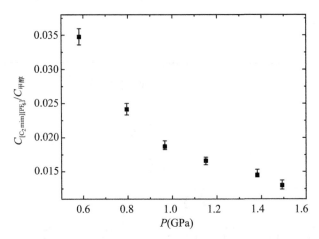

图 7-4　309 K 时不同压强下 $[C_2 mim][PF_6]$ 在甲醇溶液中的溶解度

溶液中析出,而是在更高的压强下突然从溶液中析出。即,本研究中金刚石对顶砧中预装的晶体充当了晶核的作用,高压下的离子液体结晶过程只是一个晶体生长的过程,因而本方法获得的是静态溶解度。因此,本研究创新性地提供了一种更加简单的定量测量高压下离子液体溶解度的新方法。

7.2　高压下 $[C_4 mim][BF_4]$ 和 $[C_4 mim][PF_6]$ 的密度

7.2.1　利用金刚石对顶砧测量高压下 $[C_4 mim][BF_4]$ 和 $[C_4 mim][PF_6]$ 的密度

利用第 2 章介绍的高压密度测量方法,首先对常温(298 K)条件下金刚石对顶砧压机样品腔的厚度进行了测量。实验中采用粒径 5 μm 的红宝石球作为测压压标,通过千分尺(精度为 1 μm)测量两个砧面外侧的厚度,在每个压强点下多次测量求平均值。图 7-5(a)和图 7-5(b)分别为 $[C_4 mim][BF_4]$ 和 $[C_4 mim][PF_6]$ 升压和卸压过程中的对顶砧厚度随压强变化的关系。

从图 7-5 中可以看出,装有 $[C_4 mim][PF_6]$ 的样品腔厚度在约 0.5 GPa 时出现明显的拐点。苏磊等(Su et al, 2010)发现常温条件下 $[C_4 mim][PF_6]$ 的压强相变点也在 0.5 GPa 左右,因此该拐点的出现与样品发生相变有关。显微照片显示样品腔从透明变为不透明,也证明了这一点。同时,相较于相变前,相变后增加同样的压强对应样品厚度的变化量明显变小,说明样品的压缩率变小,这符合物质固态压缩率低于液态压缩率的一般规律。

当压强达到最大值时,样品 $[C_4 mim][BF_4]$ 和 $[C_4 mim][PF_6]$ 实验中的对顶砧厚度分别为 4.7005 mm 和 4.7135 mm。当卸压到常压时,其厚度别为 4.7060 mm 和 4.7190 mm。

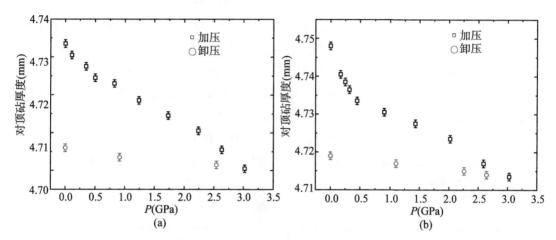

图 7-5 加压和卸压过程中的金刚石对顶砧厚度[(a)[C₄mim][BF₄]，(b)[C₄mim][PF₆]]

所选用的金刚石的总高度 H_0 为 4.5770 mm，由此可以得到卸压过程中样品的厚度 t_{max} 的值（单位 mm）分别为

$$[C_4mim][BF_4]: t_{max} = 4.7060 - H_0 = 4.7060 - 4.5770 = 0.1290 \qquad (7-3)$$

$$[C_4mim][PF_6]: t_{max} = 4.7190 - H_0 = 4.7190 - 4.5770 = 0.1420 \qquad (7-4)$$

根据第 2 章的内容，可以计算得到金刚石的形变量 D_p，样品[C₄mim][BF₄]和[C₄mim][PF₆]实验中的金刚石形变量 D_p 随压强变化而变化的曲线如图 7-6 所示。

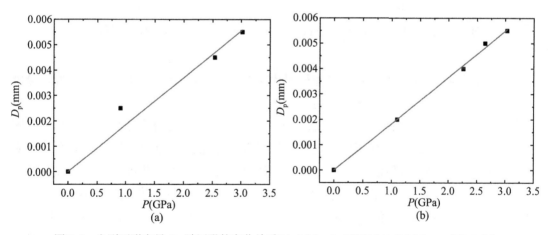

图 7-6 金刚石形变量 D_p 随压强的变化关系[(a)[C₄mim][BF₄]，(b)[C₄mim][PF₆]]

由于整个实验过程压强不大，因此样品[C₄mim][BF₄]和[C₄mim][PF₆]实验中的金刚石形变量 D_p 与压强的关系基本成线性，拟合的结果（D_p 的单位 mm，P 的单位 GPa）分别为

$$[C_4mim][BF_4]: D_p = 0.00185P \qquad (7-5)$$

$$[C_4mim][PF_6]: D_p = 0.00183P \tag{7-6}$$

拟合优度(R^2)分别为 0.98323 和 0.99918，说明回归直线对测量值的拟合程度较好。同时样品$[C_4mim][BF_4]$和$[C_4mim][PF_6]$的实验最大压强都约为 3 GPa，其金刚石的形变量与压腔的关系基本一致，这充分地说明了该方法的可重复性和可靠性。

利用式(7-5)、式(7-6)，可以获得任意压强下金刚石的形变量。因此，可以计算出加压过程中任意压强下样品的厚度 $t(P)$（单位 mm）：

$$t(P) = T_L(P) - (4.5770 - D_p) \tag{7-7}$$

由此可以得到样品$[C_4mim][BF_4]$和$[C_4mim][PF_6]$实验中的样品厚度随压强变化的关系，如图 7-7 所示。

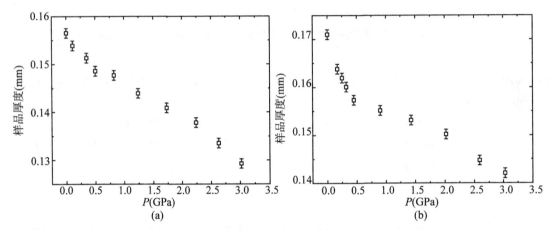

图 7-7　样品的厚度随压强变化的关系[(a)$[C_4mim][BF_4]$，(b)$[C_4mim][PF_6]$]

样品腔的面积通过拍摄样品腔的显微照片获得。分别多次从上下两面对样品腔拍摄照片；利用测微尺的标准距离对图像中每个像素所代表的实际距离进行标定，从而获得样品腔的面积；对不同方向拍摄获取的样品腔面积取平均值，最终得到样品腔的面积，如图 7-8 所示。由于垫片进行过预压，并且整体压强并不是很高，因此样品腔的形变并不明显。在$[C_4mim][BF_4]$和$[C_4mim][PF_6]$的高压实验中，样品腔面积的变化趋势在初始加压时都呈逐步变小的趋势，而在随后的加压过程中样品腔面积的变化趋势并不一致。这可能是由于样品的不同造成的，$[C_4mim][BF_4]$直到 3 GPa 仍为液态，而$[C_4mim][PF_6]$在约 0.5 GPa 由液态转变为固态；另外，也可能与垫片初始预压厚度和样品腔初始状况有关。

样品腔的面积和厚度的乘积即为样品的体积，以 Harris 等(2005、2007)提出的 278 K 常压条件下的密度为基准，整个加压过程中样品腔中样品质量不变，可进一步计算出高压下的密度值，如表 7-1 所示。

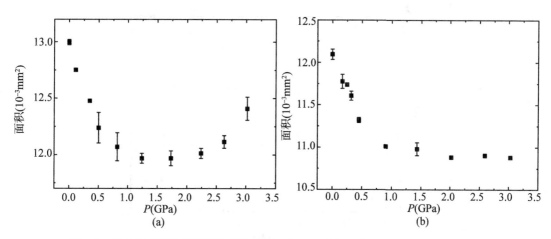

图 7-8 样品的面积随压强变化的关系[(a)[C$_4$mim][BF$_4$], (b)[C$_4$mim][PF$_6$]]

表 7-1   高压下[C$_4$mim][BF$_4$]和[C$_4$mim][PF$_6$]的密度(室温 278 K)

[C$_4$mim][BF$_4$]		[C$_4$mim][PF$_6$]	
压强 P(GPa)	密度 ρ (g/cm^3)	压强 P (GPa)	密度 ρ (g/cm^3)
0	1.2014	0	1.3674
0.11	1.2454	0.17	1.4660
0.35	1.2944	0.25	1.4876
0.50	1.3437	0.32	1.5219
0.82	1.3706	0.45	1.5880
1.24	1.4182	0.90	1.6556
1.73	1.4493	1.43	1.6821
2.24	1.4760	2.02	1.7301
2.63	1.5103	2.59	1.7918
3.02	1.5233	3.03	1.8296

7.2.2 利用活塞圆筒装置测量高压下[C$_4$mim][BF$_4$]和[C$_4$mim][PF$_6$]的密度

本实验选用铝作为样品盒的材料测量高压下[C$_4$mim][BF$_4$]的密度。首先制作两个圆柱形铝标样，质量分别为 7.4974 g 和 14.8345 g，外径为 20 mm，利用压力机和活塞圆筒装置对其进行压缩实验，从而标定系统误差。其压缩距离与压强的关系如图 7-9 所示。

当压强低于 400 MPa 时，两个圆柱形铝标样的压缩距离随压强变化的曲线均呈现较

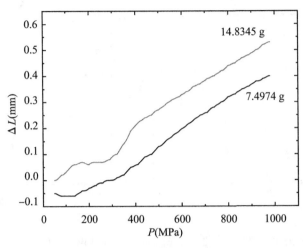

图 7-9　铝标样压缩距离与压强的关系

大的波动性，这可能是由于压强较低时圆柱形铝标样与活塞圆筒装置的样品腔之间没有紧密接触。特别是在 200~300 MPa 的压强范围内，质量为 14.8345 g 的标样的压缩距离基本保持不变，这可能是由于圆柱形铝标样与活塞圆筒装置的样品腔之间出现了摩擦力，随着摩擦力的消除，压缩距离在 300~400 MPa 的压强范围内迅速增大。当压强高于 400 MPa 时，压缩距离随压强变化的曲线近似线性增加。这说明：如果以铝作为样品盒材质，压缩距离与压强的关系在 400~1000 MPa 压强范围内呈现出很好的线性关系。对该压强范围内压缩距离随压强变化的曲线进行线性拟合，如图 7-10 所示。质量分别为 7.4974 g 和 14.8345 g 的铝标样压缩距离与压强的线性拟合关系分别为

$$y_1 = 5.5943 \times 10^{-4}P - 0.1421 \tag{7-8}$$

$$y_2 = 5.9977 \times 10^{-4}P - 0.0447 \tag{7-9}$$

可得铝圆柱状标样压缩距离 $\Delta L_{系}$：

$$\Delta L_{系} = (5.4974 \times 10^{-6}m + 5.1822 \times 10^{-4})P + 0.0133m - 0.2417 \tag{7-10}$$

式中，P 为压强，MPa；m 为铝的质量，g。利用该式可计算任意质量的铝样品盒由于实验装置和样品盒形变产生的系统误差，以达到对压缩距离测量值修正的目的，式(7-10)适用于 400~1000 MPa 的压强范围。

[C_4mim][BF_4]采用两个倒扣的铝盒进行封装，以确保液体不会泄漏。铝盒整体外径为 20.0 mm，高度为 17.0 mm。样品盒由两部分构成，外盒高度为 7.5 mm，外径为20.0 mm，内径为 19.0 mm，壁厚为 0.5 mm，深度约为 6.0 mm，底厚约为 1.5 mm。内盒高度为 15.5 mm，内径为 18.0 mm，深度约为 14 mm，底厚约为 1.5 mm。在盒口处深度 6.0 mm 的范围内壁厚为 0.5 mm，外径为 19.0 mm，其他部分壁厚为 1.0 mm，外径为 20.0 mm。铝盒质量为 5.2468 g，代入式(7-10)，即可得到系统误差。

装样时，将[C_4mim][BF_4]注入内盒中，没过盒口(由于样品的黏度比较大，具有较大的表面张力，因此可使其液面略高于内盒)，最后盖上外盒。称量去除样品盒的质

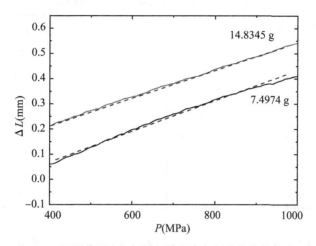

图 7-10　400~1000 MPa 压强范围内铝标样压缩距离与压强的线性拟合(虚线为拟合线)

量，可得样品盒中[C_4mim][BF_4]的质量 m_0 为 4.0510 g，采用连续加压的方式对装有样品的盒子在常温(298 K)下进行压力测试，得到了压缩距离与压强的关系曲线，如图7-11所示。

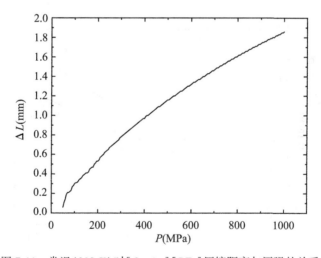

图 7-11　常温(298 K)时[C_4mim][BF_4]压缩距离与压强的关系

　　如图 7-11 所示，压缩距离与压强的关系曲线在压强较低时出现波动性，在 400~1000 MPa 压强范围内比较平滑，且压缩距离与压强的关系曲线没有出现突变，这说明该压强范围内离子液体没有发生相变。

　　由此可以获得高压下[C_4mim][BF_4]的密度，如表 7-2 所示。

表 7-2　　　　　　　　高压下 $[C_4mim][BF_4]$ 密度 (室温 278 K)

压强 P(MPa)	密度 ρ(g/cm³)
400	1.3145
500	1.3329
600	1.3476
700	1.3611
800	1.3735
900	1.3846
1000	1.3944

　　由于常温常压下 $[C_4mim][PF_6]$ 的相变点在 500 MPa 附近，而铝盒能获取 400~1000 MPa 压强范围内的密度数据。因此不能用其获取高压下 $[C_4mim][PF_6]$ 的密度，下面的实验中选用聚四氟乙烯作为样品盒的材料。首先制作两个圆柱形聚四氟乙烯标样，质量分别为 8.8521 g 和 12.5112 g，外径为 20 mm。为获取系统误差与样品盒质量以及装置形变之间的关系，对两个圆柱形标样进行压缩实验，其压缩距离与压强之间的关系如图 7-12 所示。

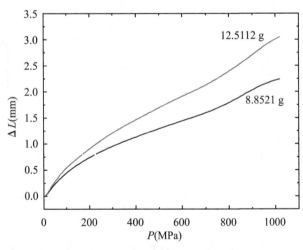

图 7-12　聚四氟乙烯标样压缩距离与压强的关系

　　标样的质量越大，体积也越大，在压缩的时候其形变量也越大。在压强很低时，增加同样的压强，样品产生较大的形变量，这可能是由于样品和装置之间没有紧密接触，具有较大的可压缩空间。而在 600 MPa 以上，样品的形变量随压强变化的斜率明显增大，这可能是由于聚四氟乙烯在 550 MPa 左右发生了相变，导致压缩量迅速增大。去除前面误差较大的初始部分和 550 MPa 之后的部分，标样的压缩距离随压强的变化曲线在 200~550

MPa 之间近似线性变化，线性拟合曲线如图 7-13 所示。质量分别为 8.8521 g 和 12.5112 g 的聚四氟乙烯标样压缩距离与压强的线性拟合关系分别为

$$y_1 = 0.00179P + 0.40881 \tag{7-11}$$
$$y_2 = 0.00254P + 0.43469 \tag{7-12}$$

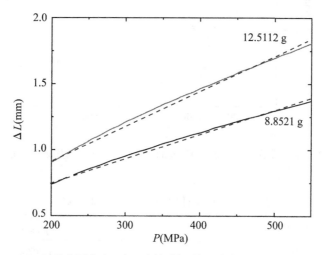

图 7-13　200~550 MPa 压强范围内聚四氟乙烯标样压缩距离与压强的线性拟合（虚线为拟合线）

可得聚四氟乙烯圆柱状标样压缩距离 $\Delta L_系$：

$$\Delta L_系 = (0.000205m - 2.5 \times 10^{-5})P + 0.00707m + 0.346245 \tag{7-13}$$

式中，P 为压强，MPa；m 为聚四氟乙烯的质量，g。利用该式可计算任意质量的聚四氟乙烯样品盒由于实验装置和样品盒形变产生的系统误差，以达到对压缩距离测量值修正的目的，该式适用的压强范围为 200~550 MPa。

$[C_4mim][PF_6]$ 采用两个倒扣的聚四氟乙烯盒子进行封装，以确保液体不会泄漏。盒子包括内外两部分，外盒高度 20.0 mm，外径 20.0 mm，内径 18.0 mm，底厚约 1.0 mm，孔深约 19.0 mm。内盒高度 19.0 mm，外径 18.0 mm，内径 16.0 mm，底厚约 1.0 mm，孔深约 18.0 mm。盒子质量为 7.2260 g，代入式(7-13)，即可得到系统误差。

装样方法与前面类似，$[C_4mim][PF_6]$ 的质量 m_0 为 4.9021 g。采用连续加压的方式对装有样品的盒子在常温(298 K)下进行压力测试，得到了压缩距离与压强的关系曲线，如图 7-14 所示。

虽然图 7-14 只在压强范围 200~550 MPa 的数据可靠，但从图中可以看出常温下，$[C_4mim][PF_6]$ 压缩距离与压强的关系曲线在 360 MPa 出现明显拐点，这说明样品的体积在该压强点发生明显变化。因此可以推测 $[C_4mim][PF_6]$ 常温下在 360 MPa 发生相变，这与苏磊等(Su et al, 2010)提出的相变压强点近似。

由此可以获得高压下 $[C_4mim][PF_6]$ 的密度，如表 7-3 所示。

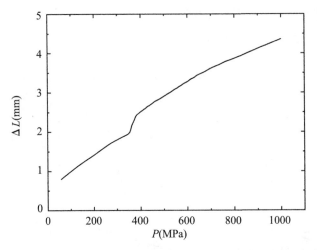

图 7-14　常温(298 K)时[C$_4$mim][PF$_6$]压缩距离与压强的关系

表 7-3 　　　　　　　　　　高压下[C$_4$mim][PF$_6$]密度(室温 278 K)

压强 P(MPa)	密度 ρ(g/cm^3)
200	1.4594
225	1.4698
250	1.4786
275	1.4876
300	1.4938
325	1.5001
350	1.5042

7.2.3 　两种方法的对比

在研究中，我们利用基于不同高压设备的实验方法，获取了高压下[C$_4$mim][BF$_4$]和
[C$_4$mim][PF$_6$]的密度数据，将其与 Harris 等(2005、2007)研究中利用传统方法获取的最
大压强范围的密度数据进行比较，如图 7-15 所示。从图中我们可以得出以下对比结论。

(1)在目前文献报道的离子液体高压密度数据的压强范围内，基于金刚石对顶砧和基
于活塞圆筒装置的实验方法获取的密度数据与 Harris 等(2005、2007)研究中的密度数据
基本近似；而在更高压强下，两种实验方法获得的密度数据也具有较好的一致性。这表明
这两种高压密度测量方法的有效性，能够准确地测量样品高压下的密度。

(2)传统的实验方法只能获得最高约 300 MPa 压强范围内的密度数据，而基于金刚石
对顶砧和基于活塞圆筒装置的实验方法极大地拓展了原有密度测量的压强范围。

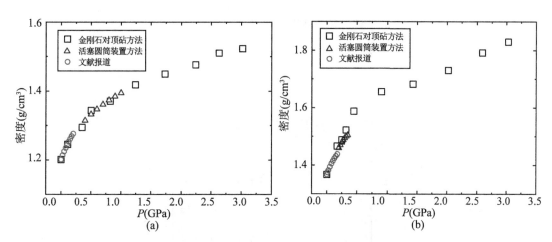

图 7-15　常温(298 K)时利用不同实验方法获取的密度值和 Harris 等(2005、2007)的密度值随压强变化的关系［(a)［C₄mim］［BF₄］，(b)［C₄mim］［PF₆］］

(3)本研究中采用的两种测量高压密度的方法相比较，各有优缺点。首先，基于活塞圆筒装置的实验方法只能获得有限压强范围内的密度，使用铝盒可获得 $400\sim1000$ MPa 压强范围内的密度数据，使用聚四氟乙烯盒子可获取 $200\sim550$ MPa 压强范围的密度数据。而基于金刚石对顶砧的实验方法基本不受压强范围的限制，可以获得更高压强下的密度数据。其次，基于活塞圆筒的实验方法，可实现连续加压，由计算机记录数据，理论上可直接获得一定压强范围内任意压强下的密度数据。而基于金刚石对顶砧的实验方法，加压步长人为控制，不能实现连续加压，只能通过拟合计算某一压强下的密度。综上所述，本书采用的两种测量高压密度的实验方法各有优缺点，对于活塞圆筒装置的实验方法需要进一步探索适合用于制作样品盒的材料，以拓展该方法可应用的压强范围。对于金刚石对顶砧的实验方法，需要进一步提高样品厚度和面积的测量精度，以提高数据的准确性。

7.3　高压下［C₄mim］［BF₄］的折射率

离子液体作为新型的软物质材料已成为目前研究的新热点，其光学性质方面的研究较少，各种离子液体的折射率数据只是零散见诸报道，鲜有详细的研究。折射率是表征物质光学性能的重要参数，离子液体的折射率研究对于其作为新型光学材料具有重要的研究价值和良好的应用前景。

当在金刚石对顶砧的下方放置平行白光光源，以垂直于金刚石对顶砧砧面方向照射到样品腔中，利用拉曼光谱仪的光谱系统可以获得不同压强下的干涉光谱，对干涉图谱进行平滑和归一化处理，如图 7-16 所示。

可以计算获得光学长度 L：

$$L = nd = \frac{1}{2}\left(\frac{1}{\lambda_i} - \frac{1}{\lambda_{i+1}}\right)^{-1} \tag{7-14}$$

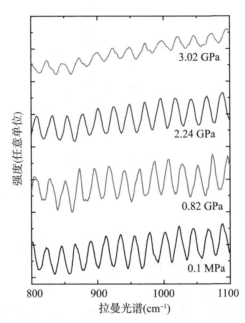

图 7-16　不同压强下装有[C_4mim][BF_4]的样品腔的白光干涉图谱

式中，d 为对顶砧两个砧面之间的实际距离，即本章 7.2.1 小节中利用千分尺经过一系列的修正后获得的样品厚度；n 为样品的折射率；λ_i 和 λ_{i+1} 为干涉光谱相邻峰的波长，$\left(\dfrac{1}{\lambda_i}-\dfrac{1}{\lambda_{i+1}}\right)$ 即为相邻光强极大值的波数差。通过大量的分析可以获得某一压强下干涉谱中相邻光强极大值波数差的平均值，从而获取不同压强下样品腔的光学长度 nd，而前面的实验中已获得样品腔两个砧面间的实际距离 d，如图 7-17 所示。由此，可以得到不同压强下的折射率 $n=L/d$，如表 7-4 和图 7-18 所示。

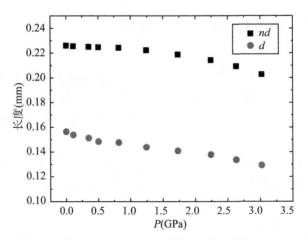

图 7-17　不同压强下装有[C_4mim][BF_4]的样品腔的光学长度 nd 和实际长度 d

表 7-4   高压下[C_4mim][BF_4]的折射率(室温 298 K)

压强 P(GPa)	折射率 n
0	1.4440
0.11	1.4662
0.35	1.4876
0.50	1.5125
0.82	1.5188
1.24	1.5442
1.73	1.5533
2.24	1.5548
2.63	1.5673
3.02	1.5685

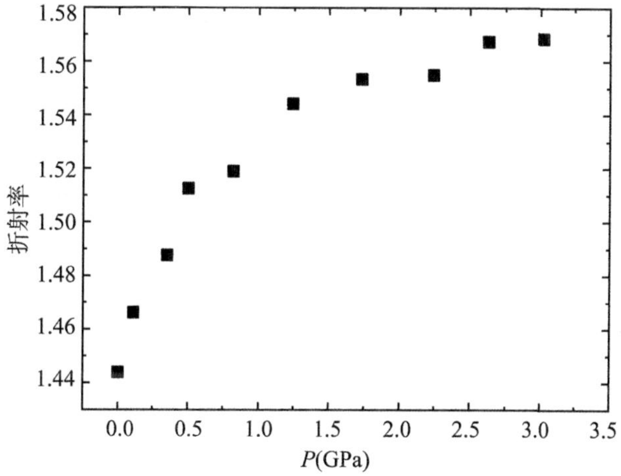

图 7-18   常温(298 K)时不同压强下[C_4mim][BF_4]的折射率

通过这种方法获得常压下[C_4mim][BF_4]的折射率为 1.4440,这与 Iglesias-Otero 等 (2007)研究中常温(298 K)常压下,[C_4mim][BF_4]的折射率(1.4219)近似。截至目前, 尚未有高压下[C_4mim][BF_4]折射率的文献报道。

7.4 小结

本章创新性地提出一种利用金刚石对顶砧压机和拉曼光谱定量测量在高压下离子液体 溶解度的方法,相较于传统活塞圆筒的实验方法,更加简单易操作,利用该方法测量了不同温度下 2 GPa 以内 [C_2mim] [PF_6] 在甲醇溶液中的溶解度。

利用金刚石对顶砧和活塞圆筒装置分别测量了 [C_4mim] [PF_6] 和 [C_4mim] [BF_4] 在高压下的密度，获取了相关 PVT 数据，为进一步物态方程的研究奠定了基础。此外，还获得了 [C_4mim] [BF_4] 在 3 GPa 内的折射率。

第8章　高压下离子液体的物态方程研究

物态方程是描述材料的一个重要特征，能够提供压强、体积、密度等物理参数间的关联，为离子液体的理论模拟、实际应用提供重要的数据和实验支撑。目前，离子液体 *PVT* 数据的温度范围为 270~400 K，压强范围为 0.1~60 MPa，少量研究者得到的数据可达 300 MPa。获取更高压强范围的 *PVT* 实验数据对构建适用于离子液体的物态方程具有十分重要的意义。

利用金刚石对顶砧和活塞圆筒装置作为高压装置，结合相应的测量方法，极大地拓展了获取咪唑类离子液体性质的压强范围，丰富了离子液体这种特殊物质高压下的性质数据，有助于促进离子液体在极端条件下的应用。基于两种高压装置获取的高压下样品的密度数据，根据样品的不同相态和热力学状态，采用常用的物态方程形式对 *PVT* 数据进行了拟合，最终确定物态方程的具体形式并获取了相关的热力学参量。

8.1　物态方程简述

物态方程是表述均匀物质系统平衡态各状态参量之间的函数关系式，通常指物体的压强、体积、温度间的函数关系，可以表达在一定热力学条件下物质的性状。物态方程可表示为多种形式，如压强方程 $P=P(V, T)$，能量方程 $E=E(V, T)$，力学物态方程 $P=P(V, e)$。如果考虑物体的化学组成的影响，方程中还应包括化学变量。根据热力学理论，物体的热力学性质可从上述方程推导得出。因此，物态方程与物质热力学性质紧密相关。物态方程在热力学、流体动力学、等离子体物理、地球物理、天体物理、核聚变等众多领域都有重要应用。

人们从很早时候就开始了对物态方程的研究。最早于 1662 年玻意耳和 1679 年马里奥特分别提出了理想气体的物态方程。1873 年，范德瓦尔斯提出了著名的描述真实气体的范德瓦尔斯物态方程。从 20 世纪开始，人类建立并完善了物态方程的实验技术和系统理论。萨哈于 1919 年提出了稀薄电离气体物态方程。固体物态方程理论是由格临爱森 1926 年基于晶格动力学提出的。

20 世纪，实验物态方程得到飞速发展，一系列实验研究手段得以建立并发展完善，主要分为静高压技术和动高压加载技术。静高压技术是 19 世纪由布里奇曼开展的，通过静压实验得出了等温压缩的经验物态方程。动高压加载技术是 20 世纪后迅猛发展起来的，得益于炸药和气体炮等新型材料和新型装置的快速发展，由此，物态方程发展促进了动态实验技术和探测手段的发展。

近代开始，人们常使用流体动力学的方法来研究高压、高温、超高压、超高温状态下物态方程。随着科学技术的发展，极端条件下的物质物态研究成为热点和必然，如天体演化、地球内部构造、激光聚变等特殊条件下的问题，由于其无法用实验研究，所以促进了物态方程理论研究的发展。

目前，对物态方程的研究主要有理论分析、数值计算研究和实验研究等手段。实验研究是通过实验直接测量得到平衡系统的压强、温度、体积等宏观性质，进而给出体积、压强、密度等参量之间的相互关系。

理论分析是以统计物理学为基础，由物质微观粒子的运动推导宏观物质的热力学性质，建立理论模型，得到体积、压强、密度等参量之间的普遍联系。这在高温、高压、超高温、超高压等特殊条件下是最为重要也几乎是唯一的研究手段。因为在这些特殊条件下，有时是无法用实验方法测量研究的，或者说目前的实验条件无法满足对这些特殊条件下物态方程研究的需要，只能用理论分析方法进行研究。

数值计算是得益于计算机的飞速发展从而建立起来的，其过程是在一定物理模型上，建立相应基本方程，人力是无法计算出这类方程的，通过计算机来迭代求解，最后得出体积、压强、密度等参量之间的数值关系，如托马斯-费米方程的计算和物态方程的能带论计算。

以上提到的是物态方程的基本研究方法。例外，在实际工作中，还可以有多种多样、灵活多变的研究方法。例如，一种半经验半理论方法，在具体确定物态方程时经常用到，它是先以一定的理论模型得出物态方程的形式，再利用实验数据来计算方程中的相关参数，这在固体物态方程的确定中应用最为广泛。

8.2　高压下$[C_4mim][BF_4]$的物态方程

在目前所测得$[C_4mim][BF_4]$密度的压强范围内，$[C_4mim][BF_4]$呈过冷的液态，而在液体的物态方程中，Tait 方程基于等温压缩模型，是最重要和最常见的经验方程，因此利用 Tait 方程对高压下$[C_4mim][BF_4]$的 PVT 数据进行了拟合。Tait 方程的具体形式如下：

$$\rho = \frac{\rho(T,\ P=0.1\text{MPa})}{\left\{1 - C\ln\frac{(B+P)}{(B+0.1)}\right\}} \tag{8-1}$$

其中

$$\rho(T,\ P=0.1\text{MPa}) = a_1 + a_2T + a_3T^2 \tag{8-2}$$

$$B = b_1 + \frac{b_2}{T} \tag{8-3}$$

式中，B 和 C 为拟合系数。由于目前只涉及一组等温压缩的数据，所以在拟合过程中不涉及温度的变化，$\rho(T,\ P=0.1\text{MPa})$ 为常温常压下样品的密度，为已知量，B 也为常数。除了对本研究中两种高压装置获取的密度数据进行了拟合，还对 Harris 等(2007)研究中相同温度、较低压强下的密度数据进行了拟合，拟合结果如表 8-1 所示，基于不同数据来源的拟合结果相近。图 8-1 为不同压强下密度的实验值和 Harris 等(2007)利用式(8-1)拟合所获得的等温密度线。由于利用金刚石对顶砧获得的实验结果压强最高可达 3 GPa，为了与之进行比较，将活塞圆筒装置获得的密度数据和 Harris 等(2007)提出的较低压强下的密度利用拟合结果外推到 3 GPa。当压强低于 1 GPa 时，本研究中基于两种高压装置的拟合结果与 Harris 等(2007)的拟合结果十分接近。当压强高于 1 GPa 时，本研究中基于两种高压装置的拟合结果十分接近，而利用 Harris 等(2007)研究中的密度数据拟合后外推至 3 GPa 所获得的密度值略高于本研究中的实验结果。在 3 GPa 时，两者之间的偏差低于 3%，这说明在一定的压强范围和实验条件下，通过对较低压强下的密度数据进行拟合外推，可以获得更高压强下的密度数据。

表 8-1　高压下[C₄mim][BF₄]密度的实验值和文献报道值的拟合系数(常温 278 K)

数据来源	B	C
金刚石对顶砧	181.7849	0.0734
活塞圆筒装置	175.8124	0.0730
Harris 等(2007)	196.5096	0.0833

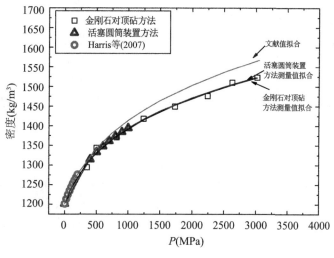

图 8-1　常温(298 K)时不同压强下[C₄mim][BF₄]密度的实验值和 Harris 等(2007)得到的值通过式(8-1)拟合得到的曲线

图 8-2 为本研究中利用两种实验方法获得的密度实验值与计算值的相对偏差，两者相符度较好。其中在压强低于 1 GPa 时，利用活塞圆筒装置所获得实验数据与计算值的相对偏差较小，这可能是由于在金刚石对顶砧实验中作为压标的红宝石在较低压强时压强测量误差较大。

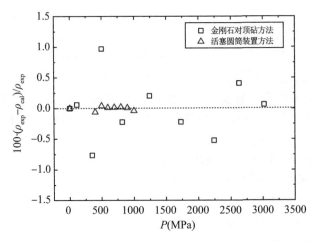

图 8-2　常温(298 K)时，不同压强下[C$_4$mim][BF$_4$]密度的实验值与通
过式(8-1)拟合获得的计算值之间的相对偏差

绝对偏差的平均值 AARD 定义为:

$$\mathrm{AARD} = \frac{\displaystyle\sum_{i=1}^{Np} \mid (\rho_{\mathrm{cal}} - \rho_{\mathrm{exp}}) / \rho_{\mathrm{exp}} \mid_i}{Np} \tag{8-4}$$

由式(8-4)计算得到基于金刚石对顶砧和活塞圆筒装置两种方法所获得实验结果的
AARD 分别为 0.34%和 0.02%，说明实验值与计算值近似。

通过物态方程，可进一步获得等温压缩率 κ_T，如下式所示:

$$\kappa_T = -\frac{1}{V_{\mathrm{m}}}\left(\frac{\partial V_{\mathrm{m}}}{\partial P}\right)_T = \frac{1}{\rho}\left(\frac{\partial \rho}{\partial P}\right)_T = \left(\frac{\partial \ln\rho}{\partial P}\right)_T \tag{8-5}$$

式中，V_{m} 为摩尔体积; ρ 为恒定温度下不同压强下的密度。式(8-5)结合式(8-1)和式
(8-4)，可得:

$$\kappa_T = \left(\frac{C}{B+P}\right)\left(\frac{\rho}{\rho(T, P = 0.1\mathrm{MPa})}\right) \tag{8-6}$$

利用式(8-6)，可计算基于两种实验方法不同压强下[C$_4$mim][BF$_4$]的等温压缩率
κ_T，如表 8-2 和图 8-3 所示。如图 8-3 所示，基于两种实验方法所获得的等温压缩率基本
近似。随着压强的增加，等温压缩率 κ_T 逐渐变小，这说明样品的可压缩性逐渐降低，越
来越不易被压缩。

表 8-2　　　　　高压下[C$_4$mim][BF$_4$]的等温压缩率 κ_T(常温 298 K)

金刚石对顶砧		活塞圆筒装置	
P(MPa)	κ_T (GPa^{-1})	P(MPa)	κ_T (GPa^{-1})
0.1	0.4041	0.1	0.4150
110	0.2611	400	0.1387

续表

金刚石对顶砧		活塞圆筒装置	
$P(\text{MPa})$	$\kappa_T\ (\text{GPa}^{-1})$	$P(\text{MPa})$	$\kappa_T\ (\text{GPa}^{-1})$
350	0.1489	500	0.1198
500	0.1206	600	0.1055
820	0.0837	700	0.0944
1240	0.0610	800	0.0855
1730	0.0464	900	0.0782
2240	0.0373	1000	0.0721
2630	0.0329		
3020	0.0291		

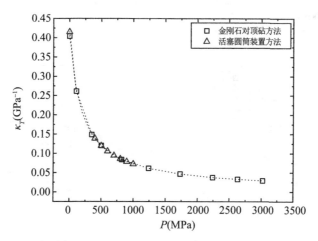

图 8-3　常温(298 K)时不同压强下［C₄mim］［BF₄］的等温压缩率 κ_T（虚线段为数据拟合线）

8.3　高压下［C₄mim］［PF₆］的物态方程

　　由于常温下［C₄mim］［PF₆］在约 0.5 GPa 发生相变，当压强低于 0.5 GPa，样品为液态，当压强高于 0.5 GPa 时，样品呈晶态。根据不同的相态区域，选择适当的物态方程模型，从而提高物态方程的可靠性。

　　当压强低于 0.5 GPa 时，［C₄mim］［PF₆］为液态，仍然选用 Tait 方程对高压下［C₄mim］［PF₆］的密度进行拟合。通过对两种实验方法所获得的密度值和 Harris 等（2005）提出的密度值进行拟合，拟合结果如表 8-3 所示。三种不同数据来源的拟合系数相差较大,其主要原因为:基于金刚石对顶砧的实验中,红宝石压标在较低压强时压强标定误差较大,而且[C$_4$mim][PF$_6$]的相变点压强较低,造成数据点较少;基于活塞圆筒装置的实验中,由于实验条件限制无法获得 200 MPa 以下的密度值,导致可获得密度的压强范围较小。图 8-4 为不同压强下密度的实验值和文献报道值经过拟合所获得的等温密度线。在 300 MPa 附近,基于金刚石对顶砧实验方法和活塞圆筒装置所获得密度值与利用文献中较低压强下的密度数据拟合后外推所获得的密度值之间的偏差分别约为 3% 和 2%。这说明对于较低压强下或数据点较少的情况下,两种实验方法存在一定的局限性。

表 8-3　压强低于 0.5 GPa 时[C$_4$mim][PF$_6$]密度的实验值和文献报道值利用式(8-1)的拟合系数

数据来源	B	C
金刚石对顶砧	175.5494	0.0960
活塞圆筒装置	164.4496	0.0809
Harris 等(2005)	127.9376	0.0575

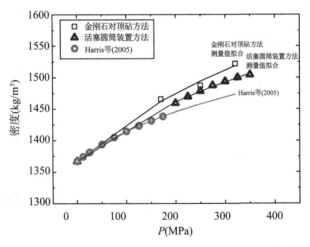

图 8-4　常温(298 K)、压强低于 0.5 GPa 时[C$_4$mim][PF$_6$]密度的实验值和 Harris 等(2005)得到的值通过式(8-1)计算得到的曲线

图 8-5 为本研究中两种实验方法获得的密度实验值与计算值的相对偏差,两者相符度较好。基于金刚石对顶砧和活塞圆筒装置两种方法所获得实验结果的 AARD 分别为 0.23% 和 0.07%,实验值与计算值近似。

通过物态方程,我们进一步计算获得压强低于 0.5 GPa 时[C$_4$mim][PF$_6$]的等温压缩率 κ_T,如表 8-4 和图 8-6 所示。如图 8-6 所示,随着压强的增加,等温压缩率 κ_T 逐渐变小,说明样品的可压缩性降低。

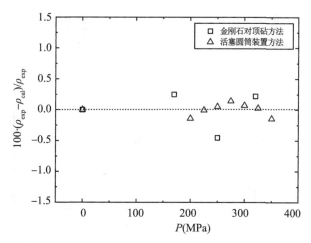

图 8-5　常温(298 K)、压强低于 0.5 GPa 时[C$_4$mim][PF$_6$]密度的实验
值与通过式(8-1)获得的计算值之间的偏差

表 8-4　　　　压强低于 0.5 GPa 时[C$_4$mim][PF$_6$]的等温压缩率 κ_T(常温 298 K)

金刚石对顶砧		活塞圆筒装置	
P(MPa)	κ_T (GPa^{-1})	P(MPa)	κ_T (GPa^{-1})
0.1	0.5464	0.1	0.4919
170	0.2978	200	0.2370
250	0.2454	225	0.2234
320	0.2156	250	0.2112
		275	0.2004
		300	0.1904
		325	0.1814
		350	0.1731

当压强高于 0.5 GPa 时，样品呈晶态。高压下固体的摩尔体积可以用二阶的 Birch-Murnaghan 方程进行拟合，该方程如下所示：

$$P = \frac{3}{2} K_0 \left[\left(\frac{V_0}{V} \right)^{\frac{7}{3}} - \left(\frac{V_0}{V} \right)^{\frac{5}{3}} \right] \tag{8-7}$$

式中，V_0 和 V 分别为零压和高压下的摩尔体积；K_0 为零压下的体积弹性模量。不同压强下的摩尔体积可以通过不同压强下的密度进行计算。如图 8-7 所示，经过拟合，K_0 为 12.4800 GPa，V_0 为 184.8963 cm^3/mol。

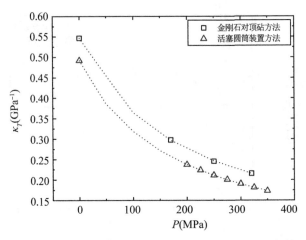

图 8-6　常温(298 K)、压强低于 0.5 GPa 时[C$_4$mim][PF$_6$]的等温压缩
　　　　率 κ_T(虚线为数据拟合线)

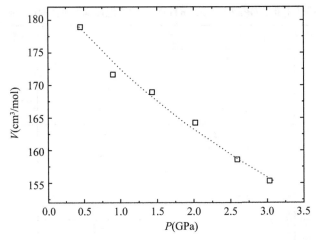

图 8-7　常温(298 K)、压强高于 0.5 GPa 时[C$_4$mim][PF$_6$]的摩尔体积与
　　　　压强的关系(虚线为数据拟合线)

8.4　小结

在 3 GPa 以内,我们采用常用的物态方程形式对离子液体的 *PVT* 数据进行了拟合。对于[C$_4$mim][BF$_4$],利用 Tait 方程对常温下基于两种高压装置所获取的密度值和 Harris 等(2007)提出的较低压强下的密度值在 3 GPa 范围内进行了拟合或外推,三者的拟合结果在 3 GPa 以内近似,说明在一定的压强范围和实验条件下,可以利用 Tait 方程对较低压

强下的密度数据外推，可以获得更高压强下的密度数据。同时，还进一步获得了不同压强下 $[C_4mim][BF_4]$ 的等温压缩率 κ_T。对于 $[C_4mim][PF_6]$，根据不同的相态区域，选择适当的物态方程形式。常温下，压强低于 0.5 GPa 时，样品为液态，利用 Tait 方程进行拟合，并进一步获得等温压缩率 κ_T；压强高于 0.5 GPa 时，样品呈晶态，利用二阶的 Birch-Murnaghan 方程进行拟合，得到 K_0 为 12.4800 GPa，V_0 为 184.8963 cm^3/mol。

参 考 文 献

Abe H, Takekiyo T, Hatano N, et al. Pressure-induced frustration-frustration process in 1-butyl-3-methylimidazolium hexafluorophosphate, a room-temperature ionic liquid [J]. The Journal of Physical Chemistry B, 2014, 118 (4): 1138-1145.

Ahosseini A, Scurto A M. Viscosity of imidazolium-based ionic liquids at elevated pressures: cation and anion effects [J]. International Journal of Thermophysics, 2008, 29: 1222-1243.

AlNashef I M, Leonard M L, Matthews M A, et al. Superoxide electrochemistry in an ionic liquid [J]. Industrial and Engineering Chemistry Research, 2002, 41 (18): 4475-4478.

Anderson J L, Ding R, Ellern A, et al. Structure and properties of high stability geminal dicationic ionic liquids [J]. Journal of the American Chemical Society, 2005, 127: 593-604.

Anderson O L, Isaak D G, Yamamoto S. Anharmonicity and the equation of state for gold [J]. Journal of Applied Physics, 1989, 65: 1534-1543.

Angel R J, Bujak M, Zhao J, et al. Effective hydrostatic limits of pressure media for high-pressure crystallographic studies [J]. Journal of Applied Crystallography, 2007, 40 (1): 26-32.

Aparicio S, Alcalde R, García B, et al. High-pressure study of the methylsulfate and tosylate imidazolium ionic liquids [J]. J. Phys. Chem. B, 2009, 113: 5593-5606.

Asaumi K, Ruoff A L. Nature of the state of stress produced by xenon and some alkali iodides when used as pressure media [J]. Physical Review B, 1986, 33 (8): 5633-5636.

Assael M J, Mylona S K. A novel vibrating-wire viscometer for high-viscosity liquids at moderate pressures [J]. Journal of Chemical and Engineering Data, 2013, 58 (4): 993-1000.

Atilhan M, Jacquemin J, Rooney D, et al. Viscous behavior of imidazolium-based ionic liquids [J]. Ind. Eng. Chem. Res., 2013, 52: 16774-16785.

Balzaretti N M, Perottoni C A, da Jornada J A H. High-pressure Raman and infrared spectroscopy of polyacetylene [J]. Journal of Raman Spectroscopy, 2003, 34 (4): 259-263.

Bandrés I, Alcalde R, Lafuente C, et al. On the viscosity of pyridinium based ionic liquids: An experimental and computational study [J]. J. Phys. Chem. B, 2011, 115: 12499-12513.

Barnett J D, Block S, Piermarini G J. Anoptical fluorescence system for quantitative pressure measurement in the diamond-anvil cell [J]. Review of Scientific Instruments, 1973, 44

（1）: 1-9.

Bassett W A. Diamond anvil cell, 50th birthday [J]. High Pressure Research, 2009, 29 (2): 163-186.

Bemot R J, Brueseke M A, Evans-White M A, et al. Acute and chronic toxicity of imidazolium-based ionic liquids on Daphnia magna [J]. Environmental Toxicology and Chemistry, 2005, 24: 87-92.

Bennett M D, Leo D J, Wilkes G L, et al. A model of charge transport and electromechanical transduction in ionic liquid-swollen Nafion membranes [J]. Polymer, 2006, 47 (19): 6782-6796.

Berg R W, Deetlefs M, Seddon K R, et al. Raman and abinitio studies of simple and binary 1-alkyl-3-methylimidazolium ionic liquids [J]. Journal of Physical Chemistry B, 2005, 109 (40): 19018-19025.

Berg R W. Raman Spectroscopy and Ab-Initio Model Calculations on Ionic Liquids [J]. Monatshefte fuer Chemie Chemical Monthly, 2007, 138 (11): 1045-1075.

Bermúdez M D, Jiménez A E, Sanes J, et al. Ionic liquids as advanced lubricant fluids [J]. Molecules, 2009, 14: 2888-2908.

Bernot R J, Kennedy E E, Lamberti G A. Effects of ionic liquids on the survival, movement, and feeding behavior of the freshwater snail, Physa acuta [J]. Environmental Toxicology and Chemistry, 2005, 24 (7): 1759-1765.

Bezacier L, Journaux B, Perrillat J P, et al. Equations of state of ice VI and ice VII at high pressure and high temperature [J]. Journal of Chemical Physics, 2014, 141 (10): 104505 (1-6).

Binnemans K. Ionic Liquid Crystals [J]. Chem. Rev., 2005, 105: 4148-4204.

Birch F. Finite strain isotherm and velocities for single-crystal and polycrystalline NaCl at high pressures and 300 K [J]. Journal of Geophysical Research: Solid Earth, 1978, 83 (B3): 1257-1268.

Blanchard L A, Hancu D, Beckman E J, et al. Green processing using ionic liquids and CO_2 [J]. Nature, 1999, 399: 28-29.

Bockirs J O, ReddyA, Gambca A M. Modern electrochemistryionics [M]. New York: Kluwer Academic Publishers, 2002.

Boehler R, Ross M, Boercker D B. Melting of LiF and NaCl to 1 Mbar: Systematics of ionic solids at extreme conditions [J]. Physical Review Letters, 1997, 78 (24): 4589.

Boldyreva E V, Dmitriev V, Hancock B C. Effect of pressure up to 5. 5GPa on dry powder samples of chlorpropamide form-A [J]. International Journal of Pharmaceutics, 2006, 327: 51-57.

Boldyreva E V. High-pressure studies of the hydrogen bond networks in molecular crystals [J]. Journal of Molecular Structure, 2004, 700: 151-155.

Boldyreva E V, Shakhtshneider T, Ahsbahs H, et al. Effect of high pressure on the polymorphs of paracetamol [J]. Journal of Thermal Analysis and Calorimetry, 2002, 68: 437-452.

Bonhôte P, Dias A P, Papageorgiou N, et al. Hydrophobic, highly conductive ambient-temperature molten salts [J]. Inorganic Chemistry, 1996, 35 (5): 1168-1178.

Bridgman P W. Recent work in the field of high pressures [J]. American Scientist, 1943, 31 (1): 1-35.

Bridgman P W. The measurement of high hydrostatic pressure. I. A simple primary gauge [C] //The American Academy of Arts and Sciences, 1909, 44 (8): 201-217.

Bridgman P W. The measurement of high hydrostatic pressure. II. A secondary mercury resistance gauge [C] //The American Academy of Arts and Sciences, 1909, 44 (9): 221-251.

Bridgman P W. The physics of high pressure [M]. G. Bell, 1949.

Buffeteau T, Grondin J, Lassegues J C. Infrared Spectroscopy of Ionic Liquids: Quantitative Aspects and Determination of Optical Constants [J]. Applied Spectroscopy, 2010, 64: 112-119.

Burba C M, Rocher N M, Frech R, et al. Cation-anion interactions in 1-ethyl-3-methylimidazolium trifluoromethanesulfonate-based ionic liquid electrolytes [J]. Journal of Physical Chemistry B, 2008, 112 (10): 2991-2995.

Canton J. Experiments toprove that water is not incompressible [J]. Phil. Trans. Roy. Soc., 1762, 52: 640-643.

Carvalho P J, Regueira T, Santos L M N B F, et al. Effect of water on the viscosities and densities of 1-butyl-3- methylimidazolium dicyanamide and 1-butyl-3-methylimidazolium tricyanomethane at atmospheric pressure [J]. J. Chem. Eng. Data., 2010, 55: 645-652.

Casal H L, Cameron D G, Mantsch H H. A Vibrationalspectroscopic characterization of the solid-phase behavior of n-decylammonium chloride (n-C10H21NH3Cl) and bis (n-decylammonium) tetrachlorocadmate [(n-C10H21NH3) 2CdCl4] [J]. The Journal of Physical Chemistry, 1985, 89 (25): 5557-5565.

Ceppatelli M, Santoro M, Binia R, et al. High pressure reactivity of solid furan probed by infrared and Raman spectroscopy [J]. Journal of Chemical Physics, 2003, 118: 1499-1506.

Chang H C, Chang C Y, Su J C, et al. Conformations of 1-butyl-3-methylimidazolium chloride probed by high pressure Raman spectroscopy [J]. International Journal of Molecular Sciences, 2006, 7 (10): 417-424.

Chang H C, Hung T C, Chang S C, et al. Interactions of silica nanoparticles and ionic liquids probed by high pressure vibrational spectroscopy [J]. Journal of Physical Chemistry C, 2011, 115 (24): 11962-11967.

Chang H C, Hung T C, Wang H S, et al. Local structures of ionic liquids in the presence of gold under high pressures [J]. AIP Advances, 2013, 3 (3): 032147 (1-10).

Chang H C, Jiang J C, Chang C Y, et al. Structural organization in aqueous solutions of 1-butyl-3-methylimidazolium halides: A high-pressure infrared spectroscopic study on ionic liquids [J]. J. Phys. Chem. B, 2008, 112 (14): 4351-4356.

Chang H C, Jiang J C, Kuo M H, et al. Pressure-enhanced surface interactions between nano-TiO$_2$ and ionic liquid mixtures probed by high pressure IR spectroscopy spectroscopic study on ionic liquids [J]. Physical Chemistry Chemical Physics, 2015, 17: 21143-21148.

Chang H C, Jiang J C, Liou Y C, et al. Effects of water and methanol on the molecular organization of 1-butyl-3-methylimidazolium tetrafluoroborate as functions of pressure and concentration [J]. Journal of Chemical Physics, 2008, 129 (4): 044506 (1-6).

Chang H C, Jiang J C, Liou Y C, et al. Local structures of water in 1-butyl-3-methylimidazolium tetrafluoroborate probed by high-pressure infrared spectroscopy [J]. Analytical Sciences, 2008, 24 (10): 1305-1309.

Chang H C, Jiang J C, Su J C, et al. Evidence of rotational isomerism in 1-butyl-3-methylimidazolium halides: A combined high-pressure infrared and Raman spectroscopic study [J]. The Journal of Physical Chemistry A, 2007, 111 (38): 9201-9206.

Chang H C, Jiang J C, Tsai W C, et al. Hydrogen bond stabilization in 1, 3-dimethylimidazolium methylsulfateand 1-butyl-3-methylimidazolium hexafluorophosphate probed by high pressure: The role of charge-enhanced C—H$\cdots$O interactions in the room-temperature ionic liquid [J]. J. Phys. Chem. B, 2006, 110 (7): 3302-3307.

Chang H C, Jiang J C, Tsai W C, et al. The effect of pressure on charge-enhanced C—H$\cdots$O interactions in aqueous triethylamine hydrochloride probed by high pressure Raman spectroscopy [J]. Chemical Physics Letters, 2006, 432: 100-105.

Chang H C, Tsai T T, Kuo M H. Usinghigh-pressure infrared spectroscopy to study the interactions between triblock copolymers and ionic liquids [J]. Macromolecules, 2014, 47: 3052-3058.

Chen F, You T, Yuan Y, et al. Pressure-induced structural transitions of a room temperature ionic liquid 1-ethyl-3-methylimidazolium chloride [J]. Journal of Chemical Physics, 2017, 146 (9): 094502 (1-10).

Chen N H, Silvera I F. Excitation of ruby fluorescence at multimegabarpressures [J]. Rev. Sci. Instu., 1996, 67: 4275-4278.

Chen S, Wu G, Sha M, et al. Transition of ionic liquid [Bmim] [PF$_6$] from liquid to high-melting-point crystal when confined in multiwalled carbon nanotubes [J]. Journal of the American Chemical Society, 2007, 129 (9): 2416-2417.

Chidambaram R, Sharma S. Materials response to high pressures [J]. Bulletin of Materials Science, 1999, 22: 153-163.

Chijioke A D, Nellis W J, Soldatov A, et al. The ruby pressure standard to 150GPa [J]. J. Appl. Phys., 2005, 98: 114905.

Cho C W, Jeon Y C, Pham T P T, et al. The ecotoxicity of ionic liquids and traditional organic solvents on microalga Selenastrum capricornutum [J]. Ecotoxicology and Environmental Safety, 2008, 71: 166-171.

Choudhury A R, Winterton N, Steiner A, et al. In situ crystallization of ionic liquids with melting points below −25℃ [J]. CrystEngComm, 2006, 8 (10): 742-745.

Choudhury A R, Winterton N, Steiner A, et al. In situ crystallization of low-melting ionic liquids [J]. Journal of the American Chemical Society, 2005, 127 (48): 16792-16793.

Ciabini L, Santoro M, Bini R, et al. High pressure photoinduced ring opening of benzene [J]. Phys. Rev. Lett., 2002, 88: 085505.

Cook R L, Herbst C A, King Jr H E. High-pressure viscosity of glass-forming liquids measured by the centrifugal force diamond anvil cell viscometer [J]. Journal of Physical Chemistry, 1993, 97 (10): 2355-2361.

Cook R L, King Jr H E, Herbst C A, et al. Pressure and temperature dependent viscosity of two glass forming liquids: glycerol and dibutyl phthalate [J]. Journal of chemical physics, 1994, 100 (7): 5178-5189.

Cui X, Zhang S, Shi F, et al. The influence of the acidity of ionic liquids on catalysis [J]. Chemsuschem, 2010, 3 (9): 1043-1047.

Davis J H, Forrester K J, Merrigan T. Novel organic ionic liquids (OILs) incorporating cations derived from the antifungal drug miconazole [J]. Tetrahedron Letters, 1998, 39 (49): 8955-8958.

Davis J H. Task-specific ionic liquids [J]. Chemistry Letter, 2004, 33 (9): 1072-1077.

Dewaele A, Loubeyre P, Mezouar M. Equations of state of six metals above 94GPa [J]. Physical Review B, 2004, 70: 094112.

Dhumal N R, Kim H J, Kiefer J. Electronic structure and normal vibrations of the 1-ethyl-3-methylimidazolium ethyl sulfate ion pair [J]. Journal of Physical Chemistry A, 2011, 115 (15): 3551-3558.

Dhumal N R, Noack K, Kiefer J, et al. Molecular structure and interactions in the ionic liquid 1-ethyl-3-methylimidazolium bis (trifluoromethyl- sulfonyl) Imide [J]. Journal of Physical Chemistry A, 2014, 118: 2547-2557.

Domańska U, Bogel-Łukasik E. Measurements and correlation of the (solid+liquid) equilibria of [1-decyl-3-methylimidazolium chloride + alcohols (C2—C12)] [J]. Industrial and Engineering Chemistry Research, 2003, 42 (26): 6986-6992.

Domańska U, Bogel-Łukasik E. Solid-liquid equilibria for systems containing 1-butyl-3-methylimidazolium chloride [J]. Fluid Phase Equilibria, 2004, 218 (1): 123-129.

Domańska U, Marciniak A. Solubility of ionic liquid [Emim] [PF$_6$] in alcohols [J]. The Journal of Physical Chemistry B, 2004, 108 (7): 2376-2382.

Domańska U, Morawski P. Influence of high pressure on solubility of ionic liquids: experimental data and correlation [J]. Green Chemistry, 2007, 9 (4): 361-368.

Dubrovinskaia N, Dubrovinsky L, Solopova N A, et al. Terapascal static pressure generation with ultrahigh yield strength nanodiamond [J]. Science Advances, 2016, 2 (7): e1600341 (1-12).

Dubrovinsky L, Dubrovinskaia N, Bykova E, et al. The most incompressible metal osmium at static pressures above 750 gigapascals [J]. Nature, 2015, 525: 226-229.

Dubrovinsky L, Dubrovinskaia N, Prakapenka V B, et al. Implementation of micro-ball nanodiamond anvils for high-pressure studies above 6 Mbar [J]. Nature Communications, 2012, 3: 1163 (1-7).

Dullius J E L, Suarez P A Z, Einloft S, et al. Selective catalytic hydrodimerization of 1,3-butadiene by palladium compounds dissolved in ionic liquids [J]. Organometallics, 1998, 17: 815-819.

Dupont J. On the solid, liquid and solution structural organization of imidazolium ionic liquids [J]. Journal of the Brazilian Chemical Society, 2004, 15 (3): 341-350.

Dymond J H, Malhotra R. The Tait equation: 100 years on [J]. International Journal of Thermophysics, 1988, 9 (6): 941-951.

Dzyuba S V, Bartsch R A. Influence ofstructural variations in 1-alkyl (aralkyl) -3-methylimidazolium hexafluorophosphates and bis (trifluoromethyl- sulfonyl) imides on physical properties of the ionic liquids [J]. Chem. Phys. Chem., 2002, 3: 161-166.

Earle M J, Seddon K R, Adams C J. Friedel-Crafts reactions in room temperature ionic liquids [J]. Chemical Communications, 1998 (19): 2097-2098.

Elaiwi A, Hitchcock P B, Seddon K R, et al. Hydrogen bonding in imidazolium salts and its implications for ambient-temperature halogenoaluminate (Ⅲ) ionic liquids [J]. Journal of the Chemical Society, Dalton Transactions, 1995 (21): 3467-3472.

El-Harbawi M. Toxicity measurement of imidazolium ionic liquids using acute toxicity test [J]. Procedia Chemistry, 2014, 9: 40-52.

Endo T, Kato T, Nishikawa K. Effects of methylation at the 2 position of the cation ring on phase behaviors and conformational structures of imidazolium-based ionic liquids [J]. Journal of Physical Chemistry B, 2010, 114: 9201-9208.

Endo T, Kato T, Tozaki K, et al. Phase behaviors of room temperature ionic liquid linked with cation conformational changes: 1-butyl-3-methylimidazolium hexafluorophosphate [J]. Journal of Physical Chemistry B, 2009, 114 (1): 407-411.

Endo T, Masu H, Fujii K, et al. Determination of missing crystal structures in the 1-alkyl-3-methylimidazolium hexafluorophosphate series: Implications on structure-property relationships [J]. Crystal Growth and Design, 2013, 13 (12): 5383-5390.

Endo T, Morita T, Nishikawa K. Crystal polymorphism of a room-temperature ionic liquid, 1, 3-dimethylimidazolium hexafluorophosphate: Calorimetric and structural studies of two crystal phases having melting points of 50 K difference [J]. Chemical Physics Letters, 2011, 517: 162-165.

Endres F, Abedin S Z E. Nanoscale electrodeposition of germanium on Au (111) from an ionic liquid: An in situ STM study of phase formation [J]. Phys. Chem. Chem. Phys., 2002, 4: 1649-1657.

Endres F, Bukowski M, Hempelmann R, et al. Electrodeposition of nanocrystalline metals and alloys from ionic liquids [J]. Angew. Chem. Int. Ed., 2003, 42: 3428-3430.

Endres F, Schrodt C. In situ STM studies on germanium tetraiodide electroreduction on Au (111) in the room temperature molten salt 1-butyl-3-methylimidazolium hexafluorophosphate [J]. Phys. Chem. Chem. Phys., 2000, 2: 5517-5520.

Endres F. Electrodeposition of a thin germanium film on gold from a room temperature ionic liquid [J]. Phys. Chem. Chem. Phys., 2001, 3: 3165-3174.

Fabbiani F P A, Levendis D C, Buth G, et al. Searching for novel crystal forms by in situ high-pressure crystallisation: The example of gabapentin heptahydrate [J]. Cryst. Eng. Comm., 2010, 12 (8): 2354-2360.

Fanetti S, Citroni M, Bini R. Structure and reactivity of pyridine crystal under pressure [J]. The Journal of Chemical Physics, 2011, 134 (20): 204504 (1-9).

Faria L F O, Nobrega M M, Temperini M L A, et al. Ionic liquids based on the bis (trifluoromethylsulfonyl) imide anion for high-pressure Raman spectroscopy measurements [J]. Journal of Raman Spectroscopy, 2013, 44 (3): 481-484.

Faria L F O, Nobrega M M, Temperini M L A, et al. Triggering the chemical instability of an ionic liquid under high pressure [J]. J. Phys. Chem. B, 2016, 120: 9097-9102.

Faria L F O, Ribeiro M C C. Phase transitions of triflate-based ionic liquids under high pressure [J]. The Journal of Physical Chemistry B, 2015, 119 (44): 14315-14322.

Fischer E W, Bakai A, Patkowski A, et al. Heterophase fluctuations in supercooled liquids and polymers [J]. Journal of Non-Crystalline Solids, 2002, 307: 584-601.

Forman R A, Piermarini G J, Barnett J D, et al. Pressure measurement made by the utilization of ruby sharp-line luminescence [J]. Science, 1972, 176 (4032): 284-285.

Fröba A P, Kremer H, Leipertz A. Density, refractive index, interfacial tension, and viscosity of ionic liquids [Emim] [EtSO$_4$], [Emim] [NTf$_2$], [Emim] [N (CN)$_2$], and [OMA] [NTf$_2$] in dependence on temperature at atmospheric pressure [J]. J. Phys. Chem. B, 2008, 112: 12420-12430.

Fujii K, Soejima Y, Kyoshoin Y, et al. Liquid structure of room-temperature ionic liquid, 1-ethyl-3-methylimidazolium bis (trifluoromethanesulfonyl) imide [J]. Journal of Physical Chemistry B, 2008, 112 (14): 4329-4336.

Fukushima T, Kosaka A, Ishimura Y, et al. Molecular ordering of organic molten salts triggered by single-walled carbon nanotubes [J]. Science, 2003, 300 (5628): 2072-2074.

Fuller J, Carlin R T, Long H C D, et al. Structure of 1-ethyl-3-methylimidazolium hexafluorophosphate: Model for room temperature molten salts [J]. Journal of the Chemical Society Chemical Communications, 1994, 3 (3): 299-300.

Fuller J, Carlin R T, Osteryoung R A. Theroom temperature ionic liquid 1-ethyl-3-methylimidazolium tetrafluoroborate: electrochemical couples and physical properties [J]. Journal of the Electrochemical Society, 1997, 144: 3881-3886.

Gaciño F M, Comuñas M J P, Regueira T, et al. On the viscosity of two 1-butyl-1-methylpyrrolidinium ionic liquids: Effect of the temperature and pressure [J]. J. Chem. Thermodyn., 2015, 87: 43-51.

Gaciño F M, Paredes X, Comuñas M J P, et al. Pressure dependence on the viscosities of 1-butyl-2, 3-dimethylimidazolium bis (trifluoromethyl-sulfonyl) imide and two tris (pentafluoroethyl) trifluorophosphate based ionic liquids: New measurements and modeling [J]. J. Chem. Thermodyn., 2013, 62: 162-169.

Gaciño F M, Paredes X, Comuñas M J P, et al. Effect of the pressure on the viscosities of ionic liquids: Experimental values for 1-ethyl-3-methylimidazolium ethylsulfate and two bis (trifluoromethyl-sulfonyl) imide salts [J]. Journal of Chemical Thermodynamics, 2012, 54: 302-309.

Gardas R L, Costa H F, Freire M G, et al. Densities and derived thermodynamic properties of imidazolium-, pyridinium-, pyrrolidinium-, and piperidinium-based ionic liquids [J]. Journal of Chemical and Engineering Data, 2008, 53 (3): 805-811.

Gardas R L, Freire M G, Carvalho P J, et al. High-pressure densities and derived thermodynamic properties of imidazolium-based ionic liquids [J]. Journal of Chemical and Engineering Data, 2007, 52 (1): 80-88.

Gardas R L, Freire M G, Carvalho P J, et al. $P\rho T$ measurements of imidazolium-based ionic liquids [J]. Journal of Chemical and Engineering Data, 2007, 52 (5): 1881-1888.

Ghatee M H, Zare M, Moosavi F, et al. Temperature-dependent density and viscosity of the ionic liquids 1-alkyl-3-methylimidazolium iodides: experiment and molecular dynamics simulation [J]. J. Chem. Eng. Data., 2010, 55: 3084-3088.

Glusker J P, Lewis M, Rossi M. Crystal structure analysis for chemists and biologists [M]. New Jersey: John Wiley and Sons, 1994: 1-50.

Gomez E, Gonzalez B, Dominguez A, et al. Dynamic viscosities of a series of 1-alkyl-3-methylimidazolium chloride ionic liquids and their binary mixtures with water at several temperatures [J]. J. Chem. Eng. Data., 2006, 51: 696-701.

Gong Y H, Shen C, Lu Y Z, et al. Viscosity and density measurements for six binary mixtures of water (methanol or ethanol) with an ionic liquid ([Bmim] [DMP] or [Emim] [DMP]) at atmospheric pressure in the temperature range of (293. 15 to 333. 15) K [J]. J. Chem. Eng. Data., 2012, 57: 33-39.

Goossens K, Lava K, Bielawski C W, et al. Ionic liquid crystals: Versatile materials [J]. Chem. Rev., 2016, 116: 4643-4807.

Gordon C M, Holbrey J D, Kennedy A R, et al. Ionic liquid crystals: hexafluorophosphate salts [J]. Journal of Materials Chemistry, 1998, 8 (12): 2627-2636.

Gou H Y, Hou L, Zhang J W, et al. First-principles study of low compressibility osmium borides [J]. Appl. Phys. Lett., 2006, 88: 221904 (1-3).

Green L, Hemeon I, Singer R D. 1-ethyl-3-methylimidazolium halogenoaluminate ionic liquids as reaction media for the acylative cleavage of ethers [J]. Tetrahedron Letters, 2000, 41 (9): 1343-1346.

Grocholski B, Jeanloz R. High-pressure and temperature viscosity measurements of methanol and 4:1 methanol: ethanol solution [J]. Journal of Chemical Physics, 2005, 123 (20): 204503.

Grondin J, Lassègues J C, Cavagnat D, et al. Revisited vibrational assignments of imidazolium-based ionic liquids [J]. Journal of Raman Spectroscopy, 2011, 42 (4): 733-743.

Guo S, Dong S, Wang E. Constructing carbon nanotube/Pt nanoparticle hybrids using an imidazolium-salt-based ionic liquid as a linker [J]. Advanced Materials, 2010, 22 (11): 1269-1272.

Habrioux M, Bazile J P, Galliero G, et al. Viscosities of fatty acid methyl and ethyl esters under high pressure: methyl caprate and ethyl caprate [J]. Journal of Chemical and Engineering Data, 2015, 60 (3): 902-908.

Hall H T, Kistler S S. High Pressure Developments [J]. Annual Review of Physical Chemistry, 1958, 9: 395-416.

Hammersley A, Svensson S, Hanfland M, et al. Two-dimensional detector software: From real detector to idealized image or two-theta scan [J]. International Journal of High Pressure Research, 1996, 14 (4-6): 235-248.

Han H B, Nie J, Liu K, et al. Ionic liquids and plastic crystals based on tertiary sulfonium and bis (fluorosulfonyl) imide [J]. Electrochim. Acta, 2010, 55: 1221-1226.

Han X, Armstrong D W. Ionic liquids in separations [J]. Accounts of Chemical Research, 2007, 40 (11): 1079-1086.

Hapiot P, Lagrost C. Electrochemicalreactivity in room-temperature ionic liquids [J]. Chem. Rev., 2008, 108: 2238-2264.

Harris K R, Kanakubo M, Woolf L A. Temperature and pressure dependence of the viscosity of the ionic liquid 1-butyl-3-methylimidazolium tetrafluoroborate: viscosity and density relationships in ionic liquids [J]. Journal of Chemical and Engineering Data, 2007, 52 (6): 2425-2430.

Harris K R, Kanakubo M, Woolf L A. Temperature and pressure dependence of the viscosity of the ionic liquids 1-hexyl-3-methylimidazolium hexafluorophosphate and 1-butyl-3-methylimidazolium bis (trifluoromethylsulfonyl) imide [J]. Journal of Chemical and Engineering Data, 2007, 52 (3): 1080-1085.

Harris K R, Kanakubo M, Woolf L A. Temperature and pressure dependence of the viscosity of the ionic liquids 1-methyl-3-octylimidazolium hexafluorophosphate and 1-methyl-3-octylimidazolium tetrafluoroborate [J]. Journal of Chemical and Engineering Data, 2006, 51 (3): 1161-1167.

Harris K R, Woolf L A, Kanakubo M. Temperature and pressure dependence of the viscosity of the ionic liquid 1-butyl-3-methylimidazolium hexafluorophosphate [J]. Journal of Chemical and Engineering Data, 2005, 50 (5): 1777-1782.

Harris K R, Woolf L A. Transportproperties of *N*-Butyl-*N*-methylpyrrolidinium bis (trifluoromethylsulfonyl) amide [J]. J. Chem. Eng. Data., 2011, 56: 4672-4685.

Hatano N, Takekiyo T, Abe H, et al. Effect of counteranions on the conformational equilibrium of 1-butyl-3-methylimidazolium-based ionic liquids [J]. International Journal of Spectroscopy, 2011, 64824 (1-5).

Hayashi S, Ozawa R, Hamaguchi H. Raman spectra, crystal polymorphism, and structure of a prototype ionic-liquid [Emim] Cl [J]. Chemistry Letters, 2003, 32 (6): 498-499.

Heimer N E, Del Sesto R E, Meng Z, et al. Vibrational spectra of imidazolium tetrafluoroborate ionic liquids [J]. Journal of Molecular Liquids, 2006, 124 (1-3): 84-95.

Hemley R J. High-pressure physics: The element of uncertainty [J]. Nature, 2000, 404: 240-241.

Herbst C A, Cook R L, King Jr H E. High-pressure viscosity of glycerol measured by centrifugal-force viscometry [J]. Nature, 1993, 361 (6412): 518-520.

Herbst C A, King Jr H E, Gao Z, et al. Dynamic light scattering measurements of high-pressure viscosity utilizing a diamond anvil cell [J]. Journal of applied physics, 1992, 72 (3): 838-844.

Hiraga Y, Kato A, Sato Y, et al. Densities at pressures up to 200 MPa and atmospheric pressure viscosities of ionic liquids 1-ethyl-3-methylimidazolium methylphosphate, 1-ethyl-3-methylimidazolium diethylphosphate, 1-butyl-3-methylimidazolium acetate, and 1-butyl-3-methylimidazolium bis (trifluoromethylsulfonyl) imide [J]. Journal of Chemical and Engineering Data, 2015, 60 (3): 876-885.

Hitchcock P B, Lewis R J, Welton T. Vanadylcomplexes in ambient- temperature ionic liquids. The first X-ray crystal structure of a tetrachlorooxovadate (IV) salt [J]. Polyhedron, 1993, 12: 2039-2044.

Ho T D, Zhang C, Hantao L W, et al. Ionic liquids in analytical chemistry: fundamentals, advances, and perspectives [J]. Analytical Chemistry, 2013, 86: 262-285.

Hodyna D, Bardeau J F, Metelytsia L, et al. Efficient antimicrobial activity and reduced toxicity of 1-dodecyl-3-methylimidazolium tetrafluoroborate ionic liquid/b-cyclodextrincomplex [J]. Chemical Engineering Journal, 2016, 284: 1136-1145.

Holbrey J D, Reichert W M, Nieuwenhuyzen M, et al. Crystal polymorphism in 1-butyl-3-methylimidazolium halides: supporting ionic liquid formation by inhibition of crystallization [J]. Chemical Communications, 2003 (14): 1636-1637.

Holbrey J D, Reichert W M, Swatloski R P, et al. Efficient, halide free synthesis of new, low cost ionic liquids: 1, 3-dialkylimidazolium salts containing methyl- and ethyl-sulfate anions [J]. Green Chemistry, 2002, 4 (5): 407-413.

Holbrey J D, Seddon K R. Ionic liquids [J]. Clean Products and Processes, 1999, 1 (4): 223-236.

Holbrey J D, Seddon K R. The phase behaviour of 1-alkyl-3-methylimidazolium tetrafluoroborates; ionic liquids and ionic liquid crystals [J]. Journal of the Chemical Society, Dalton Transactions, 1999 (13): 2133-2140.

Holomb R, Martinelli A, Albinsson I, et al. Ionic liquid structure: the conformational isomerism in 1-butyl-3-methyl-imidazolium tetrafluoroborate ([Bmim][BF$_4$]) [J]. Journal of Raman Spectroscopy, 2008, 39 (7): 793-805.

Hsiu S I, Huang J F, Sun I W, et al. Lewis acidity dependency of the electrochemical window of zinc chloride-1-ethyl-3-methylimidazolium chloride ionic liquids [J]. Electrochimica Acta, 2002, 47 (27): 4367-4372.

Huang H L, Wang H P, Wei G T, et al. Extraction of nanosize copper pollutants with an ionic liquid [J]. Environ. Sci. Technol., 2006, 40: 4761-4764.

Huang W, Wheeler R A, Frech R. Vibrational spectroscopic and ab initio molecular orbital studies of the normal and 13C-labelled trifluoromethanesulfonate anion [J]. Spectrochimica Acta Part A: Molecular Spectroscopy, 1994, 50 (5): 985-996.

Huddleston J G, Visser A E, Reichert W M, et al. Characterization and comparison of hydrophilic and hydrophobic room temperature ionic liquids incorporating the imidazolium cation [J]. Green Chemistry, 2001, 3 (4): 156-164.

Huddleston J G, Willauer H D, Swatloski R P, et al. Room temperature ionic liquids as novel media for "clean" liquid—liquid extraction [J]. Chemical Communications, 1998 (16): 1765-1766.

Hurley F H, Wier T P. Electrodeposition of metals from fused quaternary ammonium salts [J]. Journal of the Electrochemical Society, 1951, 98 (5): 203-206.

Hurley F H. Electrodeposition of aluminum: U. S. Patent 2, 446, 331 [P]. 1948-08-03.

Hussey C L, Mamantov G. Advances in molten salt chemistry [J]. G. Mamantov. Editor., 1983, 5: 185-229.

Iglesias-Otero M A, Troncoso J, Carballo E, et al. Density and refractive index for binary systems of the ionic liquid [Emim][BF$_4$] with methanol, 1, 3-dichloropropane, and dimethyl carbonate [J]. Journal of Solution Chemistry, 2007, 36 (10): 1219.

Iguchi M, Hiraga Y, Sato Y, et al. Measurement of high-pressure densities and atmospheric viscosities of ionic liquids: 1-hexyl-3-methylimidazolium bis (trifluoromethylsulfonyl) imide and 1-hexyl-3-methylimidazolium chloride [J]. Journal of Chemical and Engineering Data, 2014, 59 (3): 709-717.

Imai Y, Takekiyo T, Abe H, et al. Pressure-and temperature-induced Raman spectral changes of 1-butyl-3-methylimidazolium tetrafluoroborate [J]. High Pressure Research, 2011, 31 (1): 53-57.

Ito M, Hori J, Kurisaki H, et al. Pressure-induced superconductor-insulator transition in the spinel compound CuRh$_2$S$_4$ [J]. Physical review letters, 2003, 91 (7): 077001.

Jamieson J C, Lawson A W, et al. New device for obtaining X-Ray diffraction patterns from substances exposed to high pressure [J]. Rev. Sci. Instrum., 1959, 30: 1016-1019.

Jayaraman A. Diamond anvil cell and high-pressure physical investigations [J]. Reviews of Modern Physics, 1983, 55 (1): 65-108.

Jeanloz R. Physicalchemistry at ultrahigh pressures and temperatures [J]. Annual Review of Physical Chemistry, 1989, 40 (1): 237-259.

Jia R, Shao C G, Su L, et al. Rapid compression induced solidification of bulk amorphous sulfur [J]. Journal of Physics D: Applied Physics, 2007, 40 (12): 3763-3766.

Jiang Y, Zhou Z, Jiao Z, et al. SO_2 gas separation using supported ionic liquid membranes [J]. J. Phys. Chem. B, 2007, 111: 5058-5061.

Kakiuchi T, Tsujioka N, Kurita S, et al. Phase-boundary potential across the nonpolarized interface between the room-temperature molten salt and water [J]. Electrochemistry Communications, 2003, 5 (2): 159-164.

Kalcikova G, Zagorc-Koncan J, Znidaric-Plazl P, et al. Assessment of environmental impact of pyridinium-based ionic liquid [J]. Fresenius Environmental Bulletin, 2012, 21: 2320-2325.

Kanakubo M, Harris K R. Density of 1-butyl-3-methylimidazolium bis (trifluoromethanesulfonyl) amide and 1-hexyl-3-methylimidazolium bis (trifluoromethanesulfonyl) amide over an extended pressure range up to 250 MPa [J]. Journal of Chemical and Engineering Data, 2015, 60 (5): 1408-1418.

Kandil M E, Marsh K N. Measurement of theviscosity, density, and electrical conductivity of 1-Hexyl-3-methylimidazolium bis (trifluorosulfonyl) imide at temperatures between (288 and 433) K and Pressures below 50 MPa [J]. J. Chem. Eng. Data., 2007, 52: 2382-2387.

Kashefi K, Chapoy A, Bell K, et al. Viscosity of binary and multicomponent hydrocarbon fluids at high pressure and high temperature conditions: Measurements and predictions [J]. Journal of Petroleum Science and Engineering, 2013, 112: 153-160.

Katayanagi H, Hayashi S, Hamaguchi H, et al. Structure of an ionic liquid, 1-n-butyl-3-methylimidazolium iodide, studied by wide-angle X-ray scattering and Raman spectroscopy [J]. Chemical Physics Letters, 2004, 392: 460-464.

Katritzky A R, Singh S, Kirichenko K, et al. In search of ionic liquids incorporating azolate anions [J]. Chemistry—A European Journal, 2006, 12 (17): 4630-4641.

Katsyuba S A, Dysonb P J, Vandyukova E E, et al. Molecular structure, vibrational spectra, and hydrogen bonding of the ionic liquid 1-ethyl-3-methyl-1h-imidazolium tetrafluoroborate [J]. Helvetica Chimica Acta., 2004, 87: 2556-2565.

Khadilkar B M, Rebeiro G L. Microwave-assisted synthesis of room-temperature ionic liquid precursor in closed vessel [J]. Organic Process Research and Development, 2002, 6 (6): 826-828.

Khatri P K, Thakre G D, Jain S L. Tribological performance evaluation of task-specific ionic liquids derived from amino acids [J]. Industrial & Engineering Chemistry Research, 2013,

52: 15829 -15837.

Kiefer J, Fries J, Leipertz A. Experimental vibrational study of imidazolium-based ionic liquids: Raman and infrared spectra of 1-ethyl-3-methylimidazolium bis (trifluoromethylsulfonyl) imide and 1-ethyl-3-methylimidazolium ethylsulfate [J]. Applied Spectroscopy, 2007, 61 (12): 1306-1311.

Kiefer J, Noack K, Penna T C, et al. Vibrational signatures of anionic cyano groups in imidazolium ionic liquids [J]. Vibrational Spectroscopy, 2016, 91: 141-146.

Kim D W, Song C E, Chi D Y. Significantly enhanced reactivities of the nucleophilic substitution reactions in ionic liquid [J]. Org. Chem., 2003, 68: 4281- 4285.

Kim Y, Strauss H L, Snyder R G. Conformationaldisorder in the binary mixture n-C50H102/n-C46H94: A vibrational spectroscopic study [J]. Journal of Physical Chemistry, 1989, 93 (1):485-490.

Kinart C M, Kinart W J, Cwiklinska A. Density and viscosity at various temperatures for 2-methoxyethanol plus acetone mixtures [J]. J. Chem. Eng. Data., 2002, 47: 76-78.

King H E, Herbolzheimer E, Cook R L. The diamond anvil cell as a high pressure viscometer [J]. Journal of Applied Physics, 1992, 71 (5): 2071-2081.

Kiran E, Sen Y L. High-pressure viscosity and density of n-alkanes [J]. International Journal of Thermophysics, 1992, 13 (3): 411-442.

Klotz S, Chervin J C, Munsch P, et al. Hydrostatic limits of 11 pressure transmitting media [J]. Journal of Physics D: Applied Physics, 2009, 42 (7): 075413 (1-7).

Kneipp K, Kneipp H, Itzkan I. Ultrasensitivechemical analysis by Raman spectroscopy [J]. Chemical Reviews, 1999, 99: 2957-2975.

Knight G A, Shaw B D. Long-chain alkylpyridines and their derivatives. New examples of liquid crystals [J]. J. Chem. Soc., 1938, 0: 682-683.

Koch V R, Miller L L, Osteryoung R A. Electroinitiated friedel-crafts transalkylations in a room-temperature molten-salt medium [J]. J. Am. Chem. Soc., 1976, 98: 5277-5284.

Kolobyanina T N. "Weird" crystal structures of elements at high pressure [J]. Physics-Uspekhi, 2002, 45: 1203-1211.

Konig A, Stepanski M, Kuszlik A, et al. Ultra-purification of ionic liquids by melt crystallization [J]. Chemical Engineering Research and Design, 2008, 86: 775-780.

Kubo W, Kitamura T, Hanabusa K, et al. Quasi-solid-state dye-sensitized solar cells using room temperature molten salts and a low molecular weight gelator [J]. Chemical Communications, 2002 (4): 374-375.

Kulacki K J, Lamberti G A. Toxicity of imidazolium ionic liquids to freshwater algae [J]. Green Chemistry, 2008, 10: 104 -110.

Kölle P, Dronskowski R. Hydrogen bonding in the crystal structures of the ionic liquid compounds butyldimethylimidazolium hydrogen sulfate, chloride, and chloroferrate (II, III) [J]. Inorganic Chemistry, 2004, 43: 2803-2809.

Kölle P, Dronskowski R. Synthesis, crystal structures and electrical conductivities of the ionic liquid compounds butyldimethylimidazolium tetrafluoroborate, hexafluorophosphate and hexafluoroantimonate [J]. European Journal of Inorganic Chemistry, 2004, 2313-2320.

König A, Stepanski M, Kuszlik A, et al. Ultra-purification of ionic liquids by melt crystallization [J]. Chemical Engineering Research and Design, 2008, 86 (7): 775-780.

Lassègues J C, Grondin J, Holomb R, et al. Raman and ab initio study of the conformational isomerism in the 1-ethyl-3-methyl-imidazolium bis (trifluoromethanesulfonyl) imide ionic liquid [J]. Journal of Raman Spectroscopy, 2007, 38 (5): 551-558.

Law G, Watson P R. Surface Tensionmeasurements of N-Alkylimidazolium ionic liquids [J]. Langmuir, 2001, 17: 6138-6141.

Lawson A W, Tang T Y. Adiamond bomb for obtaining powder pictures at high pressures [J]. Rev. Sci. Instrum., 1950, 21: 815-816.

Levine J B, Nguyen S L, Rasool H I, et al. Preparation and properties of metallic, superhard rhenium diboride crystals [J]. J. Am. Chem. Soc., 2008, 130: 16953-16958.

Li J, He Q, He C, et al. Representation of phase behavior of ionic liquids using the equation of state for square-well chain fluids with variable range [J]. Chinese Journal of Chemical Engineering, 2009, 17 (6): 983-989.

Li J, Su L, Zhu X, et al. Decompression-induced disorder to order phase transition in low-melting ionic liquid [Omim] [PF_6] [J]. Chinese Science Bulletin, 2014, 59 (24): 2980-2986.

Li L B, Groenewold J, Picken S J. Transient phase-induced nucleation in ionic liquid crystals and size-frustrated thickening [J]. Chem. Mater., 2005, 17 (2): 250-257.

Li M, Gao C, Peng G, et al. Thickness measurement of sample in diamond anvil cell [J]. Review of Scientific Instruments, 2007, 78 (7): 075106 (1-3).

Liao Q, Hussey C L. Densities, viscosities, and conductivities of mixtures of benzene with the lewis acidic aluminum chloride plus 1-methyl-3- ethylimidazolium chloride molten salt [J]. J. Chem. Eng. Data., 1996, 41: 1126-1130.

Liebenberg D H. A new hydrostatic medium for diamond anvil cells to 300 kbar pressure [J]. Physics Letters A, 1979, 73 (1): 74-76.

Liu J, Cheng S, Zhang J, et al. Reverse micelles in carbon dioxide with ionic-liquid domains [J]. Angewandte Chemie International Edition, 2007, 46 (18): 3313-3315.

Luche J L, Roux R, Bonrath W. An improved preparation of ionic liquids by ultrasound [J]. Green Chemistry, 2002, 4 (4): 357-360.

López-Martin I, Burello E, Davey P N, et al. Anion and cation effects on imidazolium salt melting points: a descriptor modelling study [J]. Chemphyschem, 2007, 8 (5): 690-695.

Machida H, Sato Y, Smith R L. Pressure-volume-temperature (PVT) measurements of ionic liquids ($[Bmim^+]$ $[PF_6^-]$, $[Bmim^+]$ $[BF_4^-]$, $[Bmim^+]$ $[OcSO_4^-]$) and analysis with the Sanchez-Lacombe equation of state [J]. Fluid Phase Equilibria, 2008, 264 (1): 147-155.

Maksimov E G, Shilov Y I. Hydrogen at high pressure [J]. Uspekhi Fiz. Nauk, 1999, 169: 1223-1242.

Mammone J F, Sharma S K, Nicol M. Raman spectra of methanol and ethanol at pressures up to 100 kbar [J]. Journal of Physical Chemistry, 1980, 84 (23): 3130-3134.

Mao H K, Bell P M, Shaner J W, et al. Specific volume measurements of Cu, Mo, Pd, and Ag and calibration of the ruby R_1 fluorescence pressure gauge from 0. 06 to 1 Mbar [J]. Journal of Applied Physics, 1978, 49 (6): 3276-3283.

Mao H K, Bell P M. Design and varieties of the megabar cell [M] //Carnegie Institution of Washington Year Book, 1978, 77: 904-908.

Mao H K, Bell P M. High-pressure physics: sustained static generation to 1. 36 to 1. 72 megabars [J]. Science, 1978, 200: 1145-1147.

Mao H K, Bell P M. High-pressure physics: the 1-megabar mark on the ruby R_1 static pressure scale [J]. Science, 1976, 191 (4229): 851-852.

Mao H K, Jephcoat A P, Hemley R J, et al. Synchrotron X-ray diffraction measurements of single-crystal hydrogen to 26. 5 gigapascals [J]. Science, 1988, 239: 1131-1134.

Mao H K, Xu J, Bell P M. Calibration of the ruby pressure gauge to 800 kbar under quasi-hydrostatic conditions [J]. Journal of Geophysical Research, 1986, 91: 4673-4676.

Matsuo S, Makita T. Viscosity of methanol and 2-methyl-2-propanol mixtures under high pressures [J]. International Journal of Thermophysics, 1991, 12 (3): 459-468.

Mattischek H P, Sobczak R. A new cell for measurement of viscosity under high pressure [J]. Measurement Science and Technology, 1994, 5 (7): 782.

McMillan P F. Chemistry at high pressure [J]. Chemical Society Reviews, 2006, 35 (10): 855-857.

McMillan P F. Chemistry of materials under extreme high pressure-high temperature conditions [J]. Chemical Communications, 2003 (8): 919-923.

McMillan P F. Condensed matter chemistry under "extreme" high pressure-high temperature conditions [J]. High Pressure Research, 2004, 24 (1): 67-86.

Meracz I, Oh T. Asymmetric Diels-Alder reactions in ionic liquids [J]. Tetrahedron Letters, 2003, 44 (34): 6465-6468.

Mills R, Liebenberg D, Bronson J, et al. Procedure for loading diamond cells with high-pressure gas [J]. Review of Scientific Instruments, 1980, 51: 891-895.

Minami I. Ionic Liquids in Tribology [J]. Molecules, 2009, 14: 2286-2305.

Minamikawa Y, Kometani N. High-pressure study of solvation properties of room-temperature ionic liquids [J]. Journal of Physics: Conference Series. IOP Publishing, 2010, 215 (1): 012067 (1-5).

Mudring A V. Solidification of ionic liquids: Theory and techniques [J]. Australian Journal of Chemistry, 2010, 63 (63): 544-564.

Muhammad A, Mutalib M I A, Wilfred C D, et al. Thermophysical properties of 1-hexyl-3-

methyl imidazolium based ionic liquids with tetrafluoroborate, hexafluorophosphate and bis (trifluoromethyl- sulfonyl) imide anions [J]. Journal of Chemical Thermodynamics, 2008, 40: 1433-1438.

Munro R G, Block S, Piermarini G J. Correlation of the glass transition and the pressure dependence of viscosity in liquids [J]. Journal of Applied Physics, 1979, 50 (11): 6779-6783.

Munro R G, Piermarini G J, Block S. Wall effects in a diamond-anvil pressure-cell falling-sphere viscometer [J]. Journal of Applied Physics, 1979, 50 (5): 3180-3184.

Natoli V, Martin R M, Ceperley D. Crystal structure of molecular hydrogen at high pressure [J]. Physical Review Letters, 1995, 74: 1601-1604.

Ngo H L, Le Compte K, Hargens L, et al. Thermal properties of imidazolium ionic liquids [J]. Thermochimica Acta., 2000, 357: 97-102.

Nishida T, Tashiro Y, Yamamoto M. Physical and electrochemical properties of 1-alkyl-3-methylimidazolium tetrafluoroborate for electrolyte [J]. Journal of Fluorine Chemistry, 2003, 120 (2): 135-141.

Nockemann P, Thijs B, Driesen K, et al. Choline saccharinate and choline acesulfamate: Ionic liquids with low toxicities [J]. Journal of Physical Chemistry B, 2007, 111 (19): 5254-5263.

Olivier H. Recent developments in the use of non-aqueous ionic liquids for two-phase catalysis [J]. Journal of Molecular Catalysis A: Chemical, 1999, 146 (1): 285-289.

Olivier-Bourbigou H, Magna L. Ionic liquids: perspectives for organic and catalytic reactions [J]. Journal of Molecular Catalysis A: Chemical, 2002, 182: 419-437.

Orendorff C J, Ducey Jr M W, Pemberton J E. Quantitativecorrelation of Raman spectral indicators in determining conformational order in Alkyl Chains [J]. Journal of Physical Chemistry A, 2002, 106 (30): 6991-6998.

Orn M, Huang K. Dynamical Theory of Crystal Lattices [M]. Oxford: Oxford University Press, 1956.

Ozawa R, Hayashi S, Saha S, et al. Rotational isomerism and structure of the 1-butyl-3-methylimidazolium cation in the ionic liquid state [J]. Chemistry Letters, 2003, 32 (10): 948-949.

Palacio M, Bhushan B. Areview of ionic liquids for green molecular lubrication in nanotechnology [J]. Tribol. Lett., 2010, 40: 247-268.

Pasternak M, Farrell J N, Taylor R D. Metallization and structural transformation of iodine under pressure: A microscopic view [J]. Physical Review Letters, 1987, 58: 575-578.

Paulechka Y U, Kabo G J, Blokhin A V, et al. IR and X-ray study of polymorphism in 1-alkyl-3-methylimidazolium bis (trifluoromethanesulfonyl) imides [J]. The Journal of Physical Chemistry B, 2009, 113 (28): 9538-9546.

Pei W, Si X Y, Ji D X, et al. 3- [2- (Anilinocarbon-yl) eth-yl] -1-methyl-1H-imidazolium hexa-fluorido-phosphate [J]. Acta. Cryst. E, 2008, 64: o721.

Penna T C, Faria L F O, Matos J R, et al. Pressure and temperature effects on intermolecular vibrational dynamics of ionic liquids [J]. Journal of chemical physics, 2013, 138 (10): 104503 (1-8).

PensadoA S, Comuñas M J P, Fernández J. The pressure-viscosity coefficient of several ionic liquids [J]. Tribol. Lett., 2008, 31: 107-118.

Pereiro A B, Rodrıguez A. Azeotrope-breaking using [Bmim] [MeSO₄] ionic liquid in an extraction column [J]. Separation and Purification Technology, 2008, 62: 733-738.

Perry R L, Jones K M, Scott W D, et al. Densities, viscosities, and conductivities of mixtures of selected organic cosolvents with the lewis basic aluminum chloride plus 1-methyl-3-ethylimidazolium chloride molten salt [J]. J. Chem. Eng. Data., 1995, 40: 615-619.

Persson M, Bornscheuer U T. Increased stability of an esterase from Bacillus stearothermophilus in ionic liquids as compared to organicsolvents [J]. Journal of Molecular Catalysis B: Enzymatic, 2003, 22: 21-27.

Pham T P T, Cho C W, Min J, et al. Alkyl-chain length effects of imidazolium and pyridinium ionic liquids on photosynthetic response of Pseudokirchneriella subcapitata [J]. Journal of Bioscience and Bioengineering, 2008, 105: 425-428.

Piermarini G J, Block S, Barnett J D, et al. Calibration of the pressure dependence of the R₁ ruby fluorescence line to 195 kbar [J]. Journal of Applied Physics, 1975, 46: 2774-2780.

Piermarini G J, Block S, Barnett J D. Hydrostatic limits in liquids and solids to 100 kbar [J]. Journal of Applied Physics, 1973, 44 (12): 5377-5382.

Piermarini G J, Block S. Ultrahigh pressure diamond-anvil cell and several semiconductor phase transition pressures in relation to the fixed point pressure scale [J]. Review of Scientific Instruments, 1975, 46: 973-919.

Piermarini G J, Forman R A, Block S. Viscosity measurements in the diamond anvil pressure cell [J]. Review of Scientific Instruments, 1978, 49 (8): 1061-1066.

Piermarini G, Block S. Ultrahigh pressure diamond-anvil cell and several semiconductor phase transition pressures in relation to the fixed point pressure scale [J]. Review of Scientific Instruments, 1975, 46 (8): 973-979.

Pison L, Costa Gomes M F, Padua A A H, et al. Pressure effect on vibrational frequency and dephasing of 1-alkyl-3-methylimidazolium hexafluorophosphate ionic liquids [J]. Journal of Chemical Physics, 2013, 139 (5): 054510 (1-7).

Pretti C, Chiappe C, Baldetti I, et al. Acute toxicity of ionic liquids for three freshwater organisms: Pseudokirchneriella subcapitata, Daphnia magna and Danio rerio [J]. Ecotoxicology and Environmental Safety, 2009, 72 (4): 1170-1176.

Pretti C, Chiappe C, Pieraccini D, et al. Acute toxicity of ionic liquids to the zebrafish (Danio rerio) [J]. Green Chemistry, 2006, 8 (3): 238-240.

Pruzan P. Pressure-induced transformations of materials: light spectroscopy investi-gations [J].

International Journal of Materials & Product Technology, 2006, 26: 200-216.

Qiao Y, Yan F, Xia S, et al. Densities and viscosities of [Emim] [PF_6] and binary systems [Emim] [PF_6] + ethanol, [Emim] [PF_6] + benzene at several temperatures and pressures: determined by the falling-ball method [J]. Journal of Chemical and Engineering Data, 2011, 56 (5): 2379-2385.

Quarmby I C, Osteryoung R A. Latent acidity in buffered chloroaluminate ionic liquids [J]. J. Am. Chem. Soc., 1994, 116: 2649-2650.

Raman C V. Achange of wave-length in light scattering [J]. Nature, 1928, 121: 619-619.

Reichert W M, Holbrey J D, Swatloski R P, et al. Solid-state analysis of low-melting 1, 3-dialkylimidazolium hexafluorophosphate salts (ionic liquids) by combined x-ray crystallographic and computational analyses [J]. Crystal Growth & Design, 2007, 7: 1106-1114.

Ren Y, Li H, Zhu X, et al. Pressure-induced amorphization of ionic liquid [Hmim] [PF_6] [J]. Chemical Physics Letters, 2015, 629: 8-12.

Reynolds J L, Erdner K R, Jones P B. Photoreduction ofbenzophenones by amines in room-temperature ionic liquids [J]. Org. Lett., 2002, 4: 917-919.

Ribeiro M C C, Pádua A A H, Gomes M F C. Glass transition of ionic liquids under high pressure [J]. Journal of Chemical Physics, 2014, 140 (24): 244514 (1-6).

Ribeiro M C C. Intermolecular vibrations and fast relaxations in supercooled ionic liquids [J]. Journal of Chemical Physics, 2011, 134 (24): 244507 (1-11).

Ribeiro M C C. Low-frequency Raman spectra and fragility of imidazolium ionic liquids [J]. Journal of Chemical Physics, 2010, 133 (2): 024503 (1-6).

Rocha M A A, Ribeiro F M S, Lobo Ferreira A M C, et al. Thermophysical properties of [C_{N-1}mim] [PF_6] ionic liquids [J]. Journal of Molecular Liquids, 2013, 188: 196-202.

Roche J D, Gordon C M, Imrie C T, et al. Application of complementary experimental techniquesto characterization of the phase behavior of [C_{16}mim] [PF_6] and [C_{14}mim] [PF_6] [J]. Chemistry of Materials, 2003, 15 (16): 3089-3097.

Rogers R D, Seddon K R. Ionic liquids: solvents of the future? [J]. Science, 2003, 302 (5646): 792-793.

Rogers R D, Seddon K R. Ionic liquids as green solvents: progress and prospects [M]. Washington D. C. : American Chemical Society, 2003: 1-50.

Ropel L, Belveze L S, Aki S N V K, et al. Octanol-water partition coefficients of imidazolium-based ionic liquids [J]. Green Chemistry, 2005, 7: 83-90.

Russina O, Celso F L, Triolo A. Pressure-responsive mesoscopic structures in room temperature ionic liquids [J]. Physical Chemistry Chemical Physics, 2015, 17 (44): 29496-29500.

Russina O, Fazio B, Schmidt C, et al. Structural organization and phase behaviour of 1-butyl-3-methylimidazolium hexafluorophosphate: an high pressure Raman spectroscopy study [J]. Physical Chemistry Chemical Physics, 2011, 13 (25): 12067-12074.

Russina O, Gontrani L, Fazio B, et al. Selected chemical-physical properties and structural heterogeneities in 1-ethyl-3-methylimidazolium alkyl-sulfate room temperature ionic liquids [J]. Chemical Physics Letters, 2010, 493 (4-6): 259-262.

Saheb A, Janata J, Josowicz M. Reference electrode for ionic liquids [J]. Electroanalysis, 2006, 18 (4): 405-409.

Sanmamed Y A, González-Salgado D, Troncoso J, et al. Experimental methodology for precise determination of density of RTILs as a function of temperature and pressure using vibrating tube densimeters [J]. J. Chem. Thermodyn., 2010, 42: 553-563.

Saouane S, Norman S E, Hardacre C, et al. Pinning down the solid-state polymorphism of the ionic liquid [Emim] [PF$_6$] [J]. Chemical Science, 2013, 4 (3): 1270-1280.

Sato T, Maruo T, Marukane S, et al. Ionic liquids containing carbonate solvent as electrolytes for lithium ion cells [J]. Journal of Power Sources, 2004, 138: 253-261.

Saumon D, Chabrier G. Fluid hydrogen at high density: Pressure ionization [J]. Physical Review A, 1992, 46: 2084-2100.

Schofer S H, Kaftzik N, Wasserscheid P, et al. Enzyme catalysis in ionic liquids: lipase catalysed kinetic resolution of 1-phenylethanol with improved enantioselectivity [J]. Chemical Communications, 2001, 5 (5): 425-426.

Seddon K R, Stark A, Torres M J. Influence of chloride, water, and organic solvents on the physical properties of ionic liquids [J]. Pure and Applied Chemistry, 2000, 72 (12): 2275-2287.

Seddon K R. Ionic liquids for clean technology [J]. Journal of Chemical Technology and Biotechnology, 1997, 68 (4): 351-356.

Seddon K R. Ionic liquids: a taste of the future [J]. Nature materials, 2003, 2 (6): 363-365.

Sharma B B, Verma A K, Thomas S, et al. Hydrogen bonds and ionic forms versus polymerization of imidazole at high pressures [J]. J. Phys. Chem. B, 2015, 119: 372-378.

Sheldon R A, Lau R M, Sorgedrager M J, et al. Biocatalysis in ionic liquids [J]. Green Chemistry, 2002, 4 (2): 147-151.

Shiflett M B, Shiflett A D, Yokozeki A. Separation of tetrafluoroethylene and carbon dioxide using ionic liquids [J]. Separation and Purification Technology, 2011, 79 (3): 357-364.

Shigemi M, Takekiyo T, Abe H, et al. Pressure-induced crystallization of 1-butyl-3-methylimidazolium hexafluorophosphate [J]. High Pressure Research, 2013, 33 (1): 229-233.

Shigemi M, Takekiyo T, Abe H, et al. Pressure-induced solidification of 1-butyl-3-methylimidazolium tetrafluoroborate [J]. Journal of Solution Chemistry, 2014, 43 (9-10): 1614-1624.

Shinoda K, Yamakata M, Nanba T, et al. High-pressure phase transition and behavior of protons in brucite Mg (OH)$_2$: A high-pressure-temperature study using IR synchrotron radiation [J]. Phys. Chem. Minerals, 2002, 29: 396-402.

Shirota H, Ishida T. Microscopicaspects in dicationic ionic liquids through the low-frequency spectra by femtosecond raman-induced kerr effect spectroscopy [J]. J. Phys. Chem. B, 2011, 115: 10860-10870.

Straaten J V, Silvera I F. Equation of state of solid molecular H_2 and D_2 at 5 K [J]. Physical Review B, 1988, 37 (4): 1989-2000.

Su L, Li L, Hu Y, et al. Phase transition of [C_n-mim] [PF_6] under high pressure up to 1.0 GPa [J]. Journal of Chemical Physics, 2009, 130 (18): 184503 (1-4).

Su L, Li M, Zhu X, et al. In situ crystallization of low-melting ionic liquid [Emim] [PF_6] under high pressure up to 2 GPa [J]. The Journal of Physical Chemistry B, 2010, 114 (15): 5061-5065.

Su L, Zhu X, Wang Z, et al. In situ observation of multiple phase transitions in low-melting ionic liquid [Emim] [BF_4] under high pressure up to 30 GPa [J]. Journal of Physical Chemistry B, 2012, 116 (7): 2216-2222.

Swatloski R P, Spear S K, Holbrey J D, et al. Dissolution of cellose with ionic liquids [J]. Journal of the American Chemical Society, 2002, 124 (18): 4974-4975.

Taguchi R, Machida H, Sato Y, et al. High-Pressure densities of 1-alkyl-3-methylimidazolium hexafluorophosphates and 1-alkyl-3-methylimidazolium tetrafluoroborates at temperatures from (313 to 473) K and at pressures up to 200 MPa [J]. Journal of Chemical and Engineering Data, 2008, 54 (1): 22-27.

Takekiyo T, Hatano N, Abe H, et al. High pressure Raman study on the local structure of 1-ethyl-3-methylimidazolium tetrafluoroborate [J]. High Pressure Research, 2012, 32 (1): 150-154.

Takekiyo T, Hatano N, Imai Y, et al. Pressure-induced phase transition of 1-butyl-3-methylimidazolium hexafluorophosphate [Bmim] [PF_6] [J]. High Pressure Research, 2011, 31 (1): 35-38.

Takekiyo T, Imai Y, Hatano N, et al. Conformational preferences of two imidazolium-based ionic liquids at high pressures [J]. Chemical Physics Letters, 2011, 511 (4-6): 241-246.

Takemura K, Minomura S, Shimomura O, et al. Structural aspects of solid iodine associated with metallization and molecular dissociation under high pressure [J]. Physical Review B, 1982, 26: 998-1004.

Takemura K. Pressure scales and hydrostaticity [J]. High Pressure Research, 2007, 27 (4): 465-472.

Talaty E R, Raja S, Storhaug V J, et al. Raman and infrared spectra and ab initio calculations of C_{2-4} mim imidazolium hexafluorophosphate ionic liquids [J]. Journal of Physical Chemistry B, 2004, 108 (35): 13177-13184.

Tan X, Wang K, Yan T, et al. Discovery of high-pressure polymorphs for a typical polymorphic system: oxalyl dihydrazide [J]. Journal of Physical Chemistry C, 2015, 119: 10178-10188.

Tang S F, Mudring A V. Terbium β-diketonate based highly luminescent soft materials [J]. Eur. J. Inorg. Chem., 2009, 2769-2775.

Tokuda H, Hayamizu K, Ishii K, et al. Physicochemical properties and structures of room temperature ionic liquids. 2. Variation of alkyl chain length in imidazolium cation [J]. J. Phys. Chem. B, 2005, 109: 6103-6110.

Tomida D, Kumagai A, Kenmochi S, et al. Viscosity of 1-hexyl-3-methylimidazolium hexafluorophosphate and 1-octyl-3-methylimidazolium hexafluorophosphate at high pressure [J]. J. Chem. Eng. Data., 2007, 52: 577-579.

Tomida D, Kumagai A, Qiao K, et al. Viscosity of [Emim] [PF$_6$] and [Emim] [BF$_4$] at high pressure [J]. International Journal of Thermophysics, 2006, 27 (1): 39-47.

Tomé L I N, Carvalho P J, Freire M G, et al. Measurements and correlation of high-pressure densities of imidazolium-based ionic liquids [J]. Journal of Chemical and Engineering Data, 2008, 53 (8): 1914-1921.

Triolo A, Russina O, Bleif H J, et al. Nanoscale segregation in room temperature ionic liquids [J]. Journal of Physical Chemistry B, 2007, 111 (18): 4641-4644.

Tsuzuki S, Arai A A, Nishikawa K. Conformational analysis of 1-butyl-3-methylimidazolium by CCSD (T) level ab initio calculations: effects of neighboring anions [J]. Journal of Physical Chemistry B, 2008, 112 (26): 7739-7747.

Uerdingen M. Handbook of Green Chemistry [M]. Wiley-VCH Verlag GmbH & Co., KGaA, 2010.

Umebayashi Y, Fujimori T, Sukizaki T, et al. Evidence of conformational equilibrium of 1-ethyl-3-methylimidazolium in its ionic liquid salts: Raman spectroscopic study and quantum chemical calculations [J]. The Journal of Physical Chemistry A, 2005, 109 (40): 8976-8982.

Umebayashi Y, Hamano H, Tsuzuki S, et al. Dependence of the conformational isomerism in 1-n-butyl-3-methylimidazolium ionic liquids on the nature of the halide anion [J]. Journal of Physical Chemistry B, 2010, 114 (36): 11715-11724.

Umebayashi Y, Jiang J C, Shan Y L, et al. Structural change of ionic association in ionic liquid/water mixtures: A high-pressure infrared spectroscopic study [J]. Journal of Chemical Physics, 2009, 130 (12): 124503 (1-6).

Valkenburg M E V, Vaughn R L, Williams M, et al. Thermochemistry of ionic liquid heat-transfer fluids [J]. Thermochimica Acta, 2005, 425 (1): 181-188.

Van Valkenburg A. Conference Internationale Sur-les-Hautes Pressions [C] // Le Creusot, Saone-et-Loire, 1965.

Venkataraman N V, Bhagyalakshmi S, Vasudevan S, et al. Structural analysis of alkyl chain conformation and orientation of alkyl chains in the layeredorganic-inorganic hybrids: $(C_nH_{2n+1}NH_3)_2PbI_4$ ($n=12$, 16, 18) by IR spectroscopy [J]. Chemical Physics Letters, 2002, 358 (1): 139-143.

Ventura S P M, Gurbisz M, Ghavre M, et al. Imidazolium and pyridinium ionic liquids from mandelic acid derivatives: Synthesis and bacteria and algae toxicity evaluation [J]. ACS Sustainable Chemistry & Engineering, 2013, 1: 393-402.

Vohra Y K, Duclos S J, Brister K E, et al. Static pressure of 255 GPa (2. 55 Mbar) by X-ray diffraction: Comparison with extrapolation of the ruby pressure scale [J]. Physical Review Letters, 1988, 61 (5): 574.

Walden P. Molecular Weights and electrical conductivity of several fused salts [J]. Bulletin de l'Academie Imperiale des Sciences de St. -Petersbourg, 1914, 8: 405-422.

Wang J L, Zhao D S, Zhou E P, et al. Desulfurization of gasoline by extraction with N-alkylpyridinium-based ionic liquids [J]. J. Fuel. Chem. Technol., 2007, 35: 293-296.

Wang J, Li C X, Shen C, et al. Towards understanding the effect of electrostatic interactions on the density of ionic liquids [J]. Fluid Phase Equilibria, 2009, 279 (2): 87-91.

Wang M Y, Liu X R, Zhang C R, et al. Compression-rate dependence of solidified structure from melt in isotactic polypropylene [J]. Journal of Physics D: Applied Physics, 2013, 46 (14): 145307-145311.

Wasserscheid P, Hal R V, Bosmann A. 1-n-butyl-3-methylimidazolium ([Bmim]) octylsulfate-an even "greener" ionic liquid [J]. Green Chem., 2002, 4: 400-404.

Wasserscheid P, Keim W. Ionic liquids—new "solutions" for transition metal catalysis [J]. Angewandte Chemie International Edition, 2000, 39 (21): 3772-3789.

Wasserscheid P, Welton T. Ionic liquids in synthesis [M]. weinheim: Wiley-VCH, 2003: 1-20.

Weinberger M B, Levine J B, Chung H Y, et al. Incompressibility and hardness of solid solution transition metal diborides: $Os_{1-x}Ru_xB_2$ [J]. Chem. Mater., 2009, 21: 1915-1921.

Weir C E, Lippincott E R, Valkenburg A V, Bunting E N. Infrared studies in the 1- to 15-micron region to 30000 atmospheres [J]. Journal of Research of the National Bureau of Standards, Section A: Physics and Chemistry, 1959, 63: 55-62.

Weir C, Block S, Piermarini G. Single-crystal X-ray Diffraction at High Pressures [J]. Journal of research of the National Bureau of Standards-C. Engineering and Instrumentation, 1965, 69: 275-281.

WellsA S, Coombe V T. On the freshwater ecotoxicity and biodegradation properties of some common ionic liquids [J]. Organic Process Research & Development, 2006, 10: 794-798.

Whalley E. High Pressure [J]. Annual Review of Physical Chemistry, 1967, 18: 205-232.

Wickramarachchi P A S R, Spells S J, Silva S M D. Study ofdisorder in different phases of tetratriacontane and a binary alkane mixture, using vibrational Spectroscopy [J]. Journal of Physical Chemistry B, 2007, 111 (7): 1604-1609.

Wilkes J S, Levisky J A, Wilson R A, et al. Dialkylimidazolium chloroaluminate melts: A new class of room-temperature ionic liquids for electrochemistry, spectroscopy and synthesis [J]. Inorg. Chem., 1982, 21 (3): 1263-1264.

Wilkes J S, Zaworotko M J. Air and water stable 1-ethyl-3-methylimidazolium based ionic liquids [J]. Journal of the Chemical Society, Chemical Communications, 1992, 13: 965-967.

Wilkes J S. Properties of ionic liquid solvents for catalysis [J]. Journal of Molecular Catalysis A: Chemical, 2004, 214 (1): 11-17.

Woods H P, Wawner F E J R, Fox B G. Tungsten diboride: preparation and structure [J]. Science, 1966, 151: 75.

Woodward R S. Carnegie institution of Washington [J]. Science, 1914, 39 (998): 225-39.

Wopenka B, Pasteris J D. Limitations to quantitative analysis of fluid inclusions in geological samples by laser Raman microprobe spectroscopy [J]. Applied Spectroscopy, 1986, 40 (2): 144-151.

Wu J Y, Chen Y P, Su C S. The densities and viscosities of a binary liquid mixture of 1-n-butyl-3-methylimidazolium tetrafluoroborate, ([Bmim][BF_4]) with acetone, methyl ethyl ketone and N, N-dimethylformamide, at 303. 15 to 333. 15 K [J]. Journal of the Taiwan Institute of Chemical Engineers, 2014, 45: 2205-2211.

Wu J, Zhu X, Li H, et al. Combined Raman scattering and X-ray diffraction study of phase transition of the ionic liquid [Emim] [TFSI] under high pressure [J]. Journal of Solution Chemistry, 2015, 44 (10): 2106-2116.

Xie Y, Zhang Z, Jiang T, et al. CO_2 cycloaddition reactions catalyzed by an ionic liquid grafted onto a highly cross-linked polymer matrix [J]. Angewandte Chemie International Edition, 2007, 119 (38): 7393-7396.

Yang J, Sun H, Chen C F. Is osmium diboride an ultra-hard material? [J]. J. Am. Chem. Soc., 2008, 130: 7200-7201.

Yang Z Z, Zhao Y N, He L N. CO_2 chemistry: task-specific ionic liquids for CO_2 capture/activation and subsequent conversion [J]. RSC Advances, 2011, 1 (4): 545-567.

Ye C, Liu W, Chen Y, et al. Room-temperature ionic liquids: A novel versatile lubricant [J]. Chem. Commun., 2001, 2244-2245.

Yoshimura Y, Abe H, Imai Y, et al. Decompression-induced crystal polymorphism in a room-temperature ionic liquid, N, N-diethyl-N-methyl-N-(2-methoxyethyl) ammonium tetrafluoroborate [J]. Journal of Physical Chemistry B, 2013, 117 (11): 3264-3269.

Yoshimura Y, Abe H, Takekiyo T, et al. Superpressing of a room temperature ionic liquid, 1-ethyl-3-methylimidazolium tetrafluoroborate [J]. Journal of Physical Chemistry B, 2013, 117 (40): 12296-12302.

Yoshimura Y, Shigemi M, Takaku M, et al. Stability of the liquid state of imidazolium-based ionic liquids under high pressure at room temperature [J]. Journal of Physical Chemistry B, 2015, 119 (25): 8146-8153.

Yoshimura Y, Takekiyo T, Abe H, et al. High-pressure phase behavior of the room temperature ionic liquid 1-ethyl-3-methylimidazolium nitrate [J]. Journal of Molecular Liquids, 2015, 206: 89-94.

Young D A, McMahan A K, Ross M. Equation of state and melting curve of helium to very high pressure [J]. Physical Review B, 1981, 24 (9): 5119-5127.

Yu G R, Zhao D C, Wen L, et al. Viscosity of ionic liquids: Database, observation, and quantitative structure-property relationship analysis [J]. American Institute of Chemical Engineers, 2012, 58: 2885-2899.

Yu Q, Yang W, Li D M, et al. Supramolecular ionogel lubricants with imidazolium-based ionic liquids bearing the urea group as gelator [J]. Journal of Colloid and Interface Science, 2017, 487: 130-140.

Yusoff R, Aroua M K, Shamiri A, et al. Density and viscosity of aqueous mixtures of N-methyldiethanolamines (MDEA) and ionic liquids [J]. J. Chem. Eng. Data, 2013, 58: 240-247.

Zha C S, Mike K, Bassett W A, et al. P-V-T equation of state of platinum to 80 GPa and 1900 K from internal resistive heating/X-ray diffraction measurements [J]. Journal of Applied Physics, 2008, 103: 054908.

Zhang Q H, Shreeve J M. Energetic ionic liquids as explosives and propellant fuels: A new journey of ionic liquid chemistry [J]. Chem. Rev., 2014, 114: 10527-10574.

Zhang S G, Liu S M, Zhang Y, et al. Photoinduced isothermal phase transition of ionic liquid crystals [J]. Chemistry—An Asian Journal , 2012, 7 (9): 2004-2007.

Zhang S J, Li X, Chen H P, et al. Determination of physical properties for the binary system of 1-ethyl-3-methylimidazolium tetrafluoroborate+H_2O [J]. J. Chem. Eng. Data, 2004, 49: 760-764.

Zhang S, Zhang Q, Zhang Y, et al. Beyond solvents and electrolytes: Ionic liquids-based advanced functional materials [J]. Progress in Materials Science, 2016, 77: 80-124.

Zhou F, Liang Y, Liu W. Ionic liquid lubricants: designed chemistry for engineering applications [J]. Chem. Soc. Rev., 2009, 38: 2590-2599.

Zou G T, Ma Y M, Mao H K, et al. A diamond gasket for the laser-heated diamond anvil cell [J]. Review of Scientific Instruments, 2001, 72 (2): 1298-1301.

Zou Y, Xu H J, Wu G Z, et al. Structural analysis of $[ChCl]_m [ZnCl_2]_n$ ionic liquid by X-ray absorption fine structure spectroscopy [J]. J. Phys. Chem. B, 2009, 113 (7): 2066-2070.

陈羿廷, 金元浩, 杜为民. 利用拉曼光谱对短链烷烃的相变过程及旋转相的研究 [J]. 光谱学与光谱分析, 2010, 30: 1252-1256.

褚昆昆, 杨坤, 朱祥, 等. 基于金刚石对顶砧的液体高压黏度测量 [J]. 高压物理学报, 2015, 30 (5): 358-362.

邓友全. 离子液体——性质、制备与应用 [M]. 北京: 中国石化出版社, 2006.

贡长生, 单自兴. 绿色精细化工导论 [M]. 北京: 化学工业出版社, 2005.

洪时明. 高压相变与时间的关系 [J]. 高压物理学报, 2013, 27 (2): 162-167.

李桂花, 张锁江, 李增喜, 等. 离子液体对甲基丙稀醇氧化醋化反应的影响 [J]. 高等学校化学学报, 2004, 25: 1136-1137.

李明, 李立新, 杨伍明, 等. 金刚石对顶砧上样品厚度的测量方法 [J]. 河南理工大学学报 (自然科学版), 2009, 28 (3): 386-389.

石家华, 孙逊, 杨春和, 等. 离子液体研究进展 [J]. 化学通报, 2002 (4): 243-250.

苏磊. 超高压条件下室温离子液体结构和性质的研究进展 [J]. 高压物理学报, 2014, 28 (1): 1-10.

王晋, 杨梅林. 室温下聚四氟乙烯的压致相变 [J]. 高等学校化学学报, 1992, 13 (7): 994-997.

阎立峰, 朱清时. 离子液体及其在有机合成中应用 [J]. 化学通报, 2001, 64 (11): 673-679.

杨斌, 程杰, 李国芳. 浅谈旋转黏度计的使用 [J]. 现代制造技术与装备, 2014 (2): 52-58.

杨芬芬, 孟洪, 李春喜, 等. 离子液体对三种农作物发芽和生长的毒性研究 [J]. 环境工程学报, 2009, 3 (4): 751-754.

杨序刚, 吴琪琳. 拉曼光谱的分析与应用 [M]. 北京: 国防工业出版社, 2008.

张锁江. 离子液体与绿色化学 [M]. 北京: 科学出版社, 2009: 1-59.

郑海飞. 金刚石压腔高温高压实验技术及其应用 [M]. 北京: 科学出版社, 2014: 230-231.